Kurt G. Blüchel · Der Klimaschwindel

Kurt G. Blüchel

DER KLIMASCHWINDEL

Erderwärmung, Treibhauseffekt,
Klimawandel – Die Fakten

C. Bertelsmann

FSC
Mix
Produktgruppe aus vorbildlich
bewirtschafteten Wäldern und
anderen kontrollierten Herkünften

Zert.-Nr. SGS-COC-1940
www.fsc.org

Verlagsgruppe Random House FSC-DEU-0100
Das für dieses Buch verwendete FSC-zertifizierte
Papier *Munken Premium* liefert
Arctic Paper Munkedals AB, Schweden.

1. Auflage

Umschlaggestaltung: R·M·E Roland Eschlbeck/Rosemarie Kreuzer
Satz: Uhl + Massopust, Aalen
Druck und Bindung: GGP Media GmbH, Pößneck
Printed in Germany
ISBN 978-3-570-01010-5

www.cbertelsmann.de

Inhalt

1 Klima macht Kultur

Der Garten Eden, das biblische Paradies, ist vermutlich das Ergebnis eines globalen Klimawandels. Archäologen, Geologen, Paläontologen, Anthropologen und Klimaforscher haben im heutigen Grenzgebiet zwischen Nordirak, Türkei und Iran, im »fruchtbaren Halbmond«, Spuren einer 11 000 Jahre alten »goldenen Epoche« der Steinzeit entdeckt. Gazellenjäger schufen dort mächtige Schlangentempel und lebten offensichtlich wie im Schlaraffenland. Gab es Adam und Eva also wirklich? Steckt im Gleichnis vom Sündenfall ein wahrer Kern? »Himmlischer Garten der Freude« haben Chronisten des Mittelalters die Heimstatt der »ersten Menschen« genannt. Bei Dürer und Rubens turnen sie nackt durch blumengeschwängerte Parkanlagen »und schämten sich nicht«. Auch frühere Kulturen hatten ihre paradiesisch verbrämte Schöpfungsgeschichte: Bei den Kelten war es Avalon, der Apfelgarten, bei den Griechen die Insel der Seligen. Im Kerntext der Christenheit allerdings endet der Aufenthalt im Paradies gewissermaßen mit einem Eklat: Eva – Martin Luther spricht von der »Männin« – greift, verführt durch die Schlange, nach der verbotenen Frucht vom Baum der Erkenntnis. Als Gott den Tabubruch bemerkt, ist sein Zorn groß. Er ahndet Evas Fehltritt mit dem Hinausschmiss der ersten Menschen aus den himmlischen Gefilden.

Oder hat sich das gleichnishafte, in der Interpretation des Apostels Paulus etwa im Jahre 50 nach Christus aufgezeichnete Geschehen im Paradies doch etwas anders zugetragen? Verbirgt sich hinter der biblischen Geschichte aus der Genesis eine historische Botschaft, die gerade für unsere heutige Zivilisation von größtem Interesse sein könnte? Enthält sie einen steinzeitlichen Faktenkern, der das Schreckensszenario eines Klimawandels in einem völlig neuen, sehr viel milderen Licht erscheinen lässt? Wissenschaftler, die sich vom Offenbarungscharakter der »Urkunde Gottes« nicht schrecken lassen, vermuten inzwischen, dass das Paradies zwar durchaus ein realer Ort war, jedoch vor allem jene vollendete wonnige Glückseligkeit von Menschen beschreibt, die, aus der tödlichen Kälte kommend, sich plötzlich in einem Land wiederfanden, wo buchstäblich Milch und Honig fließen – eben im Paradies. Die letzte Eiszeit war gerade zu Ende gegangen, die globale Temperatur lag im Schnitt etwa vier bis fünf Grad höher als heute. Die mächtigen Eisberge und Gletscher waren auf der Nordhalbkugel polwärts zurückgewichen, üppig wuchernde Wälder und saftstrotzendes Grasland bedeckten nun die einst über Jahrzehntausende unter kilometerdicken Eispanzern begrabenen Kontinente.

Der deutsche Geologe Elmar Buchner von der Universität Stuttgart bringt die Hinweise aus der Heiligen Schrift eindeutig mit dem abrupten Klimaumschwung am Ende der letzten Eiszeit zusammen und vertritt die These, der Garten Eden sei infolge des in wenigen Jahrzehnten mehr als zehn Meter gestiegenen Meeresspiegels im Persischen Golf versunken. Wesentlich detaillierter schildert der britische Wissenschaftspublizist David Rohl in seinem bislang nur in englischer Sprache vorliegenden Buch *Legend* die historisch begründeten Hintergründe der biblischen Geschichte vom Paradies. Sumerische Keilschriftenarchive und geografische Anhaltspunkte im Alten Testament, insbesondere Hinweise im zweiten und dritten Kapitel der Genesis, behandeln den Garten Eden »fast wie ein irdisches Ferienziel«.[1] Himmelsrichtungen werden genannt und umliegende Landschaften, vier Flüsse entspringen im Paradies, zwei davon sind Euphrat und Tigris. Und ausgerechnet am Oberlauf dieser beiden Ströme, »wo Adam laut Bibel erstmals sein Korn drosch, wurde tatsächlich der Ursprung der Landwirtschaft ausgemacht«.[2] Hier, rund um den nordiranischen Urmia-See und die Stadt Urfa, grub man in den letzten Jahren Kultstätten mit Sakralbauten und Schreinen aus, die etwa 11 000 Jahre alt sind – eindeutig Bauwerke und künstlerisch gestaltete Gebrauchsgegenstände, an denen sich eine Kultur ablesen lässt, wie man sie in dieser Fortschrittlichkeit bisher nur selten in der menschlichen Frühgeschichte entdecken konnte. Die Forscher fanden Tausende von Lehm- und Tonfiguren, die nicht von jungsteinzeitlichen Bauern, sondern einwandfrei von nomadisierenden Wildbeutern und Sammlern stammten. Die Menschen dieser Zeit hatten offenbar genügend Muße, um sich neben der Bewältigung ihrer Alltagsprobleme auch mit dem kulturellen »Überbau« ihres Volkes zu beschäftigen.

In diesem Teil der Welt fanden, so vermuten Historiker, innerhalb weniger Jahrtausende gleich *zwei* Übergänge statt. Zum einen der revolutionäre Umbruch von der kargen Eiszeit in eine Phase von Wohlstand und üppiger Lebensfreude. Das Füllhorn der insbesondere im Bereich der nördlichen Hemisphäre aufblühenden Kultur ließ zunächst kaum noch Wünsche offen: Hunderttausende Tonnen von Fleisch, die in Form von riesigen Herden auf grünen Savannen und saftstrotzendem Buschland weideten: Antilopen, Wildschafe, Auerochsen, Wildziegen, Wasserbüffel, Wildesel, Gnus und Zebras. All diese Wildarten vermehrten sich explosionsartig, nachdem eine fast 100 000 Jahre währende Kaltzeit, die einen Großteil der Nordhälfte des Planeten unter kilometerdicken Eispanzern hatte erstarren lassen, von einer plötzlich sich ausbreitenden Warmzeit abgelöst wurde. Gewaltige Monsunregen der subtropischen Zonen drangen in kürzester Zeit weit nach Mitteleuropa vor und verwandelten die karge, nur selten vom Eis befreite Steppe, die ursprünglich vom Atlantischen Ozean bis nach Kleinasien reichte, in ein irdisches Paradies. Auch viele andere Kulturen kannten solche Orte frühmenschlichen Glücks. Im »goldenen Zeitalter« Hesiods, des griechischen Dichters aus dem 8. Jahrhundert v. Chr., leben die Menschen »fern von Mühen und Leid«. Homer erzählt vom Land der Phäaken. Die Bäume dort, »voll balsamischer Birnen, Granaten und grüner Oliven«, trugen über alle Jahreszeiten hinweg »reife Frucht«.

Die steinzeitlichen Menschen, jene an harte und entbehrungsreiche Zeiten gewöhnten Jäger und Nomaden, die stets auf der Hut sein mussten vor Bären und Wölfen, nicht selten am Rand des Verhungerns und des Gefressenwerdens, konnten wahrscheinlich ihr Glück kaum fassen. Innerhalb von nur wenigen Generationen vervielfachten sich die Nahrungsvorräte. Unmengen an Fleisch und Fellen wurden nun auf einen Schlag erbeutet, indem man das Wild herdenweise über steile Klippen trieb und in andere unentrinnbare Fallen lockte. Nun musste man nicht länger von der Hand in den Mund leben, sondern konnte die überreiche Beute in den kühlen Gewölben natürlicher Höhlen konservieren und manchmal für Monate haltbar machen. Beeren, Pilze und Wildkräuter aller Art gediehen prächtig im wohlig-warmen Klima der Nacheiszeit und bereicherten den bis dahin zumeist armseligen Speisezettel unserer steinzeitlichen Vorfahren – die Erde erlebte die ersten Festgelage der Menschheit. Schon bald danach bahnte sich die zweite »neolithische Revolution« an, jener dramatische Übergang vom Wildbeuter- zum Bauerntum, der normalerweise auch als die erste große Kulturtransformation der Menschheit in den Geschichtsbüchern gilt. Die Ausweisung Adams und Evas aus dem Paradies, verbunden mit dem göttlichen Befehl, von nun an ihr Brot im Schweiße ihres Angesichts zu verdienen, kennzeichnet vermutlich nichts anderes als die Anfänge des Bauerntums. Der Auszug aus dem Gelobten Land bezeichnet allegorisch der Verlust der riesigen Herden. Und auch die Sintflut geht wahrscheinlich auf ein sehr reales Naturereignis zurück: Es waren die Schmelzwasserfluten der riesigen Gletschermassive, die innerhalb weniger Jahrzehnte den Meeresspiegel um 10, 20 Meter anhoben und zum verheerenden Durchbruch des Schwarzen Meeres in das Mittelbeerbecken führten.[3]

Auf allen Kontinenten der Erde hat das ewige Wechselspiel des Klimas den unaufhörlichen Wandel der Umwelt des Menschen und damit der Grundlagen seiner jeweiligen Lebensbedingungen entscheidend beeinflusst. In einem Tal von Mexiko lebte ein gottesfürchtiger Mann namens Tapi, dem eines Tages der Schöpfer der Welt erschien. »Bau dir ein Schiff«, sprach Gott zu ihm, »und mach es zu deiner Wohnung. Bring dann Frau und deine Kinder darauf und je ein Paar von allen Tieren, die es gibt auf der Welt. Aber beeile dich, denn der Augenblick ist nahe!« Tapi tat, wie ihm befohlen, obwohl ihn alle Leute für verrückt hielten. Kaum hatte er seinen Auftrag zu Ende geführt, da begann es wie aus Eimern zu schütten. Es regnete in Strömen ohne Unterlass, das Tal versank in den Fluten, Menschen und Tiere suchten Zuflucht auf den Bergen, aber auch diese verschwanden bald unter den unablässig steigenden Wassern. Nur Tapis Schiff beherbergte noch Lebewesen aus jener Welt, die sich in einen endlosen Ozean verwandelt hatte. Als es nach vielen Wochen endlich aufhörte zu regnen, die Sonne wieder schien und die Flut zu fallen begann, schickte der Mann eine Taube aus. Sie kehrte nicht zurück, und Tapis Herz war von Freude erfüllt, denn das bedeutete, dass der Vogel ein Fleckchen Erde gefunden hatte, auf dem er sich niederlassen konnte.

Aus dem Alten Testament stammt dieser Bericht nicht. Er kommt aus dem »Popul Wuh«, der bedeutendsten heiligen Schrift der Maya, die rund 1200 Jahre vor der Entdeckung Amerikas durch Kolumbus begonnen hatten, eine Hochkultur zu errichten. Die Übereinstimmung mit den Kapiteln 7 und 8 des 1. Buch Mose ist allerdings verblüffend. Wie konnte die alte Legende den Atlantik überqueren? Der entsprechende Bericht aus der christlichen Bibel entstand bereits irgendwann zwischen dem 10. und 5. Jahrhundert v. Chr. Die Sintflutgeschichte hatte also viel Zeit, von Palästina nach Amerika zu gelangen. Vielleicht hat sie auch gar nicht den Atlantik überquert, sondern ist dem langen Weg über Asien, die Beringstraße und den nordamerikanischen Subkontinent gefolgt. Dann müssten sich entlang dieses Weges aber auch Erinnerungen an die Sintflutlegende wiederfinden lassen. Und genau das ist tatsächlich der Fall. Im alten Persien wurde während der Sassaniden-Herrschaft zwischen 226 und 642 n. Chr. das heilige Buch »Awesta« aufgezeichnet, ein Fundament der Parsen-Religion. Aus ihm und aus älteren mündlichen Überlieferungen ging anderthalb Jahrtausende nach dem 1. Buch Mose das »Bundahishn« hervor, ein Schöpfungsbericht, in dem sich folgende Textpassage findet: »Während des Krieges zwischen Ahura Mazda [Schöpfergott und Endzeitrichter] und Angra Manju [böser Geist bzw. Teufel] erschien der Stern Tistar in schrecklichem Glanz über der Erde und schickte sich an, die Erde in Regenfluten zu ertränken, weil sie damals mit schädlichen Geschöpfen bevölkert war.«

Schon im 1. Jahrtausend v. Chr. hielten die Hindus im alten Indien in der »Rigveda« fest: »O Heiliger, du hast mir immer deinen besonderen Schutz gewährt, nun höre von mir, was du tun musst, wenn die Zeit gekommen ist. Der Tag ist nicht weit, o heiliger Mann, an dem alle lebenden und toten Dinge dieser Welt zugrunde gehen werden. Die verhängnisvolle Zeit steht bevor, in der das Menschengeschlecht im Wasser versinken wird, und deshalb will ich dir eine Möglichkeit zeigen, dich zu retten. Baue dir eine feste Arche, die durch dicke Taue verstärkt ist, dann besteige sie mit den sieben Risbi [Gerechten oder Weisen]. In diese Arche wirst du alle Sämereien mitnehmen und sie gut voneinander getrennt aufbewahren. Eines Tages wirst du von deiner Arche aus mich erblicken; und ich werde ein Horn auf dem Haupte tragen: Das wird das Zeichen sein. Denke daran, dass du die riesige Wasserfläche ohne meine Hilfe nicht befahren kannst.« Weiter im Osten, im alten China, gibt es eine der wenigen Sintflutlegenden, die man einer großen Überschwemmungskatastrophe zeitlich zuordnen kann: Sie ereignete sich, als die Chinesen während einer kulturellen Blütezeit begannen, sich zu einem großen Reich im Gebiet der Ströme Hwangho und Jangtsekiang zusammenzuschließen, also im dritten vorchristlichen Jahrtausend.

Eine Überlieferung der Sintflutgeschichte von Ostasien nach Nordamerika ist schwerer nachzuweisen. Vielleicht waren es die Eskimos, die die legendäre Erzählung weitertrugen. Bei den nordamerikanischen Indianern taucht sie jedenfalls wieder auf. Beim Stamm der Haida, den Ureinwohnern der kanadischen Königin-Charlotte-Inseln vor der Küste Britisch-Kolumbiens, ist von einem Mann mit stählernem Kopf die Rede, den die Götter in einen Lachs verwandelten, damit er die große Flut überleben konnte und in der Lage war, nach der vernichtenden Überschwemmung ein neues Menschengeschlecht zu begründen. Etwas weiter südlich, bei den Algonkin sprechenden Stämmen, wird berichtet, dass Manitou die Menschen sehr liebte, sie aber zu viel Schuld auf sich luden. »Da schickte der Große Geist einen Mann, der die Menschen warnen sollte: Ein großes Strafgericht werde über sie kommen, wenn sie sich nicht mäßigten. Das Volk jedoch verharrte weiterhin in Sünde. Da geschah im Herbst des gleichen Jahres etwas höchst Außergewöhnliches: Bei Tag ging die Sonne nicht mehr auf, und bei Nacht blieben Mond und Sterne verborgen. Die Welt stürzte in schreckliche Finsternis. Es wurde eisig kalt, und die Tiere verließen die Wälder, um Licht und Wärme bei den Feuern zu suchen, die die Menschen entzündeten. Die Stimmen verloren ihren Klang. Alles war still und kalt, bis ein furchtbarer Donnerschlag die Erde erschütterte. Da bekamen die Stimmen wieder Klang, und es erhob sich überall ein großes Wehgeschrei, während Regengüsse die Welt überschwemmten. Vom ganzen Menschengeschlecht rettete sich nur einer, und das war der Prophet. Der Stimme des Großen Geistes gehorchend, hatte er ein riesiges Floß aus Baumstämmen gebaut.«

Vergleichbare Legenden sind bei vielen anderen nordamerikanischen Indianerstämmen verbreitet – bis hinunter in die großen Ebenen des Mittleren Westens, bis Arizona und New Mexico. Und das Sintflutmotiv lässt sich auf dem amerikanischen Kontinent noch weiter nach Süden verfolgen. Die im Grenzgebiet von Venezuela und Brasilien beheimateten Ugha Mongulala wissen von einem »gewaltigen Stern«, der plötzlich auftauchte und am Himmel eine blutrote Spur zeichnete. Ihm folgte ein dreizehnmonatiger Regen, der die Welt überflutete und die gesamte Menschheit ertränkte, mit Ausnahme des Mannes Madus, der auf einem selbst gebauten großen Floß überlebte, auf dem er auch je ein Pärchen zahlreicher Tierarten mitgenommen hatte. Die alten Inka Perus berichten von einer fünftägigen Finsternis, einem schrecklichen Erdbeben und einer darauf folgenden großen Flut, was zunächst befremdlich klingt, denn die Inka lebten im Hochgebirge der Anden, wo weiträumige Überschwemmungen nur schwer vorstellbar sind. Weltweit sind von Völkerkundlern, Historikern und Mythenforschern mehr als 250 regionale Sintflutlegenden zusammengetragen worden.

Legenden und Geschichten von großen Überschwemmungen im alten Griechenland und im Römischen Reich knüpfen vermutlich alle an den alttestamentarischen Bericht über die Sintflut an – jeweils den spezifischen religiösen Vorstellungen angepasst. So kam im klassischen Griechenland der Zeus-Bruder, Wasser- und Erdbebengott Poseidon dem zürnenden obersten Gott zu Hilfe, rief alle Flüsse zusammen und befahl ihnen: »Lasst euren Wogen alle Zügel schießen, fallt in die Häuser und durchbrecht alle Dämme.« In Rom beklagte die oberste göttliche Richterin Justitia die Verkommenheit der

Menschen auf Erden und veranlasste so Götterkönig Jupiter, die Menschen dafür zu bestrafen. Der Herr der Götter beauftragte damit seinen Bruder Neptun, das römische Gegenstück zum griechischen Poseidon. Aber es gibt auch Sintflutberichte in Afrika und sogar bei den alten nordischen Völkern Europas: Als Gott Odin den Urriesen Ymir mit wuchtigen Hieben niederstreckte, flossen aus dessen Wunden so mächtige Blutströme, dass darin alle Riesen ertranken. Nur der weise Riese Begelmir und sein Eheweib überlebten die Katastrophe in einem selbst gebauten Nachen.

Hat es also in der Frühgeschichte der Menschheit wirklich kontinentale Hochwasserfluten gegeben? Um das zu klären, erscheint es sinnvoll, die zeitlich ältesten Wurzeln der Katastrophenlegende aufzuspüren. Und die reichen erstaunlicherweise weit hinter den biblischen Bericht zurück. 1845 begann der gleichermaßen am Orient wie an versunkenen Kulturen interessierte britische Archäologe und Diplomat Austen Henry Layard mit Ausgrabungen am Hügel Nimrud im unteren Tigristal. Er wollte die »Wiege der Menschheit« finden, von der die Bibel spricht. Schon bald entdeckte er die Mauern zweier assyrischer Paläste sowie zahlreiche Ziegel mit eingeritzten Keilschrifttexten. Bei seiner Arbeit half ihm der aus Mossul stammende chaldäische Christ Hormuzd Rassam, der später die Grabungen auf eigene Faust fortsetzte und 1864/65 große Teile des »Gilgamesch«-Epos auf zahlreichen beschriebenen Tontafeln 14 Kilometer nördlich der Anhöhe von Nimrud fand. Das wiederum faszinierte einen jungen Assistenten am Britischen Museum namens George Smith, der bald von der Idee besessen war, die merkwürdigen Schriftzeichen zu entziffern und selbst in Mesopotamien nachzuforschen, ob eventuell noch fehlende Teile dieser Texte zu finden wären. Erstaunlicherweise gelang ihm beides. Insgesamt trug Smith 384 Tontafeln zusammen, die unter anderem den vollständigen, noch unbekannten Teil der Geschichte von Utnapischtim enthielten, die im »Gilgamesch«-Epos erzählt wird. Und diese Geschichte ist nichts anderes als die Sintflutgeschichte. Utnapischtim ist der biblische Noah. Er berichtet dem Sumererkönig Gilgamesch, wie der »Herr mit den strahlenden Augen, der Gott Ea« ihn gewarnt habe: »Mann aus der Stadt Schuruppak, Sohn Ubar-Tutus, ziehe aus deiner Wohnung, baue ein Schiff, lass fahren all deine Reichtümer und rette dein Leben. Lass den Samen allen Lebens in dein Schiff steigen. Bring hinein dein Korn, deine Frau, deine Familie, deine Verwandten, Handwerker, Vieh, wilde Tiere und grünes Futter in Fülle.«

Dann berichtet Utnapischtim, wie die große Flut kam: »Selbst die Götter waren voll Furcht vor der Flut, sie flüchteten zum Himmel des Anu. Sechs Tage und sechs Nächte schwollen Sturm und Flut, herrschte Orkan über dem Land. [...] Als der siebente Tag anbrach, da legte sich der Sturm, es glättete sich die Flut, die wie ein Kriegsheer gewütet; sanft wurden die Wogen, der Sturmwind ließ nach. Ich hielt Ausschau nach dem Wasser, verstummt war sein Tosen, zu Lehm alle Menschen geworden. Bis zu des Daches Höhe reichte der Sumpf.« Das 1. Buch Mose wurde in der ersten Hälfte des ersten vorchristlichen Jahrtausends aufgezeichnet, das »Gilgamesch«-Epos rund 1000 Jahre früher. Finden sich hier die Wurzeln der Sintflutlegende? Wenn ja, dann ist es nicht ausgeschlossen, dass die Juden, Mitglieder der semitischen Sprachfamilie, ihre religiösen Stoffe im Zweistromland abgekupfert haben und – neu gestaltet – in ihr Altes Testament einfließen ließen. Die andere Alternative: Es hat in vorgeschichtlicher Zeit viele Sintfluten gegeben, die frühen Hochkulturen ein jähes Ende bereiteten.

Als George Smith die alten Keilschrifttexte entzifferte, wusste niemand, ob König Gilgamesch wirklich gelebt hatte oder nur eine mythologische Figur war. Das Geheimnis um sein Reich lichtete sich, als der britische Archäologe Charles Leonard Woolley im altsumerischen Ur, der Heimat des biblischen Urvaters Abraham, alte Bestattungsplätze aushob. Bis

12 Meter tief drang er in den Boden vor, dann sah es zunächst nicht nach weiteren Spuren einer menschlichen Besiedlung aus. Doch Woolley gab nicht auf und ließ weitergraben. Seine Helfer schaufelten sich durch eine 2,5 Meter dicke Tonschicht ohne jegliche Fundstücke hindurch. Auf einmal zeigten sich erneut Kulturschichten, deren Tonscherben sich auf rund 4000 v. Chr. datieren ließen. Der erste geologische Hinweis auf eine Sintflut war entdeckt, denn die 2,5 Meter dicke Schicht ohne menschliche Spuren erwies sich als ein Sedimentlager, das eine gewaltige Überschwemmung zusammengespült haben musste. Immerhin tut sich damit eine spannende Fährte auf: »Ausgelöst durch Erdbeben«, sei das Flussbett des canyonreichen Euphrat vor etwa 7000 Jahren mehrfach durch Geröll-lawinen verstopft worden, erklärt der Archäologe Andreas Schachner.[4] Nach sintflutartigen Regenfällen staute sich das Wasser, bis es die Barriere durchbrach. »Flutwellen von 30 Meter Höhe« türmten sich auf und begruben fast alles Leben unter sich. Solche Naturkatastrophen fanden verständlicherweise Eingang ins Schrifttum der Völker – »vom Volksmund«, wie es Matthias Schulz im *Spiegel* formuliert hat, »verbrämt und ausgeschmückt«.[5]

Wenn dies die Überreste der in der Bibel erwähnten Sintflut sein sollten, dann war sie doch wohl ein mehr regionales Ereignis und keine weltweite Katastrophe. Diese Vermutung wird gestützt durch die vielen Sintflutlegenden in aller Welt und zu unterschiedlichen Zeiten in der Geschichte. In Mexiko beispielsweise entdeckten Archäologen und Geologen ebenfalls mächtige Schwemmlandschichten als Belege einer katastrophalen vorgeschichtlichen Überflutung. Allerdings sind in Mexiko diese Schichten weit älter als jene im mesopotamischen Ur. Ganz offensichtlich gab es also zahlreiche riesige Naturkatastrophen, sodass völlig unabhängig voneinander Sintflutberichte aufgrund des ständigen Klimawandels an vielen Stellen der Erde aufgeschrieben wurden. Die Frage bleibt, wie es im Einzelnen zu diesen verheerenden Katastrophen gekommen ist. Viele Erzählungen und Legenden sprechen von vorausgegangenen Erdbeben, von tagelanger Dunkelheit und plötzlich hereinbrechender Kälte, die den Beginn der Überflutungen markieren. Waren Vulkanausbrüche und nachfolgende Tsunamis die Ursache für solche uralten Katastrophenberichte? Das würde solche im Gedächtnis der Menschheit verankerten Ereignisse durchaus erklären und klingt auch nach heutigem Wissensstand plausibel. Aber stimmt es auch? Die unzähligen Rätsel um die weltweit verbreiteten Klimakatastrophen sind heute noch alles andere als gelöst.

Der Übergang vom nacheiszeitlichen Fleischparadies zu Ackerbau und Viehzucht war vermutlich für die einst frei umherschweifenden und an keine feste Behausung gebundenen Jägernomaden ein buchstäblich steiniger Weg und die landwirtschaftliche Bearbeitung des Bodens der gerade erst aus Uranfängen sich formenden Zivilisation zweifellos ein hartes Brot. Die Ausgrabungen bei Urfa zeigen, dass die ersten Bauern eher unterernährt und häufig krank waren. Jahrtausende später hätten die Pioniere jener Zeiten es auch in der Heiligen Schrift der Christen (Genesis 3,19) nachlesen können: »Verflucht sei der Acker um deinetwillen, mit Mühsal sollst du dich von ihm nähren dein Leben lang!« Die Autoren der Bibel berichteten also aus längst vergangenen Tagen der Menschheit. Auch an das prachtvolle Urzentrum des technischen Fortschritts, an dem sich das Schicksal des frühen Menschen in ganz neue Bahnen lenken sollte, hatten die jüdischen Schriftsteller womöglich noch kurz vor der Zeitenwende ahnungsvolle Erinnerungen, als sie die Schöpfungsgeschichte in blumige Worte fassten. Bibelforscher haben herausgefunden, dass einige Kapitel im Alten Testament wahrscheinlich um 950 v. Chr. von einem gelehrten Juden am Hofe des Königs Salomo verfasst wurden. Dagegen vermutet der Heidelberger Bibelexperte Bernd-Jörg Diebner, dass »der geschliffene Text die Arbeit eines jüdischen Rabbiners aus dem 2. Jahrhundert vor Christus« sei. Wie auch immer, es überraschte jedenfalls den deutschen Archäologen Klaus Schmidt und sein Team, als sie in einem »rätselhaften Heiligtum der Steinzeitjäger« ein Amulett aus Speckstein von der Größe einer Streichholzschachtel fanden, auf dem zwei symbolträchtige Zeichen eingraviert waren: Baum und Schlange. Ist die Genesis lediglich die Reportage über eine längst versunkene Steinzeitkultur, das Echo einer Epoche, die in der Bibel in Form von Gleichnissen eine verschwommene Vorstellung ergibt über das gleichsam explosionsartige Aufblühen der menschlichen Rasse nach einem grundlegenden Klimawandel des Planeten? Die jungsteinzeitliche Region des Taurus- und Zagrosgebirges, im Grenzland zwischen Iran, Irak und der Türkei, wo die unmittelbaren Nachkommen der Neandertaler ihre Jagdwaffen niederlegten, ist vermutlich das zentrale Gebiet in der Entwicklung der menschlichen Zivilisation.

Der Berliner Frühzeitforscher Schmidt, Chefausgräber jenes steinzeitlichen Heiligtums, hat in seinem Buch *Sie bauten die ersten Tempel* faszinierende Details über die geheimnisvolle Jägerkultur vom Göbekli Tepe – zu Deutsch: Nabelberg – vorgelegt.[6] Die archäologischen Sensationsfunde im sanften Hügelland von Obermesopotamien zeigen die ältesten Tempel der Welt. Es sind »megalithische Wunderbauten und Zeugnisse einer bislang kaum bekannten ›goldenen Epoche‹ der Steinzeit«.[7] »Weltruhm«, glaubt Klaus Schmidt, werde die Stätte wohl bald erlangen. Denn das eigentlich Verblüffende ist das Alter dieses sakralen Ortes, der vor rund 11 000 Jahren von einem Jägervolk errichtet wurde. Objekt des Staunens ist eine karge Anhöhe nahe Urfa. Auf einem Hügel standen vor Urzeiten fast zwei Dutzend glanzvolle Tempelbauten, auf schweren Steinpfeilern ruhend, reich verziert mit allerlei Getier und übergroßen Menschenköpfen. 300 bis 500 Steinmetze waren nach Einschätzung des Berliner Archäologen erforderlich, um, wie Matthias Schulz schreibt, »diesen düsteren Vatikan zu errichten. Stelen und Totempfähle schlugen die Arbeiter aus dem Fels. Priester in Tierfellen lebten dort, grell bemalt. In den Rundtempeln loderten Feuer. Als dort die Opferkulte abliefen, gab es auf dem Planeten Erde noch kein einziges Bauerndorf.«[8] Die Sammler und Wildbeuter, die über 100 000 Jahre dem Großwild der eiskalten Steppen Eurasiens nachstellten, die auf den kargen Tundren Mammuts und Bären jagten, traten nach der Eiszeit in den grünenden Fluren Mesopotamiens zum großen Schlachten an, wenn die riesigen Gazellenherden und tonnenschwere Auerochsen die flachen Furten des Euphrat überquerten. Bis etwa um 7500 v. Chr. infolge eines erneuten Klimaumschwungs die paradiesischen Biotope erschöpft waren. Vermutlich hätten die Menschen ihr üppiges Leben niemals aufgegeben, wären sie nicht durch die witterungsbedingten Umweltveränderungen dazu gezwungen worden. Die Winde wehten wieder rauer, Dürrekatastrophen peinigten das Land, und im Norden rückten erneut die Gletscher vor. Nun wurden Gazellen und Auerochsen nicht mehr in Massen gejagt, sondern in kleinen Herden domestiziert. Wildschafe und Wildziegen wurden in weitläufige Gatter getrieben und an die Nähe des Menschen gewöhnt. Die inzwischen sesshaft gewordenen Nomaden begannen mit der Zucht von Wildschweinen und Wildpferden. Vorratswirtschaft wurde jetzt ebenfalls groß geschrieben. In dieser Zeit entstand auch die erste Kornkammer der Menschheit, wie Biologen vom Max-Planck-Institut in Köln ermitteln konnten. Sie verglichen das Erbgut von 68 modernen Einkornsorten und führten es auf eine gemeinsame Ursorte zurück. Dieses Wildgetreide, gewissermaßen der Urahn aller heute weltweit existierenden Getreidearten, kann man mit etwas Glück noch heute an den Flanken des erloschenen, zwischen Schwarzem Meer und Urmia-See gelegenen Vulkans Karacadag entdecken. Falls Adam und Eva die ersten Menschen waren, die auch Müsli und Mehlspeisen gegessen haben, dann spielte sich das vermutlich in dieser Landschaft ab.

Die meisten Paradiesmythen schildern ein längst vergangenes Goldenes Zeitalter, in dem die Menschen weitgehend ohne Furcht vor Naturkatastrophen und Nahrungsmangel lebten. Die älteste bekannte Paradies-Darstellung stammt von den Sumerern, die im Zweistromland zwischen Euphrat und Tigris – dem heutigen Irak und Iran – vor mindestens über 7000 Jahren lebten. In dem Mythos wird ein Land beschrieben, dessen Felder ewig grün und fruchtbar sind und aus dessen Erde reine Quellen sprudeln. Dieses Land ist von Göttern und Göttinnen bevölkert, die frei von Krankheit, Tod und Mühsal sind: »Als erstes entstand das goldene Geschlecht, das keinen Rächer kannte und freiwillig, ohne Gesetz, Treue und Redlichkeit übte. [...] Auch gab die Erde, frei von Lasten, von keiner Hacke berührt, von keiner Pflugschar verletzt, alles von selbst. [...] Ewiger Frühling herrschte, und sanfte Westwinde streichelten mit lauen Lüften die Blumen, die ungesät entsprossen waren. Bald trug ungepflügte Erde auch Getreide, und ohne nach einer Brache neu bearbeitet zu sein, war der Acker weiß voll schwerer Ähren.«[9]

Der Stuttgarter Geographieprofessor Wolf-Dieter Blümel ist davon überzeugt, dass Mythen einen ganz realen Hintergrund haben. Auf die letzte Würm-Eiszeit folgte vor 11 200 Jahren die jetzige Warmzeit, das Holozän. Zu diesem Zeitpunkt, etwa zwischen 10 000 bis 4000 vor heute, war es auf der Erde so warm wie seitdem nie mehr. Blümel nennt verschiedene Wege, auf denen er das Klima zurückliegender Jahrtausende rekonstruiert. Alte Holzfunde datiert er mit der C14-Methode, die Jahresringe verraten günstige oder ungünstige Vegetationsbedingungen. In Mooren konservierte Pollen geben über das Klima vor Jahrtausenden Auskunft. Außerdem findet man in tieferen Erdschichten oft alte, fossile Böden. Entspricht ein entdeckter fossiler Boden zum Beispiel der schwarzen Steppenerde der Ukraine, dann ist die Schlussfolgerung erlaubt, dass zu jener Zeit, da dieser Boden entstand, am Fundort ein Klima wie heute in der ukrainischen Steppe geherrscht hat. Mit solchen und ähnlichen Methoden konnten die Wissenschaftler nachweisen, dass in der Zeitspanne des sogenannten nacheiszeitlichen Wärmeoptimums, die vor 10 000 Jahren begann und beinahe 6000 Jahre andauerte, paradiesische Zustände herrschten, denn es war auf der Erde im globalen Schnitt zwei bis drei Grad wärmer als heute. Für Blümel stellt das nacheiszeitliche Wärmeoptimum aus der Perspektive der damaligen Menschen eine vergleichsweise glückliche Zeit dar: Es ist warm, aber nicht trocken, und unter diesen optimalen Umweltbedingungen beginnen die Menschen in den Savannen des Vorderen Orients Pflanzen anzubauen, anstatt sie wie Jahrhunderttausende lang nur zu sammeln. So wurden aus Nomaden Sesshafte, aus Sammlern und Wildbeutern Ackerbauern und Viehzüchter – ein Umbruch, der als neolithische Revolution bezeichnet wird, in Wirklichkeit aber wohl eher eine Evolution, eine über Hunderte von Generationen sich entwickelnde kulturelle Trendwende bedeutete. Stonehenge kann als Paradebeispiel am Ende dieser prosperierenden Warmzeit gelten, denn es gehörte wahrscheinlich viel Energie dazu, die mächtigen Stelen und Steinsäulen über lange Strecken zu transportieren. Es muss offenbar eine Überschussproduktion an Nahrungsmitteln gegeben haben. Eine darbende Gesellschaft ist kreativen Techniken und Innovationen gegenüber vermutlich weniger aufgeschlossen.

Die paradiesischen Zeiten wurden im Laufe von einigen Jahrtausenden immer mal wieder abrupt gestoppt von Kälteeinbrüchen. Vor 5300 Jahren schneit ein Mann in den Ötztaler Alpen ein, wird so mumifiziert und kommt erst in unseren Tagen – als »Ötzi« – wieder ans Tageslicht. Es muss nach Ansicht von Wolf-Dieter Blümel damals, als der Mann ums Leben kam, ein sprunghafter Klimawechsel stattgefunden haben.

Denn vor diesem Zeitpunkt wanderten die Menschen aus dem heutigen Südtirol mit ihren Herden regelmäßig nach Nordtirol. Ganz plötzlich, mit einem Klimasprung, muss es deutlich kälter geworden sein, sodass die Alpen nicht mehr passierbar waren. In der Periode der sogenannten Klimadepression der Bronzezeit, die bis an die Wende vom 4. zum 3. Jahrtausend vor Christus zurückreicht, wird es im globalen Temperaturdurchschnitt ein bis zwei Grad kälter als heute. Die Folgen sind regionale Missernten und Versorgungsengpässe. Aber die schwierigen Zeiten scheinen jetzt auch den Erfindergeist der Menschen herauszufordern. Obwohl der neue Werkstoff Bronze schon in der Jungsteinzeit bekannt war – Ötzi besaß ein Bronzebeil –, erhält das neue Metall jetzt immer größere Bedeutung, bis es von einem anderen Metall, dem Eisen, abgelöst wird. Von jener vorbiblischen Zeit bis heute macht das Klima in unregelmäßigen Abständen Sprünge von warm zu kalt und umgekehrt. Vor 2300 Jahren beispielsweise steigen die Temperaturen auf der Erde wieder an, und es wird erneut mehrere Grad wärmer als heute. Das Weltreich der Römer scheint von diesem Klimaoptimum besonders begünstigt zu sein. Doch dann, 200 bis 600 n. Chr., schlägt das unstete Klimapendel erneut zur anderen Seite aus. Ein eher kühles, stark wechselhaftes Klima vor allem in der Nordhälfte Europas und Asiens verursacht schwere Ernteausfälle und führt schließlich zur Völkerwanderung. Um die erste Jahrtausendwende nach Christus endet die kalte Periode genauso abrupt, wie sie gekommen war. Wie eine Aufzeichnung im Staatsarchiv Nürnberg aus dem Sommer 1022 zeigt, konnte das warme Klima auch einmal zur Plage werden: »... dass viel Leut umb Nürnberg auff den Strassen vor grosser Hitz verschmachtet und ersticket, deßgleichen sind auch alla Früchte auff den Feldern, Gärten und Wiesen auch Äckern verdorret und verbrenet, auch sein viel Brunen Flüsse Weyher und Bäche vertrocknet und versieget, wie dann umb Nürnberg alle Bäche und Weyher biß auff fünff vertrocknet und zwey Brunen vor grosser Hitz versieget, dadurch grosser mangel am Wasser entstanden ist«.[10]

Rüdiger Glaser, der Heidelberger Professor für Geographie mit dem Schwerpunkt der historischen Klimatologie, analysiert in seinem anregenden Buch über die *Klimageschichte Mitteleuropas* das Wettergeschehen der letzten 1000 Jahre. Die historische Klimatologie beschäftigt sich mit dem Klimaablauf längst vergangener Epochen und basiert auf schriftlichen Aufzeichnungen, die Glaser in zahlreichen Archiven der Welt über viele Jahre studiert hat. In den Bibliotheken finden sich Berge von schriftlichen, meist zeitgenössischen Aufzeichnungen über Wetterextreme wie Taifune und Orkane, Dürreperioden und Überschwemmungen, Vulkanausbrüche, Erdbeben und schneereiche, kalte Winter, aber auch über den Beginn der Weinblüte, die Ernte der Trauben oder des Getreides. Bei der wissenschaftlichen Analyse solcher Daten werden auch sogenannte Naturarchive herangezogen: beispielsweise Wachstumsringe im Holz, Sedimente aus den Tiefen der Ozeane, Blütenpollen, Stalagmiten und Stalaktiten aus Tropfsteinhöhlen – in all diesen Naturphänomenen können findige Wissenschaftler lesen wie in einem aufgeschlagenen Buch und vor dieser Folie die Beschreibungen in den historischen Archiven eichen. Aus solchen Hinweisen können sie ziemlich genau ermitteln, welche Temperaturen in früheren Jahrhunderten geherrscht haben müssen. So haben die Klimahistoriker für das Mittelalter berechnet, dass die Temperaturen bis zu zwei Grad über den heutigen Durchschnittswerten lagen – ein bedeutsames Forschungsergebnis, das jedoch bisher aus unerfindlichen Gründen und zur allgemeinen Verwunderung vieler neutraler Beobachter von den meisten Klimaberatern europäischer Regierungen und anderer staatlicher Einrichtungen weitgehend unbeachtet geblieben ist.

Nach der letzten großen Warmzeit vor 120000 Jahren, auch Zwischeneiszeit genannt, in der noch Nilpferde in Rhein und

Themse lebten und überhaupt die Großtierwelt in unseren Breiten noch ziemlich afrikanisch aussah, rückte das Eis von Norden her erneut massiv vor und bescherte mit der bislang letzten Eiszeit fast ganz Eurasien arktische Verhältnisse. 1000 Meter hohe Eisgebirge schoben sich bis an den Rand der deutschen Mittelgebirge, bedeckten Nordsee und Ostsee. Die Gletscher hatten so viel Wasser gebunden, dass der Meeresspiegel um mehr als 100 Meter sank. Themse und Elbe waren zu Nebenflüssen des Rheins geworden, bevor sich dieser zentrale Strom in das Nordmeer ergoss. Im Süden drangen die Alpengletscher bis in die Gegend von München vor. Mit der raschen Erwärmung des Klimas vor 12000 Jahren schmolzen die enormen Eismassen relativ rasch ab, und es entwickelten sich gewaltige Wasserfluten. Die Erwärmung des Klimas setzte so extrem schnell ein, dass sich beispielsweise in Eisbohrkernen aus Grönland eine Wärmeexplosion von etwa 15 bis 20 Grad in einigen Jahrzehnten abzeichnet.

Eine Möglichkeit scheidet als Erklärungstheorie für diesen extrem raschen Klimawandel aus, denn der Mensch hatte nichts damit zu tun. Für den noch nachträglich beängstigenden Temperatursprung in eine Warmzeit gibt es zwar nur Vermutungen, aber ein Polsprung des irdischen Magnetfeldes wie auch eine erhebliche Verstärkung der Sonneneinstrahlung halten viele Wissenschaftler am ehesten für die auslösenden Faktoren dieser in ein Paradies mündenden Klimakatastrophe. Auf das plötzliche Ende der letzten Eiszeit folgte die längste Warmzeit unserer erdgeschichtlichen Gegenwart, das sogenannte Holozän, in dem wir heute noch leben. Im Vergleich zur nächstfolgenden kalten Periode war die Temperatur um etwa sieben Grad erhöht. Auf den vom Eis befreiten Kontinenten breiteten sich, nachdem auch die Dauerfrostböden hinreichend aufgetaut waren, riesige Waldzonen aus. Vermutlich entwichen den Permafrostböden, die zusammen eine Fläche von nahezu der doppelten Größe Australiens ausmachten, so riesige Mengen Methan und Kohlendioxid, dass zum Magnetfeldchaos des Planeten und einer besonders intensiven Sonneneinstrahlung auch eine natürliche Treibhauswirkung zum nacheiszeitlichen Paradies auf unserer Erde beigetragen haben dürfte.

Bis in die vorrömische Zeit blieben die zentralasiatischen Wüsten nutzbares Weideland, auf dem Wildkamele gezüchtet wurden. Die Sahara war über Jahrtausende eine wildreiche Savanne. Die Menschen schmückten Felswände mit Tausenden monumentaler Gemälde und verewigten ihren Bilderbuchreichtum für alle nachfolgenden Generationen. Nicht nur die Konterfeis ihrer Beutetiere, wie Löwen, Elefanten, Antilopen und Flusspferde, auch kulturelle Gegenstände, wie kostbar verzierte Gefäße, modische Accessoires, wie Armreife und Halsketten, selbst zweirädrige Streitwagen und Pferdegespanne wurden inzwischen von vielen Forschern entdeckt. Im Hinterland von Karthago, einer Halbinsel nordöstlich von Tunis, gedieh noch zu den Zeiten der größten Machtentfaltung Roms das Getreide so prächtig, dass sich die römischen Herrscher veranlasst sahen, Hannibals Heimatstadt zu zerstören, damit für Rom diese »Kornkammer« nutzbar blieb.

Nur unter Berücksichtigung der klimatischen Verhältnisse lässt sich auch verstehen, warum Weltreiche plötzlich errichtet werden konnten, über viele Jahrhunderte Bestand hatten oder auch rasch wieder im Dunkel der Geschichte verschwunden sind: Das Weltreich der Mongolen des Dschingis Khan war lediglich von kurzer Dauer, während China und Japan jahrtausendelang stabil blieben. Dies sind ebenso wenig zufällige Entwicklungen wie etwa das Erstarken und Vorrücken der Germanen und die Zerstörung des Weströmischen Reiches oder die anfangs geradezu explosive Ausbreitung des Islams. Auch für die globale Standortbestimmung unserer eigenen Zukunft könnten die historischen Vergleichsmaßstäbe als hilfreiche Wegmarkierungen dienlich sein. Die Gegenwart allein reicht dafür ebenso wenig aus wie Klimaprognosen, die allein aufgrund eines einzigen Jahrhunderts hochgerechnet werden. In seinem Buch *Kollaps*[11] konfrontiert uns Jared Diamond mit der Geschichte ausgewählter Kulturen. Manche gingen unter, andere überlebten. Was hatten sie nach heutigen Maßstäben falsch, was haben sie richtig gemacht? Diamonds Interpretationen fordern eine kritische Auseinandersetzung heraus, bei der es gar nicht darum geht, ob er recht hat oder nicht, sondern vor allem darum, was solche Szenarien für unsere Zukunft bedeuten könnten. Die Formel »Keine Zukunft ohne Herkunft« ist in erster Linie eine Aufforderung zum Lernen aus Umwelt und Geschichte. Fortschritt des Wissens und hinreichend abgesicherte Zukunftsaussichten bestehen in der Korrektur von Fehlern und liegen nicht im blinden Glauben an aktuelle Wahrheiten. Die Geschichte der Menschen folgt wie die Geschichte der Natur einer Grundsatzregel: ständige Veränderung. Insbesondere witterungsbedingte Stabilität trat in den letzten 12000 Jahren allenfalls kurzzeitig auf. Die beiden letzten größeren Schwankungen fallen in die letzten 1000 Jahre mit dem »mittelalterlichen Klimaoptimum« und der Kleinen Eiszeit. Sie ging allmählich zu Ende, als Richard Wagner seine Oper »Lohengrin« uraufführte, Preußen und Österreich um die Vorherrschaft im Frankfurter Bundestag rangen und Charles Darwin die Welt mit der Botschaft schockte, dass die Menschen vom Affen abstammen.

Während sich die Menschen in Zukunft wahrscheinlich immer mehr nordwärts orientieren werden, um rechtzeitig dem vermeintlichen »Glutofen Mittelmeerraum« zu entfliehen, wo angeblich während der Sommermonate – beispielsweise in Athen – mit Temperaturen von mindestens 45 Grad[12] gerechnet werden müsse, trieb es die Menschen während der Völkerwanderung (von etwa 400 bis 700 n. Chr.) süd- beziehungsweise südwestwärts, der wärmenden Sonne entgegen. Sie zogen aus dem Norden und Osten bis zum Schwarzen Meer, nach Mitteleuropa, Italien und der Iberischen Halbinsel. Germanenstämme siedelten sich in jener Zeit sogar in Nordafrika an. Mit Beginn einer neuen Warmzeit kam diese Treckbewegung, die zwar selbst nicht chaotisch verlief, jedoch Chaos auslöste und die alte Ordnung in Europa zerstörte, endlich zum Erliegen. Mit der Krönung Karls des Großen im Jahre 800 etablierte sich eine neue Großmacht und sorgte allmählich für stabilere Verhältnisse auf dem abendländischen Kontinent. Der Zerfall des Frankenreiches führte schließlich im Jahre 962 unter Kaiser Otto dem Großen zur Bildung des Heiligen Römischen Reiches deutscher Nation. Die Wikinger, auch Waräger oder Normannen genannt, zogen derweil nordwärts und »eroberten« im Jahre 982 eine »grüne Insel« am Polarkreis, die sie Grönland nannten. Ihr Stammesfürst war der berühmt-berüchtigte Erik der Rote. Unter seiner Regentschaft betrieb sein Volk dort über 300 Jahre lang Getreideanbau und züchtete Vieh – Schafe, Ziegen und Schweine. Auf ihren sechs Meter kleinen, mit Furcht erregenden Drachenköpfen verzierten Booten unternahmen sie über das seinerzeit völlig eisfreie Nordmeer Erkundungsfahrten bis zur Hudson Bay in Kanada. Im Frühsommer des Jahres 1001 segelte der älteste Sohn von Erik dem Roten, Leif Eriksson, der wohl 976 noch auf Island geboren worden war, mit einem »Knorr«, wie die äußerst wendigen und gleichzeitig hochseetüchtigen Schiffe hießen, von Grönland gen Westen und ging schließlich auf Neufundland von Bord. Die Nordmänner trieben Handel mit den Indianern und Eskimos, die sie aufgrund ihrer breitknochigen Gesichter als mongolisch beschrieben. Doch an ein dauerhaftes Sesshaftwerden war nicht zu denken. »Ohne Nachschub aus den Kolonien oder vom Mutterland waren sie jedoch dem Untergang geweiht«, schreibt Joseph H. Reichholf. »Es wurde nichts aus der Ansiedlung von Nordeuropäern in Nordamerika, bis fast genau 500 Jahre später ein neuer Ansturm mit besseren Mitteln und weit größerer Bevölkerungszahl ankam.«[13] Bereits

300 Jahre später kam das Eis nach Grönland und Island (Eisland) zurück, den Wikingern blieb nur der Rückzug in ihre skandinavische Ursprungsheimat.

Christliche Heere hatten in der Zwischenzeit die ungewöhnliche Wärmeperiode auf ihre Weise genutzt. Unter Führung der Staufer hatten sie sich von Regensburg aus zu Schiff und zu Pferde auf den langen Weg ins Morgenland gemacht und vertrieben gleich beim ersten Kreuzzug im Jahre 1099 die Muslime aus Jerusalem. Kaiser Friedrich II., Barbarossas Enkel, führte das Rittertum zu seiner höchsten Blüte, schrieb und zeichnete zum Teil eigenhändig die ersten naturwissenschaftlichen Sachbücher und etablierte mithilfe seiner arabischen Lehrer die Wissenschaften in Europa. So wuchs die Kultur überall dort, wo am prächtigsten Landwirtschaft gedeihen konnte. Weinbau beispielsweise ist ein guter Indikator für warmes Klima: Zwischen dem 9. und 13. Jahrhundert kultivierte man Wein in Schottland, Pommern und Ostpreußen. Heute liegt die Weinbaugrenze hunderte Kilometer weiter südlich.

In der zweiten Hälfte des 13. Jahrhunderts kippt das Klima plötzlich wieder. Schon für das Jahr 1164 ist eine Sturmflut historisch belegt (17. Februar), sie kostete in Ostfriesland und an den Mündungen von Elbe und Weser tausende Menschen und ungezählte Stück Vieh das Leben. Zeitgenössische Berichte geben ein aufschlussreiches Bild von der Katastrophe: »Wie viele Reiche und Vornehme saßen noch abends da und schwelgten im Überfluss, doch unversehens stürzte sie das Unglück mitten ins Meer.«[14] Sicher befanden sich unter »Tausenden« auch wirklich Wohlhabende, bemerkt Reichholf dazu. »Aber wenn es heißt, dass sie Mitte Februar, also in einer Zeit, in der üblicherweise die Vorräte schon knapp geworden sind, ›im Überfluss schwelgen‹, verrät das wohl mehr als nur die Moral, die Sturmflut sei eine gerechte Strafe für Völlerei und Wohlleben gewesen. Wären die Küstenbewohner arm gewesen, hätte der Verweis auf die Strafe Gottes eine höchst unchristliche Verhöhnung ihrer Armut und ihres Schicksals bedeutet. So aber finden wir mit diesem moralisierenden Hinweis eine Stütze dafür, dass das Hochmittelalter eine ›gute Zeit‹ gewesen war. Die Bevölkerung konnte anwachsen, und immer noch gab es Überfluss gegen Ende des Winters, als die erste richtige Sturmflut das Land verheerte.«[15]

Und dann jagte bald eine Katastrophe die andere. Am Marcellustag, dem 16. Januar des Jahres 1219, schlug eine weitere Jahrhundertflut zu. Den Chroniken zufolge wurden bis zu 100 000 Tote unter der Küstenbevölkerung geschätzt. Doch es sollte es noch weitaus schlimmer kommen. 1342 gab es die Jahrtausendflut des gesamten zweiten Millenniums. Opferzahlen lassen sich nicht mehr ermitteln, nicht einmal schätzungsweise. Die Überschwemmungen sind auch nicht mehr als einzelne Naturkatastrophe vorstellbar, die aus heiterem Himmel gekommen wäre – beinahe ein Drittel Mitteleuropas stand monatelang unter Wasser. Das Wetter schlug nicht einfach nur Purzelbäume, das Klima machte einen grundlegenden Wandel durch. Dies führte dazu, dass auch die im Hochmittelalter bis auf ein paar kleine Reste abgeschmolzenen Alpengletscher innerhalb weniger Jahre wieder einmal zu wachsen begannen, was zwischen 1350 und 1400 zu einer fast völligen Vereisung des Alpenraumes führte. Aber auch damit war das Katastrophenszenario des mittelalterlichen Klimawandels noch keineswegs vollständig – im Gegenteil, jetzt fing es erst richtig an. 1348 trifft der erste Seuchenzug der Pest Europa. Am Ende wird über ein Drittel der europäischen Bevölkerung – die Chroniken sprechen von mehr als 25 Millionen Toten – dieser »Geißel Gottes« erlegen sein. Weite Landstriche waren menschenleer. Was noch lebte, raffte großenteils der Dreißigjährige Krieg dahin. Der Hungertod bedrohte die wenigen Überlebenden. Die Winter wurden extrem kalt, setzten früher ein und dauerten immer länger. Holländische Maler wie Pieter

Breughel oder Hendrick Averkamp schufen Bilder, die für die wintermilden Niederlande geisterhafte Szenerien mit Eis und Schnee zeigten. Dick vermummte Jäger ziehen mit Hunden durch alpin wirkende Landschaften. Wolfsrudel streifen durch die mitteleuropäischen Wälder, stoßen bis nach Südfrankreich vor. Selbst in größeren Städten sind bei einbrechender Dunkelheit die Straßen menschenleer. Die Bevölkerung friert und hungert, und sie fürchtet die Überfälle der Raubtiere. Die schaurigen Märchen von Kindern, die sich in finsteren Wäldern verlaufen und bitterer Kälte ausgesetzt sind, entstehen in dieser schlimmen Zeit. Aschenputtel verkörpert das Elend und die Träume der Armen, von einem reichen Prinzen endlich aus diesem Jammertal erlöst zu werden.

In Europa wurden verzweifelt Schuldige gesucht – und in den Hexen gefunden. Über eine Million Frauen, Männer und sogar Kinder – die Zahlen schwanken zwischen einer und sogar neun Millionen – wurden vom 15. bis 18. Jahrhundert Opfer dieses Wahns. Die Kleine Eiszeit verändert die Menschen weltweit. Zumindest für die Zeit um 1650 ist auch eine längere Kälteperiode in China dokumentiert. Gemälde der frühen mandschurischen Qing-Dynastie (ab 1644) zeigen ungewohnte Schneelandschaften. Der Zusammenbruch der vorausgegangenen Ming-Dynastie wurde, wie aus zeitgenössischen Dokumenten hervorgeht, witterungsbedingt durch mehrere aufeinander folgende Missernten mit verursacht.

Klimawandel bedeutete in der Menschheitsgeschichte also stets auch Kulturwandel – in Vergangenheit und Gegenwart ebenso wie in der Zukunft. Diese Erkenntnis scheint jedoch trotz jahrelangen Medienrummels um Treibhauseffekt und Ozonlöcher bisher weder ins Bewusstsein der Wissenschaft noch gar in das der Weltöffentlichkeit vorgedrungen. Die Menschen selbst ändern sich mit dem Klima, weil sie – wie alles Leben auf unserer Erde – von den Umweltbedingungen der Natur nicht zu trennen sind. Wenn überhaupt zugestanden, wird ein klimatischer Einfluss auf Einzelereignisse reduziert: So lähmte im Jahre 9 n. Chr. ein schweres Unwetter die römischen Legionen während der Schlacht gegen die Cherusker im Teutoburger Wald, woraufhin der römische Feldherr Publius Quinctilius Varus Selbstmord beging; ein schwerer Orkan vernichtete 1588 die Reste der spanischen Armada vor den Britischen Inseln; schneereiche und kälteklirrende Winter zermürbten Napoleons Invasoren 1812 ebenso wie Hitlers Armeen 1941/42 in Russland.

In vielen alten Kulturen wurden ungewöhnliche Naturphänomene und Klimakatastrophen mit besonderer Aufmerksamkeit verfolgt, da die Menschen in ihnen Ankündigungen drohender Ereignisse erkannten oder oftmals als Zeichen göttlicher Allmacht akzeptierten. Schon die Pyramidentexte der alten Ägypter erwähnen Regen, Blitz, Donner und Erdbeben, alles Erscheinungen, die im Nilland bis heute relativ selten eintreten, als prophetische Fingerzeige. Auch die alten Griechen nahmen in der Frühzeit ihrer Kulturgeschichte das Wettergeschehen ernst. Bei Homer, in den Gesängen der Odyssee, werden außergewöhnliche Naturphänomene als göttliche Warnungen gedeutet und befolgt. Die Deutung von Naturvorgängen verlor bei den Griechen jedoch allmählich an Vorhersagekraft; man verlegte sich immer mehr darauf, den Willen der Götter durch heilige Zeremonien in eigens dafür geschaffenen Orakeltempeln, wie etwa dem von Delphi, bei Bedarf zu befragen.

Es gab aber ein Volk, das wie kein anderes sein Schicksal mit den Phänomenen in der Natur verknüpft sah und wie kein anderes wesentliche Entscheidungen, die das Gemeinwesen betrafen, von zahlreichen Naturerscheinungen abhängig machte. Es waren die Etrusker, jenes rätselhafte und künstlerisch hochbegabte Volk, das um 900 v. Chr. nach Etrurien in Italien einwanderte und 400 bis 500 Jahre später vom römischen Staat absorbiert wurde. Sie liebten das Leben und versuchten, in luxuriösen Grabbeigaben etwas von seiner Schönheit auch ihren Toten auf die weite Reise mitzugeben. Ihre Gesellschaft bestand nur aus einem losen Bund von zwölf größeren Städten, die von Adelsfamilien regiert wurden. Herausragend waren sie in der Deutung rätselhafter Naturerscheinungen. Eigens dafür ausersehene Wetterbeobachter forschten nach frühen Anzeichen. Die dabei anfallenden Informationen wurden systematisch gesammelt und an die weissagende Priesterschaft, die Haruspices, weitergeleitet. Die Mitglieder dieser auserwählten Kaste verfügten über altes Wissen, in dem die Bedeutung der Umweltzeichen aufgeschlüsselt war.

Die etruskische Kunst der klimatisch orientierten Zeichendeutung wäre vermutlich verloren gegangen, wenn nicht die alten Römer von witterungsbedingten Ereignissen fasziniert gewesen wären und das entsprechende Wissen in ihre reichlich komplizierten Prozeduren im Umgang mit ihren Göttern eingebaut hätten. Jahrhundertelang unternahmen die Römer keine wichtigen Amtshandlungen, ohne durch Deutung klimatisch bedingter Naturzeichen den Willen der Götter rechtzeitig vorher zu ergründen. In Beobachtung und Auswertung der meteorologischen Hinweise wurde häufig das ganze Volk mit einbezogen. Jeder Bürger konnte eine ungewöhnliche Naturerscheinung den damit beauftragten Vertretern des Staates zur Kenntnis bringen, bei den Priestern war die Beobachtung des Wetters sogar Bestandteil des täglichen Pflichtenheftes. Es oblag schließlich den Konsuln, die eingegangenen Berichte über besondere Erscheinungen in der Natur – im offiziellen Sprachgebrauch wurden solche Zeichen »Prodigien« genannt – zu prüfen und auf ihre Glaubwürdigkeit hin zu untersuchen.[16] Die Konsuln legten die Beobachtungen dem Senat vor, der schließlich darüber zu entscheiden hatte, ob die erkannten Vorzeichen für das Schicksal des Staates tatsächlich bedeutsam waren. Um die Götter versöhnlich zu stimmen beziehungsweise ihren Zorn rechtzeitig vor geplanten, häufig militärischen Unternehmungen abzuwenden, wurden Sühneveranstaltungen zelebriert, wobei Betfeste, Tieropfer oder mehrtägige Spiel- und Theateraufführungen im Mittelpunkt standen. In einigen Fällen – so zum Beispiel im Jahre 216 v. Chr., nach der vernichtenden Niederlage gegen Hannibal in der Schlacht von Cannä, bei der die Römer mehr als 50000 Soldaten verloren – wurden auch Menschen geopfert. Der Erfolg meteorologischer Prophezeiungen sowie der daraufhin eingeleiteten Vorsorgemaßnahmen war geteilt: Mal schienen die angeordneten Fürbitten von Erfolg gekrönt, wie beispielsweise schon ein Jahr später, als die Römer ihre letzten Kräfte sammelten und sich das Kriegsglück gegen die Karthager wendete; mal schien ihre Opferbereitschaft ins Leere zu gehen, wie etwa 217 v. Chr., als sie ebenfalls vor einem Feldzug gegen Hannibal ihren Göttern gelobten, allen im darauf folgenden Frühling neu geborenen Kindern bei Eintritt ins Erwachsenenalter den Aufenthalt im eigenen Land ein für alle Mal zu untersagen – die Römer kassierten trotzdem eine schwere Niederlage.

Die Altertumsforschung hat das Prodigienwesen der Römer immer ernst genommen, da viele wichtige politischen Entscheidungen im Römischen Reich durch mysteriöse Naturphänomene beeinflusst wurden. Der Glaube an solche meteorologisch und atmosphärisch-physikalisch begründeten Erscheinungen ist jedoch häufig als ein religiös orientierter Brauch missverstanden worden. Dass die ebenso geheimnisvolle wie bisweilen durchaus abenteuerliche Vorzeichendeutung ursprünglich auf einen äußerst praktischen Zweck, nämlich die Früherkennung von Naturkatastrophen, abgezielt haben dürfte, wurde dem Verfasser bewusst, als er mehr zufällig römische Literaturhinweise nach Berichten über Erdbeben und Vulkanausbrüchen durchforstete: Man findet in ihr buchstäblich sämtliche außergewöhnlichen Naturphänomene aufgelistet, die auch in vielen anderen Kulturen, insbesondere in der Tradition des alten China, auf herannahende Erdbeben und andere schwere Naturkatastrophen hindeuten. Als Beispiel mag eine Leseprobe aus den »Georgica« von Vergil genügen, der von 70 bis 19 v. Chr. lebte. Seine Sammlung von Lehrgedichten über Landwirtschaft und Natur enthält den folgenden Bericht über eine Serie von Naturereignissen, die in Zusammenhang mit einer Erdbebenwelle beobachtet wurden, die nach dem Tode Cäsars im Jahr 44 v. Chr. auftrat: »Sie [die Sonne] trauerte auch über Rom, als Cäsar ermordet war, bedeckte ihr glänzendes Haupt mit einer dunklen Röte, und die gottlose Welt befürchtete eine ewige Nacht; obgleich damals auch die Erde und das Meer und Unheil weissagende Hunde und Vögel, die zu ungewöhnlicher Zeit erschienen, Vorzeichen gaben. Wie oft sahen wir den strömenden Ätna aus seinen zerrissenen Essen feurige Ströme auf die Felder der Zyklopen ergießen und flammende Klumpen und zerschmolzene Felsenstücke speien! Germanien hörte unter dem ganzen Himmel Geräusche von Waffen; von ungewöhnlichen Erschütterungen erzitterten die Alpen. Oft hörte man durch die stillen Haine eine mächtige Stimme, und in der Abenddämmerung erschienen schrecklich blasse Gespenster, und Tiere redeten ein entsetzliches Zeichen! Flüsse stehen, der Boden der Erde reißt auf, und in den Tempeln weint das traurige Elfenbein, und die Erz[stand]bilder schwitzen. Der König der Flüsse, der Po, dreht in seinen tobenden Wirbeln Wälder, reißt sie fort und schwemmt über alle Felder die Herden mit ihren Ställen dahin. Zugleich zeigt sich immer im unglücklichen Eingeweide der Opfer drohendes Fieber; oder es floss beständig Blut aus den Brunnen, und die Städte erschollen vom lauten Geheul der Wölfe. Nie fielen vom klaren Himmel mehr Blitze, nie brannten so viele schreckliche Kometen.«[17]

»Vor dem Blick in die Zukunft jedoch muss der Rekurs auf die Ideengeschichte klimatheoretischer Argumentationen stehen«, schreibt Ferdinand Knauss.[18] »Das Desinteresse der Denker am Klima ist nämlich eine relativ junge Erscheinung. Bis die philosophische Betrachtung des Klimas gemeinsam mit der Völkerpsychologie, die mit ihr eng zusammenhängt, nach 1945 weitgehend aufgegeben wurde, war es für viele der großen Historiker und Geschichtsphilosophen seit dem Altertum die formende Kraft und Grundlage der Menschheitsgeschichte schlechthin.« Herodot, Thukydides und Aristoteles führten allen Ernstes die Eigenschaften der Völker auf die Bedingungen ihres Lebensraums zurück. Die griechischen Philosophen waren sich weitgehend einig, dass beispielsweise das raue Klima des Nordens – damit meinten sie vor allem Mitteleuropa – zwar tapfere, aber kaum kunstsinnige Völker geformt habe, während die Bewohner des Orients zwar ein hoch entwickeltes ästhetisches Bewusstsein, dafür aber auf Grund der Hitze auch Schlappheit und Feigheit zeigten. Die Griechen dagegen seien durch ihre mediterrane Lage mit allen positiven Kompetenzen gesegnet, die der Mensch je hervorgebracht habe.

Ohne den antiken Denkern zu nahe treten zu wollen: Diese Einschätzung menschlicher Tugenden und Fähigkeiten bedarf zumindest einer Ergänzung: Unsere gemeinsamen Vorfahren, die Neandertaler, haben während der Eiszeit vor allem in nördlichen Breiten künstlerische Fähigkeiten mit verblüffend ausgereiften Werkzeugen offenbart. Denn unter ihnen gedieh gewissermaßen im Eiltempo jene Eigenschaft, die wir heute als »erfinderischen Genius« preisen. Ihr ständig sich vergrößerndes Gehirn bot schließlich auch die Grundlage dafür, erstmals menschliche Sozialstrukturen zu entwickeln, wie sie bis dahin auf diesem Planeten unbekannt waren. Die Neandertaler bestatteten vermutlich mit einem Blumenritus ihre Toten, produzierten immer intelligentere Werkzeuge und Jagdwaffen, stellten die ersten Kleider her, übten sich in zahlreichen künstlerischen Fertigkeiten, bemalten kunstvoll ihre sakralen Zwecken dienenden Höhlen und waren höchstwahrscheinlich auch die ersten, die im Laufe von 100 000 bis 200 000 Jahren eine menschliche Ursprache entwickelten.

Ein kleiner Exkurs in diese wichtigste Epoche der Menschwerdung ist hier durchaus angebracht: Lange Zeit glaubte man – und zahlreiche Experten tun das heute noch –, die Cromagnons, wie die europäischen Jetztmenschen allgemein genannt werden, hätten die Neandertaler bei ihrem Vordringen aus dem afrikanischen und vorderasiatischen Kontinent ausgerechnet während der grimmigsten Kälteperiode der letzten Eiszeit vor sich hergetrieben und sie schließlich an seinen westlichen Rand abgedrängt, wo sie letztlich keine andere Wahl mehr hatten, als – ähnlich wie die Lemminge nordischer Tundren – in den Atlantischen Ozean zu fallen oder schlicht auszusterben. Was die wärmeverwöhnten Frühmenschen aus den äquatorialen Breiten auch immer nach Europa gezogen haben mochte, das schöne Wetter war es bestimmt nicht. Jedenfalls widerspricht die Vorstellung, die Neandertaler seien durch die starken Typen vom Schwarzen Kontinent ausgelöscht worden, zumindest den verfügbaren Indizien. Wenn die Neandertaler eine besonders herausragende Fähigkeit besaßen, dann war es ihre ausgeprägte Widerstandskraft. Auf dem Höhepunkt der Eiszeit waren orkanartige Schneestürme an der Tagesordnung. Die Temperaturen sanken regelmäßig auf unter minus 50 °C. Durch die unter einer meterdicken Schneedecke liegenden Wälder in Deutschland, Frankreich und England trotteten Eisbären und Mammuts. Natürlich waren auch die Neandertaler keine Extremsportler und gingen, wo immer es möglich schien, den katastrophalsten Wetterstürzen aus dem Weg; aber ohne jeden Zweifel lebten sie unter klimatischen Verhältnissen, die sibirischen Wintern nicht nachstehen. Wurden diese abgehärteten Wildbeuter und Nomaden etwa gar Opfer des wohlig-mediterranen Klimas zu Beginn der Warmzeit? Haben sich die Eiszeitmenschen nicht an die paradiesischen Verhältnisse anpassen können? Auch Inuit oder sibirische Jäger von heute verweichlichen in warmen Regionen unserer Zivilisation und sehnen sich schon bald nach ihrer kälteklirrenden Heimat zurück.

Nach diesem kleinen Ausflug in die menschliche Frühgeschichte nun wieder zurück zum aktuellen Klimageschehen. Mit welchen witterungsbedingten Veränderungen wir in den kommenden Jahren zu rechnen haben, ist längst nicht mehr nur das Thema von Naturwissenschaftlern und besorgten Umweltaktivisten. Die Berichte des UN-Weltklimarats (IPCC) erschüttern die Menschen und Politiker in allen Erdteilen. Eine internationale Klimakonferenz jagt die andere, und selbst das angesehene Gremium des Sicherheitsrats der Vereinten Nationen hat erst im Frühjahr 2007 erklärt, dass der bevorstehende Klimawandel wahrscheinlich schon in allernächster Zeit die Hauptursache weltweiter Konflikte und kriegerischer Auseinandersetzungen sein wird. Noch lassen sich die Menschen gerne von fantasievollen Autoren wie Frank Schätzing mit seinem Roman *Der Schwarm* in eine gruselig-schockierende Lesewelt entführen oder von Hollywood-Regisseuren wie Roland Emmerich mit Weltuntergangsszenarien wie »The Day After Tomorrow« in Angst und Schrecken versetzen. Aber immer mehr renommierte Wissenschaftler und bekannte Publizisten halten sowohl die fantastischen Horrorgeschichten der Unterhaltungsindustrie wie vor allem die als seriös und angeblich wissenschaftlich fundiert daherkommenden Statements politischer Institutionen für falsch. »Die Behauptung, dass die jetzt stattfindende Erwärmung des Klimas nur mit der Erwärmung vor 120000 Jahren vergleichbar ist, stimmt einfach nicht«, so der bekannte Paläoklimatologe Augusto Mangini von der Universität Heidelberg.[19] »Wir verfügen über Daten, die zeigen«, so der Leiter der Forschungsstelle für Radiometrie der Heidelberger Akademie der Wissenschaften weiter, »dass es während der letzten zehntausend Jahre Perioden gab, die ähnlich warm oder sogar noch wärmer waren als heute. Ebenso ist es falsch zu behaupten, dass die jetzige Erwärmung sehr viel schneller abläuft als frühere Erwärmungen. Tatsache ist, dass es während der letzten zehntausend Jahre erhebliche globale und vor allem genauso schnelle Klimawechsel gegeben hat, die die Menschen sehr stark beeinflussten.«

Die Heidelberger Paläoklimatologen versuchen seit vielen Jahren, die natürliche Variabilität des Klimas anhand von Stalagmiten – vom Boden her wachsende Tropfsteine – zu rekonstruieren. Diese sind ein sehr gutes Archiv, weil sie exakt datiert werden können und weil sie in ihrer isotopischen Zusammensetzung eine Information mit sehr guter Auflösung über den Niederschlag und die durchschnittliche Temperatur beinhalten. »Anders als bei Baumjahresringen, die das IPCC hauptsächlich zum Maßstab nimmt und die jene aus anderen Archiven gewonnenen Daten statistisch quasi erschlagen«, bemerkt Professor Mangini, »kann die Variation der Isotope und somit der Zusammenhang mit der Temperatur [...] physikalisch beschrieben werden. Auch wenn wir noch nicht alles wissen, können wir doch eine erstaunliche Klimavariabilität nachweisen. Zwischen dem Wärmemaximum in der mittelalterlichen Warmphase und der Kleinen Eiszeit [von etwa 1350 bis 1800 – d. Verf.] haben wir an Stalagmiten Temperaturunterschiede von einigen Grad Celsius ermittelt.« Und er fügt hinzu: »Die Temperaturunterschiede sind um fast eine Größenordnung höher als diejenigen aus den Baumringen. Das könnte daran liegen, dass die Variabilität des Klimas der Nordhemisphäre vorwiegend und am deutlichsten im Winter stattfindet, wenn Bäume ›schlafen‹.«[20]

Die Heidelberger Forscher haben auf der Grundlage exakt untersuchter Stalagmiten herausgefunden, dass es in der Vergangenheit zahlreiche Abschnitte mit höheren Niederschlägen im Winter und auch deutlich höheren Wintertemperaturen im Vergleich zu heute gegeben hat – so etwa zwischen 7500 und 6000 Jahren, zwischen 5000 und 4200 Jahren, zwischen 3800 und 3500 sowie zwischen 1400 und 800 Jahren vor heute. Mittlerweile liegen zahlreiche Datensätze von Stalagmiten und marinen Sedimenten aus vielen Teilen der Welt vor, die gleichartige Veränderungen – also nicht nur synchrone Daten aus Europa, sondern beispielsweise auch aus der Karibik und Südchile – aufweisen. Die untersuchten Stalagmiten zeigen, betont Mangini, dass bereits unsere Vorfahren unter dem Klimawandel gelitten haben. Troja sei in dieser Hinsicht einer der bestuntersuchten Orte und biete die Möglichkeit, die Dramatik des natürlichen Klimawandels zu verfolgen. In Troja haben die Archäologen für die letzten 5000 Jahre mehrere Siedlungsperioden von je einigen Jahrhunderten Dauer registriert. Diese Siedlungsphasen sind bestens mit einer Vielzahl von Datierungen belegt. Fünf davon werden Blütephasen zugeordnet, die wichtigste war die von Homer beschriebene Phase VI vor 3750 bis 3300 Jahren. Sie wechseln sich mit Zeiten ab, in denen in Troja nur noch wenig menschliche Tätigkeit nachgewiesen wird. Die Abfolge dieser Phasen war für die Archäologen schon immer ein Rätsel.

Die meisten Menschen kennen von Troja lediglich jene ungewöhnliche Geschichte von der Überlistung der Stadt anfangs des 13. Jahrhunderts v. Chr. durch eine Handvoll tollkühner Kämpfer, die sich im Bauch eines hölzernen Riesenpferdes versteckt hatten. Nur erwähnen bestimmte Geschichtsquellen dieses angebliche militärische Bravourstück entweder überhaupt nicht oder liefern völlig andere Beschreibungen über die Hintergründe der Eroberung Trojas. So wird bei Vergil der Fall Trojas allein durch ein vom Meeresgott Neptun persönlich geleitetes Erdbeben hervorgerufen. Der Meeresgott der Griechen ist bekanntlich Poseidon, und dieser soll angeblich bei der Eroberung Trojas die Hauptrolle gespielt haben – und zwar auch in jener Fassung, bei der das hölzerne Riesenpferd seinen spektakulären Auftritt hat. Bemerkenswert an der ganzen Angelegenheit ist vor allem, dass Poseidon auch gleichzeitig Erdbebengott ist und in dieser Eigenschaft in den Binnenstädten Kleinasiens als mythologische Pferdegestalt verehrt wurde. Der Altertumsforscher L.A. Mackay hat daher mit Recht darauf hingewiesen, dass sich die Widersprüche in der Überlieferung durchaus klären ließen, wenn man das Trojanische Pferd weniger als raffiniertes Täuschungsmanöver denn als Symbol für ein Erdbeben ansehen würde.[21] Die griechischen Eroberer sind demnach nicht im Bauch einer riesigen Pferdeattrappe in Troja eingedrungen, sondern, gewissermaßen unterstützt durch ein rein zufällig einsetzendes und durch wissenschaftliche Ausgrabungen inzwischen auch bestätigtes Erdbeben, über die in Trümmern liegenden Stadtmauern gelangt.

Warum aber wurde der griechische Erdbebengott Poseidon als mythologisches Pferd dargestellt? In historischen Quellen und geschichtlichen Überlieferungen wird häufig darauf verwiesen, dass in zahlreichen Mythologien und Legenden aller Kulturen göttliche Tiere von übergroßem Kaliber durch plötzlich entwickelte Aktivitäten schwere Erdbeben auslösen können. Als die Pferde der griechischen Angreifer aufgrund der nur wenig später einsetzenden Erschütterungen der Erdoberfläche in Raserei verfielen und sich wild durcheinanderwirbelnd unter ihren Reitern aufbäumten, außerdem unmittelbar darauf die Stadtmauern Trojas, wie von unsichtbarer Zyklopenhand gesprengt, wie ein Blitz aus heiterem Himmel in sich zusammenfielen, darf man unterstellen, dass selbst heldenhafte, doch gleichwohl abergläubische Krieger jener Zeit für dieses ihnen völlig geisterhafte Schockerlebnis nur eine Erklärung fanden: Der Erdbebengott Poseidon höchstpersönlich war in einer überirdisch erscheinenden Pferdegestalt auf die Erde herabgaloppiert und hat für die Belagerer die bis dahin uneinnehmbar scheinenden Mauern geschleift.

Die Trojaner Kleinasiens mussten in ihrer wechselvollen Geschichte immer wieder den Naturgewalten weichen. Welches

Volk verlässt schon freiwillig seinen Wohnraum und über Jahrhunderte aufgebaute, zum Teil prachtvolle Burgen und Städte, wenn es nicht dramatische Gründe dafür gäbe? Natürlich spielen da viele Faktoren eine Rolle, beispielsweise Kriege und Erdbeben. Aber Professor Mangini hat darüber hinaus auch einen Blick in Tropfsteinhöhlen geworfen und anhand von Stalagmiten erkannt, dass der ganz normale Klimawandel eine mindestens ebenso wichtige Bedeutung haben dürfte. Paläontologische Studien ergeben, dass die Siedlungs- und Blütephasen in Troja ziemlich genau mit niederschlagsreichen Feuchtphasen in Mitteleuropa zusammenfallen. Gegen einsetzende Trockenheit konnten sich auch die reichsten und mächtigsten Kulturen genauso wenig zur Wehr setzen wie etwa gegen verheerende Erdbeben. Ein massiver Rückgang der Niederschläge, verbunden mit landesweiten Dürreperioden, konnte für diese Völker, die vorwiegend von der Landwirtschaft lebten, den raschen Untergang bedeuten. Seit dem Beginn der bäuerlichen Kultur vor etwa 7000 Jahren folgten deshalb nach »blühenden Landschaften« immer wieder lange Trockenperioden mit Armut und Auswanderung. Umgekehrt füllten zunehmende Niederschläge die Grundwasserspeicher, was oftmals die Rückkehr der Menschen in ihre ursprüngliche Heimat zur Folge hatte. Da schriftliche Aufzeichnungen und auch sonstige Möglichkeiten existenziell wichtiger Klima- und Wetterdaten in der Frühphase der Menschheit über Jahrtausende Mangelware bleiben mussten, war der Erfahrungsschatz der Urbevölkerung das wichtigste Gut. Wo es solche Überlieferungen für nachfolgende Generationen nicht gab, musste das spezifische Wissen agrarischer Kulturen immer wieder neu gesammelt werden.

Die spärlichen archäologischen Befunde und historischen Belege lassen jedoch ohne jeden Zweifel erkennen, dass in der Zeit vor etwa 3300 Jahren verheerende Naturkatastrophen insbesondere im östlichen Mittelmeerraum mit dem Niedergang mehrerer einst blühender Kulturen einhergingen. Warenströme kamen zum Erliegen, die mykenischen Paläste versanken, die Hethiter gaben ihre Hauptstadt auf. Hafenstädte in der Levante verfielen. In Troja ging eine der bedeutendsten Blütephasen zu Ende, und aus Ägypten wird über Völkerwanderungen berichtet, ausgelöst durch Hunger und Missernten. Professor Mangini kommentiert die damalige Weltlage mit den Worten: »Die Katastrophenmeldungen zum Klimawandel unserer Tage könnten ebenso vor 3300 Jahren für die von Homer beschriebene Siedlungsphase VI geschrieben worden sein.«[22] Dass die Phasen der kulturellen Hochblüte tatsächlich weit feuchter gewesen waren, zeigt auch die Landschaft um Troja heute. Während vor 6000 Jahren »Pergamos«, die Burg von Troja, auf einer Anhöhe im damaligen Küstenbereich entstanden ist, hat sich die Uferzone im Laufe der Zeit durch Verlandung der Bucht von Troja weg verlagert – sie liegt heute etwa fünf Kilometer vom ausgegrabenen Stadtkern entfernt. Es sollte uns, wie Professor Mangini meint, möglich sein, die Fehler der Trojaner zu vermeiden, welche die Zyklizität von Warm- und Kaltphasen nicht rechtzeitig erkennen konnten.

Der japanische Philosoph Tetsuro Watsuji spricht von der »Selbstfindung des Menschen durch das Klima«. Mensch und Klima sind für ihn nicht zu trennen: »Es gibt kein von der Geschichte losgelöstes Klima und auch keine vom Klima losgelöste Geschichte.« Ein Aspekt des Klimas aber bleibt von den meisten Klimadenkern in Vergangenheit und Gegenwart unbedacht. Es ist der aktuelle Anlass für die weltweite Klimadebatte: Das Klima ist nicht stabil. Dass Wetterbedingungen keine unveränderlichen Zustände unserer Erde sind, sondern sich historisch wandeln, haben die klimatologisch argumentierenden Denker seit Herodot offensichtlich nicht wahrgenommen. Auch für die 2500 Klimaexperten des IPCC der Vereinten Nationen findet Klimavariabilität offensichtlich noch immer nicht statt. Liegt es an der Bildungsferne vieler Klimawissenschaftler, Politiker und Umweltökonomen? Immerhin haben die Historiker der französischen Annales-Schule um Lucien Febvre und Fernand Braudel – sie prägten für die frostigen Jahrhunderte der frühen Neuzeit den Begriff »Kleine Eiszeit«, den Emmanuel Le Roy Ladurie, ein Gründungsmitglied der Annales-Schule, dem schwedischen Historiker Gustaf Utterström gewissermaßen entwendete – bereits in der ersten Hälfte des 20. Jahrhunderts langfristige Klimaveränderungen zum Gegenstand der Geschichtsschreibung gemacht. Klimatisch-geografische Bedingungen zählen die französischen Historiker zu den »Strukturen langer Dauer«, die von kurzfristigeren Konjunkturen – technischen Errungenschaften, ökonomischen Zyklen – zu trennen sind.

Die offiziellen UN-Klimagremien sind jedoch davon überzeugt, dass der Mensch seit Erfindung der Landwirtschaft vor rund 10000 Jahren durch die Freisetzung von Kohlendioxid und Methan die Erwärmung der Erde zu verantworten hat – und damit basta! Verkündet hat diese Horrorbotschaft der amerikanische Meeresgeologe William F. Ruddiman von der University of Virginia, als er bei Überprüfung langfristiger Klimamodelle auf eine merkwürdige Anomalie gestoßen war. Vor 10000 Jahren, meint Ruddiman, hätte es nach den astronomischen Zyklen, die das Klima über die letzte Jahrmillion prägten, eigentlich deutlich kälter werden müssen.[23] Gleichzeitig hätten die Werte der Treibhausgase, auch des Methans, eigentlich seit mindestens 9000 Jahren absinken müssen. Als Ursache für die stattdessen eintretende Erwärmung konnte der Wissenschaftler einen bis dahin unbeachtet gebliebenen Verursacher dingfest machen: den Menschen. Natürlich nicht den modernen Jetztmenschen, jenen hochzivilisierten, seine Hightech-Instrumente virtuos beherrschenden Global Player, der die fossilen und biologischen Kostbarkeiten seines einzigen Planeten leichtfertig verschwendet. Nein, der amerikanische Ozeanexperte aus Virginia hatte plötzlich ganz andere Übeltäter im Visier: und zwar seine jungsteinzeitlichen und frühagrarischen Ahnen, die seit mehr als 10 000 Jahren ein paar Hektar Buschland zu Feldern, Wälder und Schwemmland zu kleinbäuerlicher Nutzfläche umwandelten. Nur dadurch, so der inzwischen weltweit berühmt gewordene Ruddiman, dass sich Kühe, Schafe und Ziegen aufgrund viehzüchterischer Produktionstechniken am Beginn der menschlichen Zivilisation stark vermehrt hätten, ließen sich die steigenden Methanwerte erklären. Die damaligen Menschen, alle unmittelbare Nachkommen der steinzeitlichen Wildbeuter und Sammler, stoppten demnach schon seit vielen Jahrtausenden, Christi Geburt liegt im Vergleich dazu in unserer jüngsten Vergangenheit, einen natürlichen Abkühlungstrend und eine erneute Eiszeit – die letzte war, wie wir gesehen haben, gerade erst zu Ende gegangen. Unsere tüchtigen Vorfahren aus Mesopotamien, Babylonien, Assyrien und Persien hielten, wenn wir den Gedankengängen des US-Wissenschaftlers folgen wollen, unseren schon oft im Kälteschock erstarrten Planeten mollig warm, indem sie unaufhaltsam Wälder rodeten und exzessive Landwirtschaft betrieben. Durch gewaltige Rodungen und Waldbrände einer Handvoll nichts ahnender Frühmenschen konnten die Kohlendioxidwerte damals steigen und die Temperaturen in die Höhe schnellen. Die Medien in aller Welt waren voll des Lobes und feierten diese Forschungsergebnisse überschwänglich: »Wie prähistorische Bauern uns vor einer Eiszeit retteten«, titelte etwa der englische *Guardian*, und, etwas unterkühlter, *Der Spiegel*: »Wettermacher in der Steinzeit«. Wer hätte das gedacht – schon Adam und Eva waren Umweltsünder!

Aus aller Welt melden sich inzwischen Experten zu Wort und pinseln ihre selbst erdachten Untergangsszenarien an die Wand: »Wenn uns die Erde um die Ohren fliegt«, verschreckte in düsteren Farben die *Bild*-Zeitung ihre Leser. »Die Zukunft gleicht einem Schreckensszenario«, weiß *stern.de* zu berichten. Jared Diamonds Bestseller *Kollaps* konfrontiert die Welt mit ähnlich bemerkenswerten Fakten und macht uns sogar unsere Helden aus dem frühen Mittelalter madig: Wikinger haben vor 1000 Jahren auf Island alle Bäume gefällt und dadurch das geologische und biologische Gleichgewicht der ganzen Region zerstört, was schließlich auf ihre eigenen Existenzbedingungen zurückgefallen sei und damit die Beherrscher der Meere von einst ins Elend stürzte. Ihre Brüder und Schwestern auf Grönland ruinierten die empfindliche Landschaft des Nordens durch exzessive Viehzucht, wodurch sie gezwungen worden seien, nach einigen Jahrhunderten ihre Siedlungen samt einer Kathedrale, deren Ruine noch heute vom kläglichen Scheitern ihrer Erbauer zeugt, Hals über Kopf zu verlassen. Die angeblich von den Menschen seit Jahrtausenden hausgemachten Schicksalsschläge infolge selbstverschuldeter Klimaänderungen machten unsere arg gebeutelten Vorfahren im »dunklen Mittelalter« natürlich auch besonders anfällig für die Suche nach Schuldigen – die Hexen kamen da wie gerufen. Als aber selbst die von der Obrigkeit angeordneten Verbrennungsorgien die Naturkatastrophen nicht aufzuhalten vermochten und schließlich auch ausgefeilteste Rezepte des Klerus gegen Kälteeinbrüche – Buße tun durch Ablasszahlungen – offensichtlich keine Wirkung zeigen wollten, ließ man am Ende Klima Klima sein. Wärmer wurde die Erde anschließend wieder ganz von selbst, obgleich vom anthropogenen CO_2-Ausstoß auch seinerzeit noch weit und breit nichts zu sehen war.

Seriöse, interdisziplinär gebildete Wissenschaftler können heute die Witterungsverhältnisse – zumindest im europäischen Raum seit dem Mittelalter – erstaunlich gut rekonstruieren. Bezeichnenderweise stammt die rühmenswerte *Klimageschichte Mitteleuropas* nicht von einem Meteorologen, Ozeanografen oder Klimatologen, sondern von dem bekannten Geografen Rüdiger Glaser. Auch die von Stefan Militzer erstellte und im Internet zugängliche Klimadatensammlung »Climdat« ist als Quellenschatz insbesondere auch für offiziell bestallte Klimaberater der Politiker und vor allem die Fachgremien des UN-Weltklimarats unbedingt zu empfehlen. Sie können dort beispielsweise nachlesen, dass es in Europa zwischen 1350 und 1800 deutlich kälter war als im früheren Mittelalter und von 900 bis 1300 mit 1 bis 2 °C deutlich wärmer war als heute. Auf den ersten Blick mögen diese Zahlen relativ gering erscheinen; die Angaben zur damaligen Warmzeit werden besser verständlich, wenn man weiß, dass der Temperaturanstieg in den letzten hundert Jahren, also von 1900 bis heute, ganze 0,76 °C beträgt – und, wie gesagt, damit 1 bis 2 °C unter dem frühmittelalterlichen »Klimaoptimum« liegt. Was vielleicht in diesem Zusammenhang noch zu beantworten bliebe, ist eine mehr philosophische Frage: Wie wird sich die globalisierte Menschheit aufgrund des Klimawandels verändern? Werden wir, wie Aristoteles und Montesquieu vielleicht folgern würden, träger, fauler und feiger, wenn's wärmer wird? Oder nähern wir uns eher dem Fatalismus der von Watsuji definierten Monsunklimakulturen, wenn die Niederschläge zunehmen?

2 Porträt eines »Killers«

Die automatische Atemluftanalyse, des Polizisten liebste Waffe im Kampf gegen alkoholisierte Autofahrer, kommt zu neuen Ehren. In einer Studie berichten griechische Chemiker über die »Analyse der ausgeatmeten Luft fastender Mönche auf dem Berg Athos«. Die Untersuchung, erschienen in einem Magazin, das vermutlich nur wenige Polizisten lesen, liefert einen neuen Grund dafür, Mönche besonders schätzen zu lernen. Denn aus der Sicht von Wissenschaftlern sind fastende Mönche – an den drei Tagen zwischen Karfreitag und Ostersonntag nehmen sie weder Nahrung noch Wasser zu sich – ideale Ersatzobjekte für »Menschen, die nach einem Erdbeben unter den Trümmern eines eingestürzten Hauses gefangen sind«. Die Autoren schreiben: »Überlebende sind oft in Hohlräumen eingeschlossen, meistens ausgetrocknet und hungernd. [...] Ausgeatmete Luft sowie andere flüchtige Bestandteile biologischer Flüssigkeiten – zum Beispiel Blut, Urin oder Schweiß – könnten einen Hinweis auf Leben oder Tod geben. Um die Luft unter vergleichbaren Umständen untersuchen zu können, benötigt man Freiwillige für Atemluftproben. Allerdings könnte es sich als schwierig erweisen, eine Gruppe von Probanden zu finden, die 72 Stunden lang (der kritische Zeitraum für Such- und Rettungsaktionen) hungern möchte.«[1]

In diesem Fall spendeten gleich sieben Mönche des Vatopaidi-Klosters auf Athos in der Ägäis ihren Atem der Wissenschaft. Vor Beginn ihrer Fastenkur nahmen sie – unter den gestrengen Blicken der Forscher – ein Abendmahl aus Fisch,

Salat und Wein zu sich. Ihre erste Mahlzeit danach bildete eine spezielle Obstsuppe namens Housafi, die vom Klosterkoch aus Pflaumen, Feigen, Weintrauben, Orangen und anderen Früchten zubereitet wurde. Doch bevor die Mönche ihren verständlichen Appetit stillen durften, musste jeder tief in einen Plastikbeutel ausatmen. Von den 29 häufigsten flüchtigen Substanzen, die der Gaschromatograph darin gefunden hat, überwog das Aceton alle übrigen Inhaltsstoffe. Der wissenschaftliche Bericht bemerkt dazu lakonisch, dass »der Geruch von Aceton in der Atemluft der Mönche zu riechen war«. Auch Menschen, die noch nie drei Tage streng gefastet haben, kennen ihn: Aceton ist Nagellackentferner. Und eine jener Substanzen, die der menschliche Körper produziert, wenn er Körperfett statt Nahrung verbrennen muss.

Weitaus mehr Wissenschaftler fahnden heute allerdings nach einer völlig anderen, gleichwohl ebenso flüchtigen wie unsichtbaren Substanz. Sie wurde zwar auch in den Atemproben der heiligen Männer vom Berg Athos registriert, fand jedoch dort als völlig geruchloses Gas keinerlei Beachtung. Rund viereinhalb Prozent der von den Mönchen ausgeatmeten Klosterluft bestand auch aus dieser völlig ungiftigen Substanz, die – im Gegensatz zu Aceton – mittlerweile jedoch eine weltweit schillernde Berühmtheit erlangt hat. Die chemische Formel dieser Substanz ist CO_2, die offizielle Bezeichnung lautet Kohlendioxid, wissenschaftlich präziser: Kohlenstoffdioxid, nicht zu verwechseln mit dem hochgiftigen Kohlenstoffmonoxid (CO), mit dem sich schon zahlreiche Selbstmörder vom Leben zum Tod befördert haben. Nicht nur fastende Mönche, griechische Chemiker und verschüttete Erdbebenopfer atmen Kohlendioxid in der angegebenen Menge aus, sondern grundsätzlich jeder Mensch. Auch wir haben uns hier mit diesem vermeintlich so gefährlichen Molekül zu befassen, mit dem wir, ob wir wollen oder nicht, die Atmosphäre unserer Erde beeinflussen – pro Jahr können das immerhin pro Mann und Nase rund 600 Kilogramm sein. Würden wir anstelle von Arbeit und aktiver Freizeit unentwegt schlafen, würde sich diese Menge um etwa die Hälfte reduzieren. Sportler bringen es dafür auf etwa 1000 Kilogramm im Jahr. Angesichts der rund 6,7 Milliarden Menschen, die zum gegenwärtigen Zeitpunkt auf dem Globus leben, kann sich jeder selbst ausrechnen, was für eine gigantische Menge an Milliarden Tonnen ausgeatmeten Kohlendioxids sich da summiert, das angeblich nicht nur zur Erwärmung der Erde beiträgt, sondern unseren Heimatplaneten unter Umständen an den Rand des Ruins bringen könnte.

Wird es da nicht höchste Zeit, dass nicht nur Rußfilter in unsere Autos, sondern vor allem in die Atemwege der Menschen CO_2-Katalysatoren eingebaut werden? Würden nämlich eines Tages, vielleicht schon im nächsten Jahrhundert, 35 bis 40 Milliarden Menschen auf der Welt leben, ergäbe sich allein durch das Ausatmen unserer Nachkommen pro Jahr ein zwar nur metaphorischer, aber gleichwohl gigantischer Kohlendioxidberg. Im Vergleich dazu wäre das Gesamtvolumen des menschengemachten CO_2 von heute – einschließlich aller zivilisatorischen Errungenschaften beläuft sich diese Menge im Jahr 2007 auf etwa 25 Milliarden Tonnen – deutlich geringer. Und falls die Menschen bis dahin sämtliche CO_2-Einsparmöglichkeiten bereits ausgeschöpft hätten, die Einschätzung der durch Kohlendioxid drohenden Gefahren sich aber nicht wesentlich verändert haben würde, wären die Vereinten Nationen vermutlich zu rigorosen, höchst unpopulären Maßnahmen gezwungen. Die Regierungen der einzelnen Staaten müssten wahrscheinlich angewiesen werden, zur Rettung der Welt eine mindestens 20-prozentige CO_2-Reduzierung in ihren jeweiligen Ländern nicht nur ernsthaft in Erwägung zu ziehen, sondern auch in jedem Falle durchzuführen. Man kann sich ausdenken, wenn auch nur mit Grausen, was für Konsequenzen das für die »Überzähligen« unter den Menschen hätte.

Man könnte stattdessen auch alle Ameisen und Termiten der

Welt exterminieren. Oder »nur« die Heuschrecken Afrikas. Oder alle Blattläuse, Bienen, Fliegen, Käfer und Schmetterlinge. Ein fliegender Maikäfer beispielsweise atmet pro Stunde rund 2000 Mikroliter (1 Million Mikroliter = 1 Liter) CO_2 aus, eine einzelne Blattlaus oder Ameise pro Stunde etwa 5 Mikroliter. Allein die Bodenorganismen, bei denen die Bakterien die höchste Verbreitung haben, treten laut offiziellen Modellen des UN-Weltklimarats mit etwa 50 Milliarden Tonnen CO_2 pro Jahr in Erscheinung. Die gesamte Individuenzahl der Insekten als Landorganismen wird von Biologen[2] auf mindestens 10^{27} (eine 1 mit 27 Nullen), eher aber auf 10^{30} geschätzt. Allein eine Blattlauskultur liefert in einer Saison mehr als 10^{24} Tiere. Da die gesamte anthropogene, also menschengemachte, CO_2-Emission der Erde vom IPCC auf ungefähr 22×10^9 (= 22 Milliarden) Tonnen pro Jahr geschätzt wird, gehen Biologen davon aus, dass allein durch die Atmung aller Insekten unseres Heimatplaneten etwa 100-mal mehr CO_2-Emissionen erzeugt werden.[3]

Damit nun nicht der Eindruck entsteht, die Insekten seien bei der angeblichen Verpestung der Welt die Hauptakteure, sollen an dieser Stelle noch ein paar weitere Zahlen das mengenmäßige CO_2-Bild vervollständigen. In der heutigen Erdatmosphäre beträgt die Kohlenstoffmenge im Kohlendioxid 750 Milliarden Tonnen. In den Ozeanen liegt Kohlenstoff überwiegend in gelöster Form, der sogenannten Kohlensäure, vor: Organische Komponenten enthalten 1000 Milliarden Tonnen Kohlendioxid, anorganische Komponenten enthalten weitere 37 900 Milliarden Tonnen CO_2. Dies aber ist noch längst nicht alles. In den Gesteinen ist die größte Menge an Kohlenstoff gespeichert. Schätzwerte belaufen sich auf 20 Trillionen Tonnen Kohlenstoff, vor allem in den sogenannten Karbonatmineralien. Weiterer Kohlenstoff in der Größenordnung von etwa 5 Trillionen Tonnen ist fein verteilt in allen übrigen Gesteinen gespeichert. Im Vergleich dazu: Sämtliche Kohle- und Öllager-

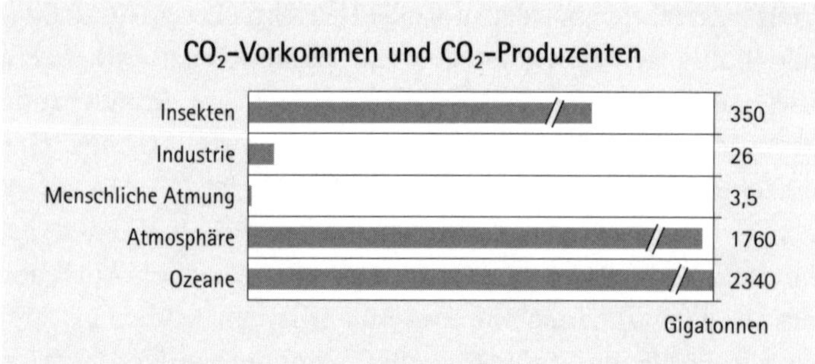

Wäre Kohlendioxid der große Klimakiller, müssten allein gegen die Insekten so rasch wie möglich drastische Maßnahmen ergriffen werden. Der tatsächliche CO_2-Ausstoß aller Insekten ist vermutlich noch wesentlich höher anzusetzen.

stätten zusammen umfassen nach Schätzungen lediglich etwa 10000 Milliarden Tonnen Kohlenstoff. Torf enthält etwa 165 Milliarden Tonnen, in den Böden dürften 1500 Milliarden Tonnen gespeichert sein. Natürlicher Bioabfall macht etwa 60 Milliarden Tonnen Kohlenstoff im Boden aus. Die terrestrische Biosphäre (Tiere, Pflanzen, Menschen) umfasst insgesamt etwa 560 Milliarden Tonnen Kohlenstoff, während alle Pflanzen und Tiere im Meer nur ca. 3 Milliarden Tonnen Kohlenstoff enthalten.[4] Das Kohlendioxid der Atmosphäre steht mit dem Kohlenstoffsystem des Ozeans über das Oberflächenwasser in direktem Austausch. Heute werden jährlich ca. 80 Milliarden Tonnen Kohlenstoff im Kohlendioxid vom Meerwasser aufgenommen, und eine gleiche Menge wird an die Atmosphäre zurückgegeben. Die terrestrische Biosphäre nimmt heute pro Jahr etwa 120 Milliarden Tonnen Kohlenstoff aus der Atmosphäre auf und gibt ca. 60 Milliarden Tonnen Kohlenstoff über Veratmung wieder an diese ab.[5]

Die Wirkungen des geheimnisvollen Kohlendioxidgases waren unseren Vorfahren aus Höhlen und Mineralwässern seit langem bekannt, sie sprachen vom »Mineralgeist«. Paracelsus nannte das mysteriöse Gas »spiritus sylvestris«, die Bezeichnung »Kreidensäure« sowie die chemische Formel CO_2 stammen von dem französischen Chemiker Antoine Laurent Lavoisier, der auch das vergleichsweise hohe Gewicht von 1,9 Gramm pro Kubikmeter (CO_2 ist 1,52-mal schwerer als Luft), seine gute Wasserlöslichkeit sowie die fördernde Wirkung auf das Pflanzenwachstum feststellte. Schon früh erkannte man auch die Feuer löschende Wirkung von Kohlendioxid. Die eigentliche Entdeckung des Kohlendioxids geht auf den belgischen Arzt und Alchemisten Johann Baptista van Helmont (1579–1644) zurück, der auch die Bezeichnung Gas – abgeleitet vom griechischen »chaos« – für den dritten Aggregatzustand einführte. Dass Kalk, Kreide und Marmor beim Zusammentreffen mit Essig aufbrausen, war schon im Altertum bekannt, ebenso auch die Blasen beim Gären des Mostes und im Mineralwasser. Die Hundsgrotte bei Neapel und die Dunsthöhle bei Bad Pyrmont sind dafür bekannt, dass ihnen große Mengen Kohlendioxid entströmen – bei Burgbrohl in der Eifel kommen täglich etwa 2500 Kubikmeter CO_2 aus der Erde. Zwei bis drei Atemzüge in einer Luft, die mit etwa 30 Prozent CO_2 angereichert ist, genügen, um beim Menschen sofortige Bewusstlosigkeit herbeizuführen, die rasch zum Tode führt. Die Luft, die wir normalerweise einatmen, enthält lediglich 0,0375 Prozent Kohlendioxid. Deshalb sollte man Orte, an denen man hohe Konzentrationen von CO_2 vermutet, mit Vorsicht betreten. Das sind beispielsweise Gärkeller, Brunnen und Schächte, die lange verdeckt waren. Diesen Räumlichkeiten sollte man sich am besten mit einer brennenden Kerze nähern, um sie auf hohen CO_2-Gehalt zu testen – erlischt die Kerze, ist höchste Vorsicht geboten. Durch Luftzug lässt sich Kohlendioxid relativ problemlos entfernen, dazu genügt bereits ein aufgespannter Regenschirm. Der ehemalige ZDF-Meteorologe Wolfgang Thüne, dessen preisgekröntem Buch *Der Treibhausschwindel* wir diese und einige andere Hinweise für dieses Kapitel entnommen haben, verrät in dem Zusammenhang noch ein weiteres Rezept: »Man taucht einen Bund Stroh in Kalkmilch und wirft diesen in den Gärkeller.«[6]

Das Kohlendioxidgas zeichnet sich besonders durch seine hohe Beständigkeit aus; erst bei einer Hitze von etwa 1300 °C zerfällt es in das giftige Kohlenmonoxid (CO) und Sauerstoff (O). Bei einer Temperatur von 0 °C und einem Druck von 30 Atmosphären lässt es sich zu einer farblosen Flüssigkeit, die etwas leichter ist als Wasser, verdichten. In Stahlflaschen gefüllt, kann es gefahrlos transportiert werden. Beim Ausströmen aus der Flasche verdunstet das flüssige Kohlendioxid, wobei so viel Wärme gebunden und dadurch Kälte erzeugt wird, dass der Rest zu einer schneeähnlichen Masse erstarrt, dem sogenannten Trockeneis. Dramatische oder romantische Nebeleffekte, je nachdem, welche atmosphärische Stimmung gerade erwünscht ist, werden seit Jahrzehnten bei TV-Shows, in Discos und auf vielen Theaterbühnen der ganzen Welt mit Trockeneis in Szene gesetzt. Im 4. Kapitel werden wir uns ausführlicher mit den Eigenschaften von Trockeneis befassen. Wie man sieht, ist die zurzeit als Teufelszeug verunglimpfte Substanz unserer Atemluft ein verhältnismäßig vielseitiges und nützliches Gas. Durch Kohlensäure erhalten Millionen Liter von Trinkwasser und anderen Getränken ihre erfrischende Wirkung, letztlich auch ein Indiz für die völlige Ungiftigkeit von CO_2. Ausgerechnet dem Kohlendioxid in der öffentlichen Auseinandersetzung um den Klimawandel den Geruch eines Killergases qua »Klimagift« anzuheften, ist mehr als irreführend. Nur in extremer Überdosis ist CO_2 eine ähnlich »tödliche« Substanz wie beispielsweise Wasser.

Würde das Kohlendioxid in der Luft fehlen, so hätte die gesamte Pflanzenwelt ihre Lebensgrundlage verloren, Tiere und Menschen gäbe es demnach auch nicht. Den Kohlenstoff, den Bäume, Sträucher, Gräser und Blumen zu ihrem Aufbau benötigen, entnehmen sie dem Kohlendioxidgehalt der Luft. Jedes grüne Blatt einer Pflanze saugt gewissermaßen Kohlendioxid ein, wenn Sonnenlicht darauf fällt, verwandelt den anorganischen Kohlenstoff in organisches Pflanzenmaterial und scheidet als »Abfallprodukt« Sauerstoff aus. Bei diesem als Photosynthese bezeichneten Prozess produzieren die Pflanzen gleichzeitig Zucker, Eiweiße und Fette. Der umgekehrte Vorgang ist in jedem menschlichen und tierischen Organismus zu beobachten: Zucker, Eiweiße und Fette werden hier unter Zugabe von reichlich Sauerstoff verbraucht, um die körperlichen Funktionen in Schwung zu halten. Das dabei entstehende »Abfallprodukt« Kohlendioxid gilt den Pflanzen wiederum – gemeinsam mit dem Antriebsmittel Sonnenenergie – als Hauptnahrungsmittel. Das Sonnenlicht wird also von den Pflanzen gleichsam zwischengespeichert, um anschließend im tierischen beziehungsweise menschlichen Organismus »verbrannt« und in Wärmeenergie umgesetzt zu werden. Sehr schön und prägnant wird auf diesen Grundmechanismus alles Lebendigen an der Eingangspforte des Botanischen Gartens in Berlin hingewiesen: »Hab' Ehrfurcht vor der Pflanze, alles lebt durch sie!«[7] Und alle Pflanzen leben durch CO_2! Auf die kürzeste Formel gebracht, lautet die Botschaft der Wissenschaft: Kohlendioxid macht Leben auf diesem Planeten überhaupt erst möglich.

Aber plötzlich steht »Klimakiller Nummer 1« in riesigen Lettern über dem Steckbrief des Moleküls CO_2. Auf einmal ist dieses Lebensgas Kohlendioxid schuld an den zu erwartenden Klimakatastrophen. Und wenn die Erde, wie neuerdings Politiker und Wissenschaftler als Horrorszenario an viele Wände malen, in genau 13 Jahren mit Mann und Maus untergehen sollte, ist dann auch dafür CO_2 verantwortlich zu machen. »Die Volksverdummung«, schreibt Käthe Ehlers, die Herausgeberin der Zeitschrift *raum & zeit*, »hat einen neuen Höhepunkt erreicht.«[8] Wer die weltweite, emotional aufgeladene Debatte um CO_2-Emissionen verfolgt, dem drängt sich allerdings ein Verdacht auf: Die Verteufelung von CO_2 ist womöglich zweckgerichtet, indem sie der Atomenergie zu einer Renaissance verhelfen soll. Gleichsam im Windschatten der Klimadebatte verschafft sie sich plötzlich wieder Salonfähigkeit. Wir werden uns später noch ausführlich mit diesem Aspekt zu befassen haben.

Sieht man etwas genauer hin, wie das Kohlendioxid in die globalen, sich selbst organisierenden und selbst regulierenden Gleichgewichtssysteme der Natur eingebunden ist und welche entscheidende Rolle CO_2 bei der Entwicklung der biologischen Evolution und der Entwicklung lebender Systeme auf dem Planeten Erde gespielt hat, offenbaren sich aufschlussreiche Zusammenhänge, die den Klimawandel in einem völlig anderen Licht erscheinen lassen, als dies heute in der hysterisch geführten Debatte für einen außerhalb der Szene stehenden Beobachter möglich ist. Bisher geht man weitgehend davon aus, dass ein beträchtlicher Teil der jährlich durch menschliche Aktivitäten in die Luft geblasenen CO_2-Mengen nicht gänzlich in der Atmosphäre verbleibt, sondern auch im Wasser der Ozeane gespeichert wird. Denkbar erscheint jedoch ebenfalls die Möglichkeit, dass auch Pflanzen und Tiere an dieser Aufnahme von Kohlendioxid wesentlich beteiligt sind. Vermutlich handelt es sich sogar um einen aktiven, sich selbst kontrollierenden biochemischen Mechanismus, der die CO_2-Konzentrationen in der Atmosphäre wesentlich beeinflusst.

Voraussetzung für jede wissenschaftlich fundierte Aussage zum Klimageschehen in Vergangenheit, Gegenwart und Zukunft ist jedoch eine dem Stand der Wissenschaft angemessene Erfassung von Wetterdaten. Ebenso wichtig für die langfristige Planungssicherheit wie für das seriöse Risikomanagement in wissenschaftlichen, wirtschafts- und gesellschaftspolitischen Bereichen ist eine professionelle Bewertung der gewonnenen Daten. Wer hier mit lückenhaften Kenntnissen und unzulänglichen Kriterien Prognosen für die nächsten Jahrzehnte erstellen möchte, läuft – wie die bisherigen Klimavorhersagen führender Experten und Berater des UN-Weltklimarats und verschiedener Regierungen gerade in jüngster Zeit offenbart haben – Gefahr, völlig in die Irre zu gehen. Diese Wissenschaftler setzen, wie wir im 3. Kapitel konkret aufzeigen werden, häufig voraus, dass alle Klimaphänomene von vornherein instabil sind und es dann nur eines geringen Anlasses bedarf, das globale Wettersystem aus dem Gleichgewicht zu bringen, es im schlimmsten Fall in chaotische Turbulenzen zu stürzen. Solche Annahmen werden den tatsächlichen Gegebenheiten und systemorientierten Abläufen in der Natur nur unzureichend gerecht. Eine auf langjährigen Feldbeobachtungen basierende Arbeitsweise mit Rechnerunterstützung ist allem Anschein nach der puren Computerhörigkeit bei einer kaum noch zu bändigenden Datenflut deutlich überlegen. Lernen von der Natur ist vermutlich auch für akademisch gebildete »Wetterfrösche« der aussichtsreichere Ansatz zur Lösung kniffliger und langfristig orientierter Klimafragen.

Denn sonst übersieht man leicht, dass es sich bei grundsätzlich allen in der Natur zu beobachtenden Phänomenen um Gleichgewichtsprozesse handelt, die sich selbst kontrollieren und im Bedarfsfall auch selbst reparieren, was zunächst eine gewisse Eigenstabilität erwarten lässt. Aus diesem Grunde sollte eine vernünftige Vorgehensweise aus einem Katalog sinnvoller Fragen bestehen: Welcher Art beispielsweise sind die Störenfriede dieser offensichtlich von der Natur bevorzugten Gleichgewichtsprozesse? Wie stabil ist das jeweilige System? Vor allem aber: Ist der Mensch wirklich in der Lage, das natürliche System aus seiner in Jahrmillionen gefestigten Gleichgewichtslage zu stoßen? Ist es möglich, dass infolge einer gewissermaßen außerplanmäßigen CO_2-Ausschüttung durch ein einziges biologisches System das globale Klima tief greifend verändert und letztlich das Überleben der Menschheit aufgrund von verheerenden Klimakatastrophen infrage gestellt wird?

Angesichts dieser grundlegenden Fragestellungen ist es nahe

liegend, zunächst den Einfluss von CO_2 auf das Leben der Tier- und Pflanzenwelt näher zu untersuchen. Wenn Kohlendioxid für die Biosphäre lebensnotwendig ist, sollten wir dann nicht sogar mehr davon in die Atmosphäre bringen, damit die Pflanzen noch besser wachsen können? Dieser Prozess lässt sich nicht nur in Experimenten nachweisen, er wird bereits wirtschaftlich genutzt. Treibhäuser werden zu diesem Zweck speziell mit einer CO_2-angereicherten Atmosphäre begast und zusätzlich noch beheizt. Man kann noch weitergehen und fragen: Ließen sich vielleicht durch die gezielte Anwendung von Kohlendioxid im Pflanzenanbau sogar einige jener Ernährungsprobleme lösen, die wir für die Zukunft zumindest in einigen Teilen der Welt erwarten? Wie wir gleich sehen werden, ist die Antwort auf diese Fragen ein nahezu bedingungsloses Ja. Welche Ironie der Debatte, die sich an Spurengasen, Klimaänderungen und Umweltschutz entzündet hat und eine Katastrophe verheißt! Wissenschaftler vermuten nämlich, dass es sich hier um einen sich selbst kontrollierenden biochemischen Prozess handelt, der bewirkt, dass die Kohlendioxidkonzentration von der Natur zur Erhaltung des Lebens selbsttätig geregelt wird. Eine Auswertung von 342 wissenschaftlichen Veröffentlichungen zum Thema CO_2-Konzentration und Pflanzenwachstum hat ergeben, dass die Vegetation in einer Umwelt mit erhöhtem Kohlendioxidanteil ihre Wachstumsrate erheblich steigert.[9] Das Ergebnis dieser Untersuchungen lässt deutlich erkennen, dass eine Erhöhung des CO_2-Gehalts der Atmosphäre von heute ca. 350 ppm (Anteile von CO_2 in 1 Million Teile Luft) auf 650 ppm das Wachstum von Pflanzen um 45 Prozent, eine Anreicherung von 2250 ppm die Wachstumsrate sogar um 165 Prozent steigert. Der interessanteste Aspekt aus diesen wissenschaftlichen Untersuchungen besteht jedoch darin, dass Pflanzen bei geringerem Lichteinfall in angereicherter CO_2-Atmosphäre besonders üppig gedeihen, während sie bei gleichem Lichteinfall, aber verminderter CO_2-

Konzentration absterben. Darüber hinaus hat sich gezeigt, dass Pflanzen bei erhöhter CO_2-Konzentration deutlich unempfindlicher sind gegenüber extrem hohen oder extrem niedrigen Temperaturen – Temperaturextreme, die eine Pflanze in normaler CO_2-Atmosphäre nicht überlebt.

Professor Dr.-Ing. Bert Küppers, dem wir diesen Überblick verdanken[10], hat ferner festgestellt, dass Pflanzen in einer angereicherten CO_2-Atmosphäre in der Lage sind, ein besonders starkes Wurzelwerk auszubilden, das ihnen hilft, in nährstoffarmen Böden an Feuchtigkeit und Mineralstoffe zu gelangen. Gleichzeitig seien sie in der Lage, Mikroben wie beispielsweise Stickstoff bindende Bakterien und Pilze an ihrem Wurzelwerk vermehrt auszubilden. Pflanzen in verminderter CO_2-Atmosphäre können das nicht und gehen ein – ein wichtiger Hinweis zur Bekämpfung der immer prekärer werdenden Situation von Milliarden hungernder Menschen. Es hat sich gezeigt, dass Pflanzen in angereicherter CO_2-Atmosphäre zudem weitaus weniger Wasser benötigen als Pflanzen, die in normaler Atmosphäre wachsen, um die gleiche Menge von lebenswichtigem CO_2 aufzunehmen. Das, so betont Professor Küppers, steigert die Fähigkeit der Pflanzen, ihr Wachstum auch in trockene, bislang unfruchtbare Regionen auszudehnen, während diese Fähigkeit den Pflanzen in einer Atmosphäre mit geringerer CO_2-Konzentration verschlossen bleibt. Hinzu kommt, dass Pflanzen in einer CO_2-Mangelsituation wesentlich anfälliger gegen Schadinsekten und Pilzbefall sind. Ganz wesentlich ist jedoch die für den Erhalt des Lebens auf der Erde notwendige Reproduktionsrate, da Pflanzen in angereicherter CO_2-Atmosphäre deutlich üppigere Frucht- und Samenstände ausbilden. Pflanzen in normaler Atmosphäre haben diese Möglichkeit nicht, sie stellen ihre Fortpflanzung fast gänzlich ein. Küppers: »Bei all den genannten physiologischen Randbedingungen entscheidet letztlich die Kohlendioxidkonzentration über Leben und Tod der Pflanze.«[11]

Auf dem Planeten Erde ist die CO_2-Konzentration offenbar die entscheidende Größe, die das Gleichgewicht zwischen Photosynthese einerseits und Atmung und Verwesung andererseits aufrechterhält. Da das Kohlendioxid das einzige »Nahrungsmittel« der Pflanzenwelt ist, darf man vermuten, dass sich durch menschengemachte CO_2-Emissionen die existierende Biomasse erhöht und ein Grünerwerden der Erde selbst in polaren und bislang unfruchtbaren Dürre- oder Wüstengebieten möglich wäre. Auch dazu gibt es zahlreiche unabhängige Veröffentlichungen, die ein erhöhtes Wachstum in der Biosphäre aufgrund gestiegener Kohlendioxidkonzentrationen feststellen.[12] So könnte eine weitere Anreicherung mit CO_2 zumindest im Hinblick auf ein üppigeres Pflanzenwachstum vorteilhaft sein. Dadurch wird überschüssiges CO_2 von Pflanzen, Algen und zahlreichen anderen Kohlendioxid verbrauchenden Organismen – beispielsweise pflanzlichem Phytoplankton und tierischen Einzellern wie Foraminiferen – in den Ozeanen gleichsam so lange abgearbeitet, bis sich die CO_2-Konzentration in der Atmosphäre wieder in etwa bei ihrem heutigen Ausgangswert eingependelt hat. Die CO_2-Fresser auf unserem Planeten würden demnach für eine Reduzierung des vorübergehenden CO_2-Überangebots sorgen, bis die seit ewigen Zeiten bestehende Schwellenkonzentration von Kohlendioxid wieder erreicht ist. Da die Tierwelt nur existieren kann im Rahmen der zur Verfügung gestellten Biomasse, hätte demnach eine erhöhte CO_2-Konzentration letztlich nicht nur Vorteile für Flora und Fauna, sondern auch positive Auswirkungen auf die Lebenswelt des Menschen. Auf diese Weise würde das Leben auf der Erde nie in eine bedrohliche CO_2-Situation geraten können, weil jede wesentliche Erhöhung des CO_2-Anteils in der Atmosphäre relativ schnell auf seinen Normalwert zurückgeführt wird – und zwar jedes Mal bis zu jener Existenzschwelle, die das generelle Wachstum auf unserem Planeten begrenzt und dadurch den gesamten bioche-

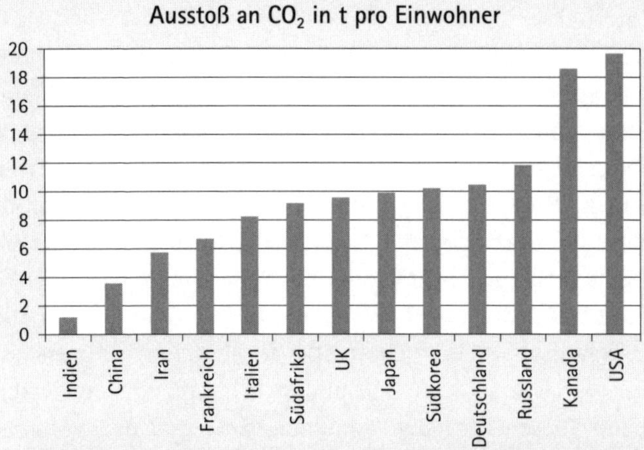

Land	CO_2-Ausstoß in Mio. t	Einwohner (Mio.)	Spez. Ausstoß
Indien	1313	1095,35	1,20
China	4707	1314,00	3,58
Iran	402	70,05	5,74
Frankreich	406	60,65	6,69
Italien	485	58,88	8,24
Südafrika	430	46,88	9,17
UK	580	60,60	9,57
Japan	1262	127,42	9,90
Südkorea	497	48,64	10,22
Deutschland	862	82,31	10,47
Russland	1685	142,40	11,83
Kanada	588	31,61	18,60
USA	5912	300,88	19,65

Dargestellt ist der CO_2-Ausstoß pro Person in 13 Ländern. Deutschland liegt dabei mit 10,47 t deutlich vor Frankreich mit 6,67 t. Frankreich hat bereits jetzt das Umweltschutzziel Deutschlands (40 %-Reduktion in 2020) erreicht (Nach einer Darstellung der BGR, Hannover).

mischen Prozessablauf des irdischen Lebens kontrolliert aufrechterhält.

Was ist eigentlich dran an den vielen anderen verbreiteten Meinungen über die Auswirkung eines CO_2-Anstiegs: Nehmen Stürme und Unwetter auf der Erde wirklich zu? Steigt der Meeresspiegel, und drohen dadurch katastrophale Überschwemmungen? Breiten sich gefährliche Tropenkrankheiten aus, und kommt der Golfstrom zum Erliegen? Droht uns eine unerträgliche Aufheizung der Erde oder doch eher eine neue Eiszeit? Es ist angesichts der zum Teil turbulenten Diskussionen in Politik und Gesellschaft, Wirtschaft und Wissenschaft sehr erstaunlich, wie viele umstrittenen und sich häufig total widersprechende Thesen über den Treibhauseffekt und den vermeintlichen Klimakiller CO_2 noch immer die Runde machen. Wir wollen deshalb im zweiten Teil dieses Kapitels ein paar weitere dieser populären Vorurteile aufgreifen, um anschließend vielleicht besser beurteilen zu können, ob sich die Menschheit durch den ungebremsten Ausstoß von Kohlendioxid und anderen Treibhausgasen wirklich selbst das Grab schaufelt.

Beginnen wir mit den Fragen: Ist CO_2 wirklich das bedeutendste Treibhausgas und damit der Hauptschuldige am Klimawandel? Ist die Erde überhaupt ein Treibhaus? Ohne den berühmten Treibhauseffekt, so die Klimaexperten, wäre die Erde höchstwahrscheinlich ein Schneeball, zumindest eine recht unwirtliche Eiswüste. Ein unsichtbarer Mantel aus verschiedenen Spurengasen sorge dafür, dass ein Teil der unsichtbaren Wärmestrahlung der Erdoberfläche nicht auf Nimmerwiedersehen in den eisigen Tiefen des Universums verschwindet, sondern im Treibhaus zurückgehalten wird und dieses erwärmt. Auf diese Weise, so argumentieren die meisten Klimaexperten, werde die Erde von minus 18 °C auf plus 15 °C erwärmt. Doch dies ist nach Isaac Newton eine pure Hypothese, die weder beweisbar noch experimentell verifizierbar ist. Die als Konsensmeinung deklarierte und inzwischen zum Glaubensdogma erhobene

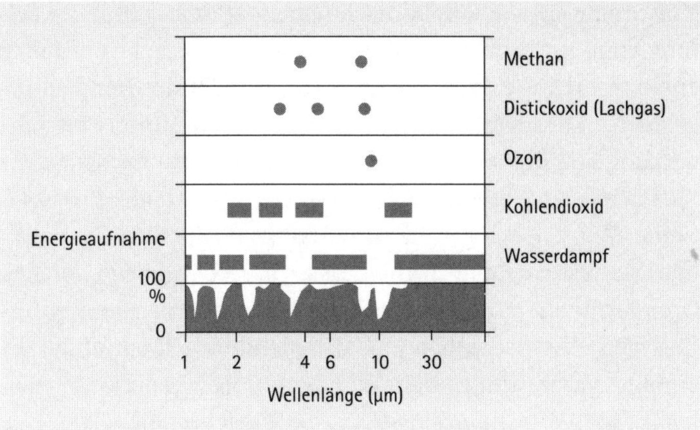

Wasserdampf ist das wichtigste Treibhausgas der Atmosphäre, da es in einem breiten Wellenlängenbereich langwellige Strahlung aufnehmen kann. Die übrigen Treibhausgase spielen eine geringere Rolle, da der Wasserdampf bereits einen großen Teil der Strahlungsenergie aufgenommen hat (Aus: Klimafakten, *siehe Anm. 4).*

Hypothese vom »natürlichen Treibhauseffekt« widerspricht auch dem Newton'schen Abkühlungsgesetz. Danach kann sich kein Körper, der permanent durch Wärmestrahlung Energie abgibt, mit Hilfe der abgestrahlten Energie erwärmen. Deshalb stirbt unsere Erde vermutlich so lange nicht den Kältetod, wie die Sonne die sich ständig abkühlende und rotierende Erde auf der Tages- oder Lichtseite erwärmt. Nicht dem Treibhauseffekt, sondern der Sonne als Energiequelle verdankt letztlich alles Leben auf Erden seine Existenz.

Eine besondere Rolle spielt der Wasserdampf: Etwa ein Drittel der Sonnenenergie wird bei der Verdunstung von Wasser »verbraucht« und dann bei der Kondensation des Wasserdampfes zu Wolken wieder »freigesetzt«. Die Wasserdampfkonzentration in der untersten Luftschicht, der sogenannten Troposphäre, ist im letzten halben Jahrhundert aus nur teilweise bekannten Gründen um mehr als 75 Prozent angestiegen, wie eine Studie des Weltklimaforschungsprogramms unter der Leitung von Professor Dieter Kley vom Forschungszentrum Jülich ergab.[13] Auf diese Zunahme sei etwa die Hälfte des Temperaturanstiegs in den letzten Jahrzehnten zurückzuführen. Eine Mitwirkung von Kohlendioxid ist nicht nachweisbar. Günstigstenfalls wirke CO_2 wie ein »Vorverstärker«, mutmaßt Professor Heinz Miller, Geologe am Alfred-Wegener-Institut für Polar- und Meeresforschung in Bremerhaven. Doch die eigentlichen Gründe für die erheblich gestiegene Wasserdampfkonzentration sind wissenschaflich unklar. Jedenfalls gelangt durch die erhöhte Verdunstung mehr Kondensationswärme, das heißt, mehr Energie in die Atmosphäre, die wiederum die allgemeine Zirkulation antreibt und zu erhöhter Wetteraktivität führt. Aber der Wasserdampf in Form von Wolken bereitet noch vielen Wissenschaftlern erhebliches Kopfzerbrechen. Es heißt, Wolken seien meistens zu klein, um in den noch recht grobmaschigen Computersimulationen berücksichtigt zu werden. Ihre Wirkung auf das Wettergeschehen wird daher von zahlreichen Klimaexperten eher geschätzt als berechnet. Das Fehlerrisiko ist dabei beträchtlich. Denn Wolken können die Temperaturen ebenso heben wie senken: Tief hängende Wasserwolken beispielsweise reflektieren Sonnenstrahlen und verhindern eine Erwärmung der Erdoberfläche, während hoch am Himmel dahinziehende Eiswolken, die sogenannten Zirrus- oder Schäfchenwolken, eher die Abkühlung verlangsamen. Überdies lassen fast alle Modelle die Vegetation und deren erhebliche Veränderung außen vor. Dabei spielen Pflanzen, wie wir weiter oben bereits gesehen haben, im Wasser- und CO_2-Haushalt der Erde eine wichtige Rolle. »Trotz dieser Mängel«, schreibt der promovierte Wissenschaftspublizist Wolfgang Blum, »einigten sich mehrere hundert Wissenschaftler und Regierungsbeauftragte in einem Report des Intergovernmental Panel on Climate Change (IPCC) [regierungsübergreifender Ausschuss zum Klimawandel, kurz: Weltklimarat – d. Verf.] auf eine Prognose:

Ihr zufolge wird die globale Durchschnittstemperatur bis 2100 um 1,4 bis 5,8 Grad steigen. Die Zahlen spiegeln die Ergebnisse von zahlreichen Berechnungen mit verschiedenen Klimamodellen wider.«[14]

Anfang 2001 konnten Wissenschaftler mit Satellitenaufnahmen erstmals beweisen, dass die Wärmeabstrahlung der Erde in den letzten Jahrzehnten abgenommen hat. »Für die Klimavariationen der Vergangenheit«, schreibt Blum, »war das CO_2 in der Atmosphäre vermutlich nicht die Ursache. In den vergangenen 500 000 Jahren änderte sich immer zuerst die Temperatur und erst in deren Gefolge der CO_2-Gehalt. Das ergaben Analysen von Eisbohrkernen – kilometerlangen Säulen aus zu Eis gepresstem Schnee, die Wissenschaftler in Grönland und der Antarktis aus dem kalten Untergrund gezogen hatten. Auslöser für Warm- und Eiszeiten waren vermutlich Schwankungen der Erdbahn und der Sonnenaktivität. Wurde es wärmer, setzten die Meere CO_2 frei. Denn je kälter das Wasser ist, desto mehr CO_2 kann es binden.«[15]

Geht man noch weiter in der Erdgeschichte zurück, schei-

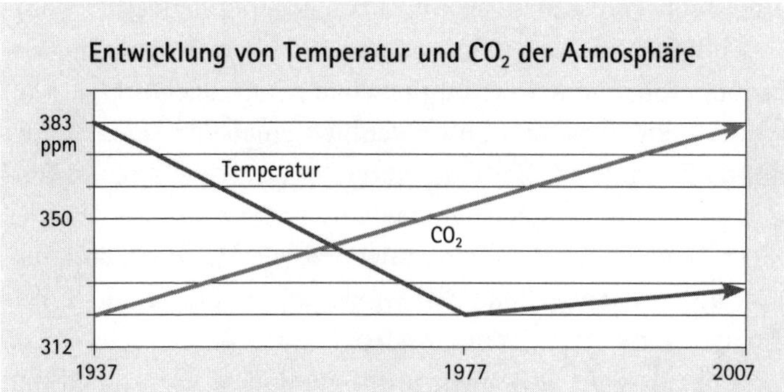

Die Entwicklung des Kohlendioxidgehalts der Atmosphäre seit 1937 einerseits und der durchschnittlichen Temperatur andererseits. Vereinfachte Darstellung nach einer Aufzeichnung des Mauna-Loa-Oberservatoriums auf der Insel Hawaii.

nen Kohlendioxid und Temperatur noch weniger einen ursächlichen Zusammenhang aufzuweisen. »Vor 300 Millionen Jahren waren die CO_2-Konzentrationen zehn- bis zwanzigmal so hoch wie heute«, erklärt Professor Jan Veizer, Geologe an der Universität Bochum. »Gleichzeitig herrschte eine Eiszeit.« Der Wissenschaftler hat zusammen mit seinen Kollegen in akribischer Kleinarbeit mehr als 5000 Proben von Kalkgehäusen fossiler Meeresorganismen untersucht und anhand der gefundenen Sauerstoffisotope eine Klimakurve der letzten 550 Millionen Jahre erstellt. Diese Untersuchungsergebnisse liegen zwar auch seit Jahren dem UN-Weltklimarat vor, jedoch fanden sie dort bis heute keine für die Öffentlichkeit erkennbare Berücksichtigung.

Die Horrormeldung vom Kölner Dom, der im Meer versinkt, ist zwar schon älteren Datums. Doch die Erderwärmung durch CO_2 und das damit angeblich verbundene Überlaufen der Ozeane ist noch längst nicht vom Tisch. Lediglich das Ansteigen des Meeresspiegels wird inzwischen etwas moderater eingeschätzt. Die neuesten IPCC-Berichte und andere Experten-Publikationen halten nun einen Anstieg der Weltmeere bis zum Jahr 2100 nur noch um 9 bis 88 Zentimeter für wahrscheinlich. Mit dieser »Flut« werden die überschwemmungserprobten Rheinländer vermutlich doch relativ leicht fertig. Aber worauf sollen sie sich nun eigentlich einstellen – auf 9 oder auf 88 Zentimeter? Hätte die Kölner Stadtverwaltung ein Gutachten in Auftrag gegeben, das mit solch vagen und letztlich nichts sagenden Resultaten aufwarten würde, müssten die beauftragten Sachverständigen womöglich damit rechnen, ihre Analyse im Rhein wiederzufinden.

Dem CO_2 wird aber nicht nur – zumindest vorsorglich und gewissermaßen für alle Fälle – der Schwarze Peter für eine neue Sintflut zugeschoben; falls der Golfstrom abreißen und plötzlich 1000 Meter hohe Eisberge vor den Toren mitteleuropäischer Küstenmetropolen auftauchen sollten – auch dafür hat man den Hauptschuldigen schon fest im Visier: Kohlendioxid. Freilich, ohne den Golfstrom würde in unseren Breiten das große Frieren und Zähneklappern ausbrechen. London und Kopenhagen würden von sibirischen Wintern heimgesucht, Riesengletscher wälzten sich von den Alpen auf München zu, und selbst in der Norddeutschen Tiefebene würden die Menschen im kalendarischen Hochsommer sich nur noch im dicken Mantel aus dem Hause wagen. Die lauwarme Meeresströmung, die hundertmal so viel Wasser wie der Amazonas durch die Ozeane leitet, transportiert über eine Milliarde Megawatt Wärme in den Nordatlantik – das entspricht etwa der thermischen Leistung von 200 000 großen Atomkraftwerken. Auf dem Weg nach Grönland hat sich der Golfstrom durch zunehmende Verdunstung, den dadurch höheren Salzgehalt und die arktischen Winde derart abgekühlt, dass seine inzwischen eiskalt gewordenen Wassermassen auf den Grund des Meeres abtauchen und in einer Tiefe von 2000 bis 3000 Metern in die Gewässer zwischen Südafrika und Südamerika zurückfluten.

Käme durch eine Versüßung des Golfstroms der Motor dieser globalen Klimapumpe ins Stottern – schmelzendes Süßwasser der abtauenden Grönlandgletscher könnte den hohen Salzgehalt unter Umständen verdünnen und damit ein Absinken in die Tiefen des Meeres weitgehend verhindern –, würde der Kontrollmechanismus dieses planetarischen Klimasystems nachhaltig gestört. In den letzten 100 000 Jahren kam diese Wettermaschinerie allem Anschein nach schon mehrfach zum Erliegen. Nur so lassen sich die ungewöhnlich abrupten Klimawechsel der letzten Eis- und Zwischeneiszeiten erklären. Binnen drei Jahren sprangen die Temperaturen wiederholt um bis zu sieben Grad nach oben oder nach unten. Das zumindest geht aus Eisbohrkernen aus Grönland hervor. In der seit rund 11 500 Jahren herrschenden Warmzeit ist der Golfstrom vermutlich stabil geblieben. Und das sollte den jüngsten Computersimulationen zufolge auch in den nächsten Jahren so bleiben. »Das Kippen des Golfstroms taucht in keinem der neuen Rechenmodelle mehr auf«, stellte bereits vor einigen Jahren der Frankfurter Meteorologieprofessor Christian Schönwiese fest, »wohl aber eine Abschwächung.« Je nachdem, welchem Wissenschaftler man glauben mag, nimmt die Strömung bis 2100 um 10 bis 50 Prozent ab. Doch das CO_2-Molekül hat angeblich auch hier seine Hände im Spiel, sodass die aus dieser Erwärmung resultierende Abkühlung des Golfstroms durch den aus höherer Kohlendioxidkonzentration resultierenden Treibhauseffekt wiederum ausgeglichen werden sollte. »Wie fast alle meine Kollegen würde auch ich auf eine Erwärmung in den kommenden Jahrhunderten in Europa wetten«, erklärte Stefan Rahmstorf vom Potsdam-Institut für Klimafolgenabschätzung, der als Erster in einem Rechenmodell den Golfstrom zum Erliegen gebracht hat. »Das ist das wahrscheinlichste Szenario.«[16] Was bei diesem honorigen Klimaexperten, inzwischen zum stellvertretenden Chefberater in Klimafragen der deutschen Bundesregierung ernannt, das »wahrscheinlichste Szenario« ist oder gar für eine Wette taugt, wird im nächsten Kapitel etwas ausführlicher dargelegt. Nur eins sei jetzt schon verraten: Auch bei Professor Rahmstorf, zu welcher Prognose er sich auch immer gerade durchringen konnte, ist allein CO_2 zu belangen.

Und in diesem Tenor geht es weiter. CO_2 als Gott des Sturms – ebenfalls ein ernsthaft diskutiertes Thema in den höchsten Politgremien der Erde. WASA – »Waves and Storms in the North Atlantic« – hieß ein EU-Projekt, das klären sollte, ob sich Wellenhöhe und Stürme im vergangenen Jahrhundert im Nordostatlantik verändert haben. »In der Tat ist es dort rauer geworden in den letzten Dekaden«, schrieben die 31 beteiligten Wissenschaftler in den Neunzigerjahren des 20. Jahrhunderts ins Abschlussprotokoll. »Aber die gegenwärtige Intensität von Stürmen und Wellen scheint mit der zu Beginn des Jahrhunderts vergleichbar zu sein.«[17] Zwischen 1920 und 1960 habe eine ungewöhnlich ruhige Periode geherrscht. Beim Auf und Ab handle es sich vermutlich um natürliche Variationen. Für die meisten anderen Meeresregionen stehen nur wesentlich vagere Daten zur Verfügung. »Es sieht nicht so aus, als ob es stürmischer geworden sei auf der Erde«, urteilt Ulrich Cubasch vom Max-Planck-Institut für Meteorologie in Hamburg. »Genau wissen wir es aber nicht.« Auch der Frankfurter Meteorologe Christian Schönwiese bestätigt: »Bei Stürmen ergibt sich kein einheitliches Bild.« Der von Wolfgang Blum für *Bild der Wissenschaft* ausgewertete IPCC-Report hält es immerhin für »wahrscheinlich«, dass die Windgeschwindigkeit tropischer Zyklone künftig ansteigt.

Aus den Messdaten lässt sich das aber nicht ablesen. Christopher Landsea, ein Experte für tropische Stürme, legte im Januar 2005 seine Arbeit am vierten, erst im Frühjahr 2007 erschienenen IPCC-Report nieder: »Ich persönlich kann nicht weiterhin in gutem Glauben zu einem Prozess beitragen, der von vorgefassten Zielsetzungen getragen ist und als wissenschaftlich unseriös betrachtet werden muss.« Der Neuseeländer Vincent Gray, einer der IPCC-Mitarbeiter, kommentiert den jüngsten Bericht so: »Sie [die Autoren des Berichts] haben versucht, die Aufmerksamkeit von dem unbezweifelbaren Faktum, dass sich die [Klima-]Modelle als untauglich für die Erstellung von Prognosen erwiesen haben, abzulenken. Dazu haben sie die Einschätzung eines ›Expertengremiums‹ eingeholt. [...] Anschließend versieht man die Mutmaßungen der ›Experten‹ mit unzuteffenden Wahrscheinlichkeitsgraden. Wären diese ›Experten‹ Angestellte von Öl- oder Kohleunternehmen, und ihre Ansichten wären unerwünscht, so hätte das einen großen Aufschrei oder Entrüstung zur Folge. Da sie aber Angestellte in der staatlich finanzierten Forschung sind, deren Regierungen die Treibhauserwärmung propagieren, rührt sich nichts.«[18]

Eine ähnliche Ansicht vertrat auch ein Untersuchungsausschuss des britischen Oberhauses. Er konstatiert für den G8-Gipfel im Juli 2005: »Wir sind beunruhigt bezüglich der Objektivität der IPCC. Einige Emissionsszenarien und zusammenfassende Dokumentationen wurden offensichtlich durch politische Überlegungen beeinflusst. Es bestehen erhebliche Zweifel, was die Relevanz einiger Computersimulationen angeht.«[19] Die nicht korrekte Vorgehensweise der staatlichen Treibhäusler weist auch der Viscount Monckton of Brenchley nach.[20] Beispielsweise werde immer wieder auf den Zusammenhang zwischen CO_2-Konzentration in der Atmosphäre und den Temperaturanstieg hingewiesen. Dazu präsentiere man zwei entsprechende Grafiken und lege sie übereinander: »Man sieht einen sehr gleichartigen Verlauf der Kurven, was suggeriert: ja, das CO_2 steht offenbar in engem Zusammenhang mit einer Temperaturerhöhung. Erhöht man allerdings die Auflösung der Darstellung, so wird deutlich, dass die Temperaturveränderungen in den letzten 400000 Jahren den Änderungen der CO_2-Konzentration um 400 bis 4000 Jahre vorausgehen! Ein eindeutiges Indiz, welches das CO_2 als Verursacher der globalen Erwärmung entlastet, was aber lieber verschwiegen wird.«[21] Obwohl die Anhänger des menschengemachten Klimawandels es unentwegt betonen: Es besteht weltweit weder unter den Forschern noch unter den Regierungsvertretern zahlreicher Länder Einigkeit darüber, wie sich der CO_2-Einfluss auf die globale Temperatur auswirkt. Der Atmosphärenphysiker Richard Lindzen vom Massachusetts Institute of Technology (MIT) hat am 3. Report des IPCC mitgearbeitet, ist also ein Insider. Auch er wirft dem UN-Weltklimarat Manipulation bezüglich der Ursachen der Klimaerwärmung vor. Im *Wall Street Journal* schrieb er am 11. Juni 2001: »Es gibt bezüglich der langfristigen klimatischen Trends oder was diese verursacht, keinen Konsens. [...] Wir sind weder in der Lage, den Klimawandel guten Gewissens dem Kohlendioxid zuzuschreiben, noch können wir Prognosen machen, wie das Klima in der Zukunft sein wird.« Für Lindzen hat die Kohlendioxidtheorie so viel für sich wie die Behauptung, man könne Krebs mit Gummibärchen besiegen!

Inzwischen scheuen manche CO_2-Jäger im IPCC auch nicht mehr vor offensichtlicher Geschichtsklitterung zurück. Zum besseren Verständnis müssen wir an dieser Stelle auf klimahistorische Ausführungen im 1. Kapitel zurückgreifen. Wir erinnern uns, dass der Wikingerfürst Erik der Rote (950 bis 1003) die Insel Grönland so genannt hatte, weil sie zu jener Zeit tatsächlich grün und weitgehend eisfrei war. Er brachte dänische Bauern dazu, sich auf der Insel anzusiedeln. Wissenschaftler stoßen heute noch immer auf Siedlungsreste, allerdings unter Gletschereis und Permafrostboden begraben. Ein deutliches Zeichen dafür, dass es im Mittelalter eine Warmperiode gegeben haben muss. Die mittelalterliche Warmzeit

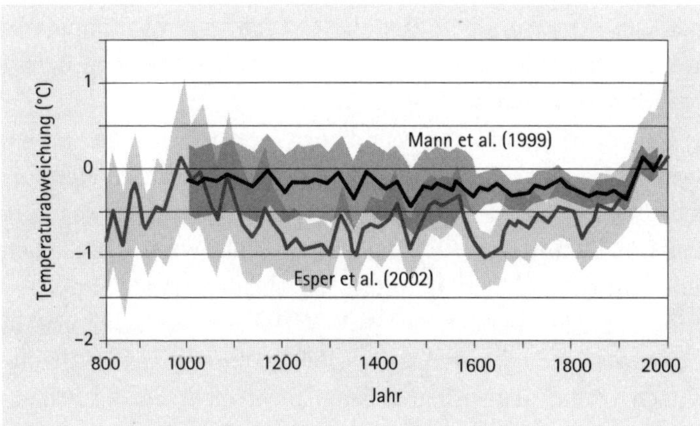

Vergleich der Temperaturrekonstruktion für das letzte Jahrtausend (obere Kurve) nach Mann et al. (1999) mit einer neueren Rekonstruktion (untere Kurve) nach Esper, Cook, Schweingruber (2002) mit Fehlerbereichen (dunklere und hellere Flächen). Aus: GeoZentrum Hannover, geo.standpunkt.

dauerte bis Anfang des 14. Jahrhunderts. Es schloss eine sogenannte *Kleine Eiszeit* an, die bis weit in die erste Hälfte des 19. Jahrhunderts reichte. Auf der meterdick zugefrorenen Themse in London fanden jedes Jahr Frostmärkte statt. Diese beiden meteorologischen Highlights aus der historischen Klimatologie wurden vom UN-Weltklimarat der Weltöffentlichkeit vorenthalten. Stattdessen herrschte Alarmismus vor: Die Temperaturentwicklung in der zweiten Hälfte des 20. Jahrhunderts sei ohne Vorbild, und die Neunzigerjahre seien »die wärmsten des letzten Jahrtausends« – Aussagen, die auf der berühmten Studie der einst über jede Kritik erhabenen Wissenschaftler Mann, Bradley und Hughes aus dem Jahre 1998 fußen. Die Überprüfung der Arbeit durch ein anderes Wissenschaftlerteam[22] ergab jedoch, dass sie den verwendeten Daten in ungewöhnlichem Umfang Zwang angetan hatten. Werden nämlich die dort verwendeten Daten korrekt angewandt, ergibt sich ein völlig anderes Bild. Die Methoden der Treibhausjünger sind nicht gerade zimperlich: Was nicht passt, wird passend gemacht. Doch trotz dieses eindeutigen Kritikpunktes werden die nicht haltbaren Behauptungen heute noch immer bei Klimadebatten ins Feld geführt.

Das 20. Jahrhundert gilt nun aber – gewissermaßen amtlich bestätigt – nicht länger als das heißeste seit Menschengedenken. Im zweiten UN-Bericht (1996) war dies noch behauptet worden, im dritten (2001) und vierten (2007) wurden die neuen Erkenntnisse schlicht ignoriert. Die beiden ungewöhnlichen Klimaperioden passten den CO_2-Verfolgern einfach nicht in den Kram. Und mit den nachweislich fehlinterpretierten Datensätzen wollte man offenbar auch nicht mehr an die Öffentlichkeit treten. Auch im neuesten IPCC-Report von 2007 taucht lediglich der inzwischen berühmt-berüchtigte *hockey stick* auf, eine grafische Darstellung, die flach bei etwa 1800 (langsames Einsetzen der menschengemachten CO_2-Emissionen) beginnt und dann steil wie ein liegender Hockeyschläger em-

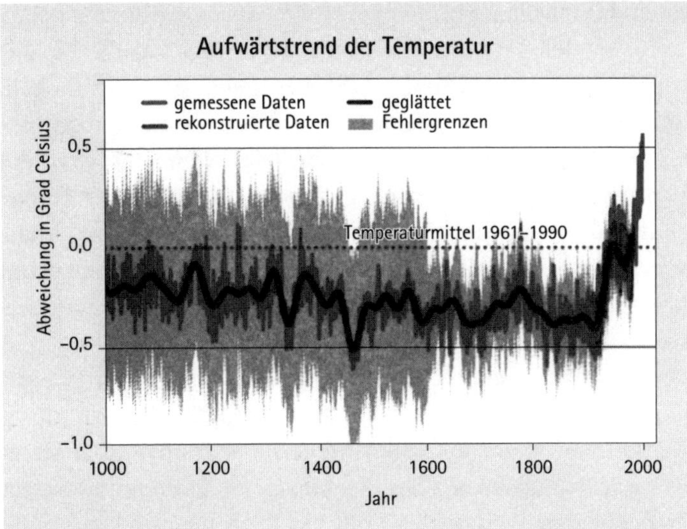

Die weltberühmte »Hockeyschlägerkurve« von Mann und Kollegen. Obwohl als Fälschungsmanöver entlarvt, dient sie dem UN-Weltklimarat immer noch als »wissenschaftliche Grundlage« (Aus: Spektrum der Wissenschaft«, *Spezial 1/07: Energie und Klima).*

porschnellt – alles nur, um auf Biegen und Brechen den Nachweis erbringen zu können, dass die steigende CO_2-Konzentration den Temperaturanstieg verursacht hat! Richard Muller, ein Physiker an der renommierten Berkeley University in San Francisco, kommentierte die völlig unüblichen Methoden wissenschaftlich fragwürdiger Experten eher zurückhaltend: »Diese Entdeckung traf mich wie eine Bombe, und ich vermute, es hat auf viele andere Wissenschaftler denselben Effekt.«[23] Über Nacht war aus einem der beliebtesten Aushängeschilder der weltweiten Garde der CO_2-Fahnder ein entlarvendes Fälschungsmanöver geworden.

Klima und Wetter sind seit Menschengedenken ein beliebtes Thema des Homo sapiens – immer mit dem Tenor: Das Wetter ist schlechter geworden. Häufig werden menschliche Aktivitäten dafür verantwortlich gemacht. Schweizer Bürger haben 1816 an den Häusern die Blitzableiter zerstört, die sie für schuldig am kühlen und total verregneten Sommer hielten. Später stellte sich heraus, dass ein Jahr zuvor auf der indonesischen Insel Sumbawa ein seit ewigen Zeiten ruhender Berg namens Tambora in die Luft geflogen war. Durch die Explosion und die nachfolgenden Flutwellen kamen 100 000 Menschen ums Leben. Über 150 Kubikkilometer Rauch, Asche und grober Sand hatten sich in der Atmosphäre verteilt, verdunkelten die Sonne und sorgten auf der ganzen Erde, also auch in der Schweiz, für eine erhebliche Abkühlung. Die Sonnenuntergänge sahen zum Weinen schön aus, ein Effekt, den der Künstler William Turner auf denkwürdige Weise festhielt. Der Maler war höchst zufrieden, aber die ganze Welt stöhnte unter dem verheerenden Wetter. Der Frühling blieb aus, und es wurde überhaupt nicht warm. 1816 wurde deshalb als »Jahr ohne Sommer« bekannt. Überall gab es Missernten. In Irland starben 65 000 Menschen durch eine Hungersnot. In New England bezeichnete man das Jahr allgemein als »Achtzehnhundert-Frierdich-tot«. Noch im Juni herrschte morgens Frost, und fast nirgendwo keimten die Pflanzensamen. Das Vieh starb durch den Futtermangel oder musste vorzeitig geschlachtet werden. Es war in jeder Hinsicht ein entsetzliches Jahr – für die Bauern dürfte es mit ziemlicher Sicherheit eines der schlimmsten der gesamten Neuzeit gewesen sein. Und doch sank die Temperatur weltweit nur um ungefähr 1 °C.

Wie die Wissenschaftler noch erfahren sollten, ist der Thermostat der Erde ein äußerst empfindliches Instrument. Auf die Idee jedoch, das völlig ungiftige, unbrennbare, farb- und geruchlose Lebenselixier Kohlendioxid könnte weltweit als heimtückischer Klimakiller sein Unwesen treiben, auf diese Idee ist bis weit in die zweite Hälfte des 20. Jahrhunderts niemand gekommen. Zuvor ging die Rede immer von Atombombenversuchen, Fabrikabgasen, Raumfahrt, Saurem Regen – erst dann kam der Treibhauseffekt ins Gespräch. Der ist zwar, wie wir gesehen haben, eine unbewiesene Hypothese, doch bedient er als Horrorszenario bestens das menschliche Urbedürfnis nach Katastrophenmeldungen und Kassandrarufen. Von 1314 bis 1317 wütete auf den Britischen Inseln eine Hungersnot. Ununterbrochene Regenfälle führten zu massiven Ernteeinbußen. Die Kirche hatte schon früher vor Gottes Zorn gewarnt und setzte nun eine »Klimaschutzpolitik« im ganzen Land durch: Abbittegottesdienste, Prozessionen, Opfer und verstärktes Beten. Der Erfolg ließ nicht lange auf sich warten. Die Sommer normalisierten sich wieder – und damit auch die Ernten. Doch seit der biblischen Sintflut werden Naturkatastrophen und Klimaänderungen immer wieder von Neuem als selbst verschuldete Apokalypse an die Wand gemalt. Und einen Schuldigen findet man in der Aufregung immer.

CO_2 soll mittlerweile nun auch für gesundheitliche Katastrophen in die Verantwortung genommen werden. Der IPCC-Report formuliert es zwar noch vorsichtig, aber die Gefahr einer »potenziellen Übertragung« von Malaria könne infolge der durch CO_2 verursachten Klimaerwärmung größer werden. Paul Reiter, Insektenforscher an den Centers for Disease Control and Prevention in San Juan, Puerto Rico, geht aber selbst diese relativ zurückhaltende Verdächtigung noch zu weit. »Die meisten Menschen denken, Malaria sei eine tropische Krankheit«, sagt der amerikanische Wissenschaftler. »Dabei ist das ganz falsch.« Bis vor wenigen Jahrzehnten sei Malaria auch in Europa und Nordamerika weit verbreitet gewesen. Sogar in nördlichen Ländern wie Schweden, Norwegen, Finnland, Schottland und Kanada habe das Wechselfieber gewütet – ohne Mitwirkung von Kohlendioxid. Aussagen von Zeitgenossen zufolge habe Malaria in Holland noch im 19. Jahrhundert die Lebenserwartung erheblich reduziert. »Für Malaria genügt es, wenn es mindestens einen Monat im Jahr durchschnittlich wärmer als 15 Grad ist«, erklärt der Forscher. Darüber hinaus sei die Ausbreitung der Krankheit von zahlreichen Faktoren abhängig: Trockenlegung von Sümpfen, Insektizide, Anti-Malaria-Mittel und feste Häuser spielten eine viel größere Rolle als das Klima. »Vorhersagen, die nur auf einem Temperaturanstieg basieren, können völlig verkehrt sein«, bestätigt der Mediziner Jean Mouchet vom französischen Übersee-Institut ORSTOM, der die Malaria-Zunahme in Afrika untersucht hat. Im Westen der Sahelzone etwa sei die Temperatur in den letzten 25 Jahren um 0,5 bis 1 °C gestiegen. Im gleichen Zeitraum sei Malaria dort um 60 bis 80 Prozent zurückgegangen. Vielleicht sollten sich die internationalen Gesundheitsbehörden sowie die zuständigen Gremien bei den Vereinten Nationen eher auf die Übertragungswege von Malaria konzentrieren als auf Wetter und Treibhausgase.

Das Worldwatch Institute, eine Umweltorganisation mit Sitz in Washington, D. C., verbreitet, ähnlich wie der UN-Weltklimarat, seit Jahren alarmierende Klimanachrichten. Die altehrwürdige Organisation wird nicht müde, die Mär vom bösen CO_2 bis in die entlegenste Hütte der Welt zu verbreiten. Da werden die Eisbären der Hudson Bay gewogen und für zu leicht befunden – Grund: CO_2! Da werden junge Seehunde neuerdings nicht nur mehr zu Hunderttausenden ganz legal erschlagen, und alle Welt schaut zu, jetzt saufen sie auch noch zu Tausenden ab, weil die Eisschollen, auf denen sie die ersten vier Wochen ihres Lebens verbringen, zu dünn geworden sind – Grund: CO_2! Die durchschnittliche Dicke der Eisschicht habe sich in den letzten 50 Jahren von 3,1 auf 1,8 Meter verringert – Grund: CO_2! Das Eis schmilzt an den Polen in schnellerem Tempo als jemals zuvor – Grund: CO_2! Von diesen und zahllosen anderen Schreckensmeldungen zeigen sich die Wissenschaftler vom Alfred-Wegener-Institut für Polar- und Meeresforschung in Bremerhaven wenig beeindruckt. Der renommierte Eisforscher Professor Heinz Miller: »Es ist unwissenschaftlich, wenn behauptet wird, es habe vergleichbare Erwärmungen nie auf der Erde gegeben. Nachwuchswissenschaftler lernen schon in der Universität, dass das Klima eine Schaukel ist und sich im Verlaufe der Erdgeschichte unzählige Male sehr viel dramatischer rauf- und runterbewegt hat als heute.« Miller fügt hinzu: »Kein Wissenschaftler leugnet die weltweite Erwärmung, so funktioniert eben der Planet Erde seit ein paar Milliarden Jahren – mal wird er wärmer, mal wird er kälter. Wir Menschen können das zwar mit Interesse beobachten, aber ändern können wir daran nichts.« Der Wissenschaftler sagt auch: »Bisher liegt das globale Klimageschehen im Bereich der natürlichen Schwankungen.«

Aber Worldwatch lässt nicht locker: Die Nordsee ist in den letzten hundert Jahren drei Grad wärmer geworden – Grund: CO_2! Der Totenkopffalter und viele andere Schmetterlingsarten aus dem Mittelmeerraum wurden in den letzten Jahren schon in der Nähe des Polarkreises gesichtet – Grund: CO_2! Ob im Himalaya oder in den Alpen, ob in den südamerikanischen Anden oder den nordamerikanischen Rocky Mountains, überall gehen die Eiszungen seit Jahrzehnten erschreckend zurück – Grund: CO_2! Eine Ausnahme bilde lediglich Skandinavien, wo die Gletscher sogar in den letzten Jahren infolge starker Schneefälle mächtig gewachsen sind – Grund auch hier: CO_2! Welchem Geschenk des Himmels mag es Hannibal wohl gedankt haben, als er mit seinen Legionen und 100 Elefanten zwei Jahrhunderte vor Christus die fast völlig eisfreien Alpen überquerte? Und welcher Macht mag Ötzi sein Leid geklagt haben, kurz bevor er in denselben Alpen infolge eines plötzlichen Kälteeinbruchs dahinschied?

In den Alpen sind unter Gletschern jahrtausendalte Wurzelstöcke gefunden worden. Demnach müssen die Eiszungen in jener Zeit kleiner gewesen sein als heute. Das Worldwatch Institute sieht neuerdings auch die Antarktis in Gefahr, wo Eisberge von der Ausdehnung einer Großstadt wie London und so hoch wie die Westminster Abbey vom Schelfeissockel wegbrechen und durch Meeresströmungen auf den australischen Kontinent zutreiben – Grund: CO_2! In der Antarktis bedeutet die derzeitige Erwärmung jedoch mehr Schneefall, und wenn die Temperaturen von 37 °C unter null auf 29 °C unter null ansteigen sollten, setzt noch längst kein Tauwetter ein. Stattdessen werden die antarktischen Eisschilde immer gewaltiger und machen sich hin und wieder aus Platzgründen auf den Weg durch die Ozeane. Selbst die Klimaexperten des IPCC gehen in ihrem jüngsten Bericht davon aus, dass das Eis der Antarktis nicht schwindet, sondern zunimmt. »Das ergaben Messungen ebenso wie Modellrechnungen«, erklärt Eisforscher Miller. Wie peinlich für die Worldwatcher!

Wenn es in Zukunft 100 Millionen Tote aufgrund von Überschwemmungen in den küstennahen Regionen der Welt geben sollte, wenn eine neue Völkerwanderung wie vor 1500 Jahren die Welt erschüttert, wenn durch Sturm- und Dürrekatastrophen viele Millionen Menschen ums Leben kommen, die Horrorszenarien des Worldwatch-Instituts und der meisten anderen Umweltorganisationen kennen heute schon den Übeltäter, dem die Menschheit dies alles zu verdanken hat: CO_2! Angesichts solch eindeutiger Schuldzuweisungen mögen die von denselben Umweltorganisationen propagierten Rettungsmaßnahmen einigermaßen irritierend erscheinen. Wer von jenem Tod und Verderben bringenden Killer trotz aller Katastrophenszenarien nicht lassen möchte, wer auch in Zukunft unsere Erde mit CO_2 bis zum Abnicken zu schwängern gedenkt, dem wird von diesen grünen Tugendwächtern eine elegante Lösung offeriert – er kann sich freikaufen. Wie dieser moderne Ablasshandel funktioniert? Ganz einfach: Man kauft Kohlendioxid-Emissions-Zertifikate. Die Preise für diesen Sündenhandel sind unterschiedlich: Für große Sünden zahlt man ein bisschen mehr, für kleine etwas weniger. Das Ablassgeld schlägt beispielsweise ein Autohersteller oder ein Stromlieferant anschließend auf die Rechnung, sodass bei diesen dubiosen Geschäften keiner leer ausgeht. Und wer ist am Ende der Dumme? Natürlich unsere Erde. Denn unser Heimatplanet muss ja vermutlich eines gar nicht allzu fernen Tages dennoch untergehen – wenn, ja wenn uns die Ablasshändler die Wahrheit gesagt haben.

Obwohl sie wissen, wie wenig sie wissen, versuchen Klimatologen aus aller Herren Länder möglichst exakt vorherzusagen, wie sich etwa eine Verdoppelung des Kohlendioxidgehalts seit der vorindustriellen Ära auf das Klima auswirken würde. In den vergangenen 100 bis 150 Jahren ist es wärmer geworden. Das ist so ziemlich das Einzige, was in der derzeit ausufernden Klimadebatte als gesichert gilt. Alles andere ist umstritten. Ein Streit muss aber auch in einer naturwissenschaftlich aufgeklärten Gesellschaft möglich sein. Leicht ist das nicht immer, denn die Politik hat sich des Themas »Klimakatastrophe« bemächtigt. Kritiker und Skeptiker werden aus-

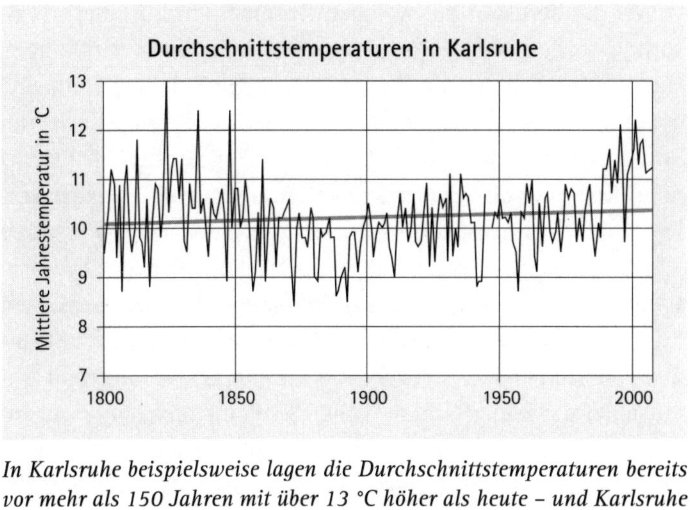

In Karlsruhe beispielsweise lagen die Durchschnittstemperaturen bereits vor mehr als 150 Jahren mit über 13 °C höher als heute – und Karlsruhe ist keineswegs eine klimatische Ausnahme (Nach einer Vorlage von der Bundesanstalt für Geowissenschaften und Rohstoffe, Hannover).

gegrenzt, erhalten in den Medien kaum ein Forum, auch so gut wie keine Forschungsgelder. Demgegenüber wird von offiziellen Institutionen und Gremien (z.B. IPCC) ein rigoroser Katastrophismus in die Zukunft projiziert. Bei alledem wird übersehen, dass in der Geschichte der Naturwissenschaften Fortschritt und abgesicherte neue Erkenntnisse nie durch Mehrheitsbeschlüsse erzielt wurden. Von Aristarch über Kopernikus bis Galilei haben schon in früheren Zeiten ungezählte Wissenschaftler das erfahren müssen. Die große Leuchte am Himmel sollte die Erde wie ein Schäferhund einmal am Tag umkreisen. Weil Galileo Galilei dem widersprach und behauptete, dass sich die Erde dreht und einmal im Jahr die Sonne umkreist, wurde der Begründer der modernen Physik zum Widerruf gezwungen. Die hohe Geistlichkeit erkannte in ihm eine gefährlichere Bedrohung ihrer damals anerkannten Lehren als in den Thesen Luthers und Calvins zusammengenommen. Und natürlich hatten sie recht. Aber das ist wieder eine andere Geschichte.

Wer plädiert nun mit welchen Argumenten für einen »Freispruch von CO_2«? Da sind zunächst die Sonnenanhänger. Um 1610 entdeckten Galilei und Christoph Scheiner zeitgleich die Sonnenflecken. Seither ist bekannt, dass die Oberfläche der Sonne sich ständig verändert, zyklisch (Sonnenflecken-Rhythmen) und aperiodisch (Fackeln, Protuberanzen). Die sich verändernde Sonnenstrahlung ist demnach ein hochwirksamer Klimafaktor. Vor einigen Jahren entdeckte ein dänisches Forscherteam, dass unser Wetter offenbar von den Gegebenheiten im All abhängt. Ausschlaggebend sind dabei kosmische Strahlen von sterbenden Sternen, die die Wolkenbildung und damit auch die klimatischen Verhältnisse auf unserem Planeten kontrollieren. Ein magnetischer Schild der Sonne, der unser Zentralgestirn und alle seine Satelliten vor tödlichen Angriffen aus dem Universum schützt: Das gleicht eher dem Szenario eines Science-Fiction-Films. Irrtum. Der Sonnenschild ist alles andere als Phantasie, sondern ein höchst reales Super-Hightechsystem. Zwei Forscher des dänischen Raumforschungsinstituts glauben, dass geringe Änderungen in der Sonnenatmosphäre, weniger die Treibhausgase, an der Erwärmung des irdischen Klimas schuld sind. Bereits 1991 hatten Eigil Friis-Christensen und Henrik Svensmark vom Meteorologischen Institut Dänemarks die Idee, dass eine erhöhte Sonnenaktivität zum Anstieg der durchschnittlichen Erdtemperatur um 0,7 °C seit Mitte des 19. Jahrhunderts geführt habe. Die Begründung der dänischen Wissenschaftler lautete damals, dass es über den gesamten Messzeitraum immer einen engen Zusammenhang zwischen Schwankungen der Sonnenaktivität und Klimaschwankungen auf der Erde gegeben habe. Dies führte bei Umweltschützern der ganzen Welt zu heftigen Protesten, da ihre seinerzeit als gesichert geltende Treibhaustheorie mit dem Kohlendioxid als Hauptschuldigem erstmals ins Wanken geriet. Dass kosmische Strahlung und irdisches Wetter eng miteinander verknüpft sind, wurde inzwischen durch zahlreiche Satellitenmessungen der NASA und anderer Raumfahrtzentren bestätigt. Anhand der gewonnenen Daten konnten die dänischen Forscher den Nachweis erbringen, dass Schwankungen in der Wolkendecke und kosmische Strahlung wie siamesische Zwillinge verbunden sind. Zur Verblüffung vieler unabhängiger Wissenschaftler blieb die Theorie der dänischen Forscher bei den Klimamodellen des UN-Weltklimarats unberücksichtigt. Mittlerweile haben Solar- und Atmosphärenphysiker in zahlreichen Untersuchungen nachweisen können, dass die Sonne vermutlich mehr als zwei Drittel der Erderwärmung verursacht habe.[24]

Auch der deutsche Chemieprofessor Hans-Eberhard Heyke hat schon vor Jahren eindringlich darauf hingewiesen, dass die meisten CO_2-Messungen in der Vergangenheit, die zum Teil wesentlich höher als heute lagen, vom IPCC entweder völlig ignoriert oder herabgewürdigt wurden. Heyke lieferte dem

Freiburger Biologen Ernst-Georg Beck dieses wertvolle Zahlenmaterial für eine umfangreiche Studie, die demnächst unter dem Titel *History of CO_2 Gas Analysis of Air by Chemical Methods* als Buch erscheint. Dazu stellt Beck (in einer privaten Mitteilung vom 29. Juni 2007) fest: »Die CO_2-Konzentration wurde in den letzten 180 Jahren mit hoher Präzision (Messfehler innerhalb drei Prozent) von Max von Pettenkofer und vielen anderen berühmten Experten der Naturwissenschaften – darunter zwei Nobelpreisträger – gemessen. Es wurden mehr als 90 000 präzise Werte gefunden, die das IPCC ignoriert. Danach schwankt die CO_2-Konzentration mit dem Klima und der Temperatur.« In den Glasbetonfestungen der Klimaexperten herrscht in der Regel ein künstliches Klima, die Wirklichkeit in der Natur ist ihnen fremd. So können auch ihre Computerprogramme lediglich Modelle von Potemkinschen Dörfern ausspucken – Trugbilder der Realität. Was am Ende bleibt, sind Vorspiegelungen falscher Tatsachen und im Ergebnis eine Täuschung der Weltöffentlichkeit – wie immer in der Geschichte verbirgt sich dahinter das Streben nach Geld und Macht. Der Freiburger Biologe schreibt weiter: »In den letzten 200 Jahren hatten wir schon dreimal höhere CO_2-Konzentrationen als heute: um 1825, 1857 und 1942. Dagegen sind die Eisbohrkernrekonstruktionen und Kohlenstoffmodelle des IPCC ungenau oder falsch. Die Herren Charles Keeling und George Callendar – auf sie gehen die heutigen Aussagen des IPCC zurück – haben Daten selektiert, die Literatur ignoriert und historische Daten falsch beurteilt. Das IPCC hat sie ungeprüft übernommen. Eine konstante ›vorindustrielle Konzentration‹ von 280 ppm CO_2 hat es nie gegeben. Sie betrug im 19. Jahrhundert durchschnittlich 321 ppm – eher mehr. Es gibt keinen ›menschengemachten Treibhauseffekt‹, er ist eine Erfindung von Callendar, Keeling und dem IPCC und basiert auf schlampiger Forschung, Ignoranz und Datenselektion.«

Ernst Beck, der sich gegenwärtig aufgrund seiner aktuellen Studien heftiger und zum Teil hinterhältiger Angriffe seitens

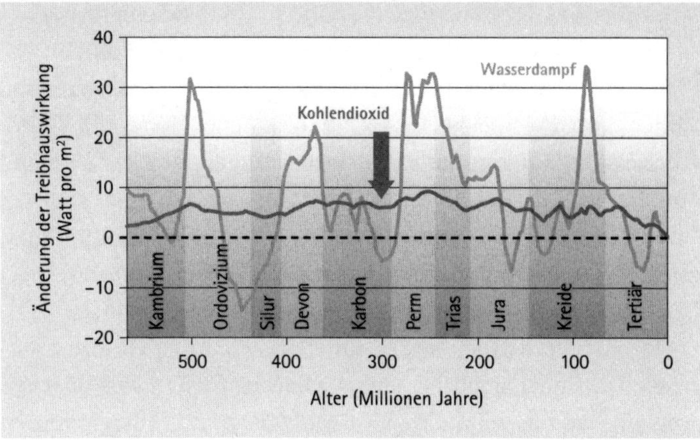

Wasserdampf war auch schon in der Vergangenheit der wichtigste Faktor im Treibhaus Erde. Während die Änderungen der Treibhauswirkung des Kohlendioxids moderat ausfielen, entwickelte sich der Wasserdampfeffekt in drastischen Schwüngen (Aus: Klimafakten, *siehe Anm. 4).*

bestimmter Wissenschaftskreise zu erwehren hat, geht wie zahlreiche andere IPCC-Kritiker mit außerordentlicher Sorgfalt vor. Und dabei ist der Freiburger Wissenschaftler nicht allein. Inzwischen wagen auch immer mehr führende Medienorgane Deutschlands und der Schweiz, wie beispielsweise die *Frankfurter Allgemeine Zeitung*, das Hamburger Nachrichtenmagazin *Der Spiegel* und *Die Weltwoche* in der Schweiz, dem gesunden Menschenverstand zum Durchbruch zu verhelfen. Eine gesellschaftliche Diskussion über ein Thema, das alle Menschen angeht, sollte nicht in jenen Zirkeln bleiben, die sich – wie beispielsweise der UN-Weltklimarat – mit einer gewissen Selbstherrlichkeit zur höchstrichterlichen Instanz für das globale Wettergeschehen erheben. »Es muss erlaubt sein, mit jenem Verständnis auch an Klimafragen heranzugehen, das man als gesunden Menschenverstand zu bezeichnen pflegt [...] Komplizierte Sachverhalte verständlich zu machen, Zusammenhänge aufzuzeigen und vorgegebene Interpretationen zu hinterfragen, das verstehen wir als eine journalistische Aufgabe,« so die *FAZ* am 24. Juli 2007. Auch unabhängige Politiker sagen immer deutlicher ihre Meinung zum weltweit grassierenden Klimawahn. Beispielsweise Altbundeskanzler Helmut Schmidt: »Dieser Weltklimarat hat sich selbst erfunden, den hat niemand eingesetzt. Die Bezeichnung Weltklimarat ist eine schwere Übertreibung. Diese ganze Debatte ist hysterisch, überhitzt, auch und vor allem durch die Medien. Klimatischen Wechsel hat es auf dieser Erde immer gegeben, seit es sie gibt.«[25]

Um ihre Horrortheorien zu unterstützen, arbeiten ihre trickreichen Erfinder auch an vielen anderen Stellen mit falschen Angaben und manipulierten Zahlenwerken. Im *Spiegel* wurden mehrere dieser getürkten IPCC-Schreckensszenarien zerpflückt. In der »Kurzfassung des Sachstandsberichts« vom 6. April 2007 erklärte der UN-Weltklimarat, dass etwa 20 bis 30 Prozent der Tier- und Pflanzenarten vom Aussterben bedroht seien, wenn die Temperatur mehr als 2 bis 3 °C über das vorindustrielle Niveau steige. Der Münchner Zoologieprofessor Josef Reichholf, Mitglied des WWF-Stiftungsrats, ist in einem *Spiegel*-Interview genau gegenteiliger Ansicht als der IPCC. Nicht nur wir Menschen, die wir »Kinder der Tropen« sind, würden von steigender Temperatur profitieren, sondern auch die gesamte Tier- und Pflanzenwelt. Aber auch schon vor Josef Reichholf haben Naturwissenschaftler die Thesen des IPCC schlüssig widerlegt. Die vom UN-Klimarat veröffentlichten Resultate sind offenkundig falsch. Denn die wesentlich größeren Gefahren für die Menschheit gehen nicht von einer Erwärmung der Erde aus, sondern von einer möglichen Abkühlung. Für den Fortschritt der menschlichen Gesellschaft ebenso wie für die Erhaltung der Tier- und Pflanzenwelt ist die Erderwärmung ein wahrer Segen. Durch den steigenden CO_2-Gehalt der Luft nimmt die Nahrungsmittelproduktion ohne menschlichen Einfluss zu, während ein großer Teil der Menschheit bei einem Absinken der Temperaturen und des CO_2-Gehalts um seine Existenz fürchten müsste.

Aber die 2500 Experten des UN-Weltklimarats sind nun einmal katastrophenlüstern und operieren deshalb lieber mit realitätsfernen Horrorszenarien. So beträgt der Zehnjahrestrend der Erderwärmung nach zuverlässigen Messungen in der Zeit von November 1978 bis November 2003 nur 0,076 °C, während das IPCC von einer Temperaturerhöhung von 0,2 °C in einem Zeitraum von je zehn Jahren spricht, falls die Treibhausgasemissionen nicht reduziert werden. Dieser Wert basiert auf nachweislich falschen Zahlen und ist beinahe dreimal höher als in Wirklichkeit. Unwissenschaftliche Panikmache ist in Kreisen der Weltklimaexperten nicht nur eine immer wieder gern angewandte Methode, völlig überzogene Kassandrarufe haben in diesen Gremien auch Tradition. Schon ihr Ex-Chairman Sir John Houghton hat während seiner Amtszeit diese Art von Boulevardkommunikation zum Prinzip erhoben: »Solange wir keine Katastrophe verkünden, wird man uns nicht zuhören.«

Wie lange wollen wir uns von diesen selbst ernannten Alarmisten noch bevormunden und abkassieren lassen? Schon jetzt besteht unsere Stromrechnung zu einem Fünftel aus »Klimageld«. Und das ist erst der Anfang. Die staatlich erzwungene Beimischung des teuren Biosprit senkt nicht nur die Effizienz unserer Autos, sie erhöht auch die Benzinkosten etwa um vier bis fünf Cent pro Liter. Schlimmer noch: Nach einem Bericht in der *Welt* vom 5. Juli 2007 über eine Studie der OECD, die unlängst veröffentlicht wurde, verteuert der künstlich erzeugte Boom beim Biosprit unsere Nahrungsmittel in Zukunft um bis zu 50 Prozent. Australische Farmer beginnen sich gegen die vermeintlichen »Klimaschutz«-Auflagen ihrer Regierung bereits zu wehren: Sie fällen jeden Tag in einer dramatischen Protestaktion Tausende von Bäumen – jeder Landwirt täglich einen Baum. Nach einem Bericht der *Times* vom 4. Juli 2007 wurden an einem einzigen Tag bereits mehr als 128 000 gefällte Bäume gezählt.[25]

Die ungeheure Fülle der »Treibhaus-Literatur« enthält eine Reihe lesenswerter Publikationen. Besonders spannend ist ein Buch von Hartmut Graßl und Reiner Klingholz mit dem Titel *Wir Klimamacher.* Dort liest man zum Beispiel den bedeutsamen Hinweis: »Die Erde gibt ihre Wärme nicht gleichmäßig über alle Flächen verteilt ab. Es gibt typische Verlustregionen und umgekehrt Zonen, die mehr Energie erhalten, als sie ihrerseits abstrahlen. Atmosphäre und Ozeane gleichen dieses Ungleichgewicht aus. Es entstehen die Passatwinde oder die Tiefdruckgebiete, aber auch die Meeresströmungen wie der Golfstrom, die für das lokale, regionale und globale Klima eine wesentliche Bedeutung haben.«[26] Das ist allgemeines meteorologisches Grundwissen. Von »Glasdach« und »Treibhauseffekt« ist bis hierher nicht die Rede. Doch anschließend wird es wirklich interessant. Professor Graßl, bekannter Klimaforscher und Direktor am Max-Planck-Institut für Meteorologie in Hamburg, schreibt über die Sahara: »Die größte und extremste Wüste der Welt ist so trocken, dass Fachleute sie als ›hyperarid‹ bezeichnen. In manchen Gebieten der ägyptisch-libyschen Sahara fallen im Mittel pro Jahr weniger als zwei Millimeter Niederschlag, und die Temperatur der Luft steigt auf bis zu 58 Grad an. Im Kerngebiet der Sahara sinkt fast ganzjährig kalte Luft aus hohen Atmosphärenschichten ab und fließt dann in einem ständig trocken-heißen Strom – dem Nordpassat – Richtung Äquator.« Graßl kommt dann zur entscheidenden fachlich-physikalischen Erklärung des Treibhauseffekts: »Jeder Mensch würde auf den ersten Blick vermuten, dass diese Wüste Wärme an ihre Nachbargebiete wie den Sahel oder den Atlantischen Ozean abgibt. Doch das Gegenteil ist der Fall. Zwar strahlt die Sonne gnadenlos auf die Sahara ein, und nur wenig Wasserdampf in der Atmosphäre hindert sie daran. Aber die hohe Oberflächentemperatur des Wüstenbodens – am frühen Nachmittag sind 60 Grad typisch – bewirkt eine starke Infrarotstrahlung ins All, die ebenfalls nicht wesentlich durch

Wolken [oder Wasserdampf – d. Verf.] gebremst wird. Im zentralen Teil verliert die Sahara über den Außenrand der Atmosphäre mehr Energie, als sie von der Sonne erhält. Sie funktioniert als Wärmeabfluss für das Treibhaus Erde. Würde er – auch nur teilweise – durch zusätzliche Treibhausgase, beispielsweise durch etwas mehr Wasserdampf [oder CO_2 – d. Verf.] verstopft, hätte dies einen wesentlichen Einfluss auf das Wetter.«[27]

Diese wissenschaftlichen Feststellungen eines weltweit ebenso bekannten wie angesehenen Klimaforschers führen den Schuldspruch für Kohlendioxid praktisch ad absurdum. Man könnte damit die bislang kontrovers geführte Debatte um den Klimakiller Nummer 1 eigentlich an dieser Stelle für beendet betrachten. Denn wenn wir nun wissen, dass die Sahara als »Wärmeabfluss für das Treibhaus Erde« funktioniert, dann kann logischerweise die Erde kein »Treibhaus« sein. Da Kohlendioxid, das ist in der Wissenschaft unstrittig, im Gegensatz zu Wasserdampf gleichmäßig über den Erdball verteilt ist, ist damit gewissermaßen nun auch amtlich bestätigt, dass CO_2 – egal, ob mit oder ohne Treibhaus – einen Freispruch erster Klasse bescheinigt bekommen hat. Denn wenn dort, wo es so gut wie keinen Wasserdampf gibt, der Wärmeabfluss beziehungsweise die Infrarotstrahlung »ungebremst« in den Weltraum entschwindet, kann der Wärmefluss von der Erdoberfläche auch nicht von CO_2 aufgehalten werden. Genau dies aber ist bislang weltweit der Hauptanklagepunkt gegen Kohlendioxid gewesen – angefangen vom UN-Weltklimarat über die Europäische Union und die deutsche Bundesregierung bis zum Worldwatch Institute in Washington und weltweit ungezählten Umweltorganisationen. Das besonders Delikate an dieser Publikation ist die herausragende Stellung seines Autors in der weltweiten Klimaszene: Als Vorsitzender des WBGU, des Wissenschaftlichen Beirats der deutschen Bundesregierung in Fragen globaler Umweltveränderungen mit Sitz in Berlin, ist

Professor Dr. Hartmut Graßl – neben Professor Schellnhuber, auf den wir später noch zu sprechen kommen werden – der wichtigste Klimaberater der Bundesregierung. Beim nächsten Termin könnte er die promovierte Physikerin und Bundeskanzlerin Angela Merkel auch auf vermeintlich profane Details hinweisen wie Folgendes: So wenig wie Löcher in einem Eimer das Wasser, so wenig können Löcher in einem Treibhausdach die Wärme halten – und seien die Löcher auch »nur« so groß wie die heißen Wüsten in Afrika, Australien, Amerika und Asien. Die Wärme entfleucht, was auch einem naturwissenschaftlichen Laien ohne Weiteres einleuchtet, ins All. Hier wird der Klimaschwindel mit CO_2 besonders deutlich.

Warum die »Infrarotstrahlung ins All« und mit ihr die in der Erdoberfläche gespeicherte Wärme so einfach entschwindet, schildert der Klimaprofessor in seinem Kapitel »Das Fenster zum All«: »Inzwischen hatten Atmosphärenphysiker ergründet, was eigentlich am Himmel über uns geschieht, wenn dort die Luft immer dicker wird, warum bestimmte Gase zum Treibhauseffekt beitragen, andere aber nicht. Die Daten für diese Berechnungen hatte zu einem großen Teil die amerikanische Luftwaffe zusammengetragen. Das Militär interessierte sich besonders für die Zusammensetzung der Atmosphäre, denn die Spurengase haben einen wesentlichen Einfluss auf die Sichtweite in fast allen Spektralbereichen oder auf die Reichweite des Funkverkehrs.« Der Grund: »Wie in den vorangegangenen Kapiteln erläutert, gibt die Erdoberfläche einen Teil der aufgenommenen Sonnenenergie als Wärmestrahlung in die Atmosphäre ab, und zwar hauptsächlich im Wellenlängenbereich zwischen vier und 1000 Mikrometern. Der Wasserdampf, das mit Abstand wichtigste Treibhausgas, absorbiert infrarote Strahlung in den Bereichen von fünf bis acht sowie von 20 bis 1000 Mikrometern und bewirkt dadurch etwa 60 Prozent des gesamten Treibhauseffektes. Es bleibt zwischen acht und 20 Mikrometern ein ›Fenster zum All‹, durch das Wärme in den Weltraum entweichen kann.«[28] Weshalb um alles in der Welt lässt Deutschlands führender Klimatologe die Öffentlichkeit seit Jahren in ihrer fixen Idee schmoren, CO_2 sei der große Klimakiller?! Immerhin war die Enquete-Kommission des Deutschen Bundestages in ihrem 1. Bericht vom 4. November 1988 bereits zur gleichen Erkenntnis gelangt. Auch dort steht geschrieben, dass in dem Wellenlängenbereich zwischen 7 und 13 Mikrometern ein »stets offenes atmosphärisches Strahlungsfenster« existiert, das weder vom Wasserdampf noch von irgendeinem anderen Spurengas in der Atmosphäre geschlossen werden kann, sodass deshalb 70 bis 90 Prozent der Wärmestrahlung der Erdoberfläche ungehindert ins Weltall entweichen können. Daher auch der nächtliche Temperaturabfall, wenn die Sonne »schlafen« gegangen ist. Dieses »Fenster zum All« steht seit ewigen Zeiten von Natur aus offen, und zwar überall auf der Erde, nicht nur über der Sahara und anderen Wüstenregionen. Andernfalls hätte sich die Erde mit ihrer anfänglich extrem kohlendioxidhaltigen (mehr als 20 statt wie heute 0,0375 Prozent), dafür aber so gut wie sauerstofffreien Atmosphäre niemals abkühlen und Leben ermöglichen können.

Weil die irdische Atmosphäre eben nicht die Funktion eines Glasdaches hat, muss der Mensch Gewächshäuser bauen, wenn er Wärme liebende Pflanzen außerhalb ihrer natürlichen Wachstumsperiode beziehungsweise außerhalb ihrer angestammten Heimat züchten will. Aber jeder Gärtner weiß auch, dass Gewächshäuser extrem schwer zu beheizen sind, weil sie die Wärme nicht dauerhaft speichern können, da diese sofort wieder entweicht. Gewächshäuser können erwärmte Luft nur notdürftig und auch nur für einen sehr begrenzten Zeitraum festhalten. Ihre Aufgabe ist es vornehmlich, die in dem Glashaus kostenlos durch die Sonne oder verhältnismäßig teuer durch Bodenheizung erwärmte Luft daran zu hindern, durch noch so kleine Ritzen in den kalten Nachthimmel zu verschwinden. Wenn zum Beispiel im Winter die Landschaft verschneit ist, die Mittagssonne aber das Gewächshaus schön mollig aufgewärmt hat, dann sinken in der folgenden Nacht die Temperaturen trotzdem rasch in frostige Bereiche – ähnliche Beobachtungen machte bekanntlich Professor Graßl in der tagsüber glühend heißen Wüste, die vor allem bei sternklarem Nachthimmel unglaublich schnell bis weit unter den Gefrierpunkt abkühlt.

Warum aber ist das so, wenn das Glas angeblich die langwellige (warme) Infrarotstrahlung reflektiert und am Austritt hindert? Weil das Glas ein recht guter Wärmeleiter ist und die Strahlungswärme, die es an der Innenseite absorbiert, rasch durch das Glas nach außen leitet und an der Außenseite an die Umgebung abgibt. Dieser Prozess ist so effektiv, dass sich Eisblumen an der Glasscheibe bilden können. Um dies zu verhindern, baut man Isolierglasfenster, die aus zwei oder gar drei durch einen Luftzwischenraum voneinander getrennte Scheiben bestehen. Man nutzt dabei die Tatsache aus, dass Luft ein sehr schlechter Wärmeleiter ist, aber nur, wenn sie gleichsam ruhiggestellt und damit jegliche Bewegung unterbunden wird. Eine solch himmlische Ruhe ist im Atmosphärenmantel der Erde aufgrund ständiger Strömungen ausgeschlossen. In diesem Zusammenhang macht Wolfgang Thüne einen bemerkenswerten, offenbar zur Nachahmung freigegebenen Vorschlag: »Man sollte die Abgeordneten des Deutschen Bundestages in einer wolkenlosen, weißen Winternacht zu einer ›Klima-Sondersitzung‹ vor dem Reichstag in Berlin unter ›freiem Himmel‹ zusammenrufen. Dann mögen sich alle ihrer Kleider entledigen und sich in des ›Kaisers neuen Kleidern‹ dem ›wärmenden Strahlungsmantel Atmosphäre‹ präsentieren, um in sternklarer Winternacht ausgiebig den ›Treibhauseffekt‹ genießen und sich per ›Gegenstrahlung‹ erwärmen lassen zu können. Obgleich alle Beteiligten in freier demokratischer Abstimmung den ›natürlichen Treibhauseffekt‹ von 33 Grad für wissenschaftlich nachgewiesen und somit für ›real‹ erklärt haben, würde dieser Versuch sehr bald wegen Unterkühlungsgefahr und zur Vermeidung des größten anzunehmenden Unfalls, dass nämlich die versammelte parlamentarische ›Elite‹ qualvoll erfrieren würde, abgebrochen werden. Vielleicht würde man dann das Märchen vom ›Treibhauseffekt‹ zu Grabe tragen und stattdessen die ›Schuldigen‹ zur Rechenschaft ziehen.«[29] Das vermutlich sehr überzeugende Experiment könnte natürlich statt in einer Berliner Winternacht mit ähnlich gutem Effekt auch in einer Sommernacht in der Sahara veranstaltet werden.

Gäbe es auf der Erde den Treibhauseffekt, so bräuchte kein Mensch mehr Angst zu haben, nachts mit dem Auto und einem leeren Benzintank im Schnee stecken zu bleiben. Seine Körperwärme, sein Angstschweiß, die mit jedem Atemzug abgegebenen »Treibhausgase« Wasserdampf und Kohlendioxid zusammen würden ihn nicht vor dem Erfrieren bewahren. Das wissen natürlich auch die Klimaexperten, doch an der Wahrheit ist im derzeitigen gesellschaftspolitischen Klima offenbar kaum jemand interessiert. Vor allem sind dafür keine Forschungsgelder zu erhalten. Die Wahrheit beschert zumindest in diesem Fall weder Schlagzeilen noch Forschungsmittel und würde dem Staat das Argument dafür aus der Hand schlagen, für das Vorhaben »Klimaschutz« zusätzliche Abgaben eintreiben zu müssen.

Was lässt sich in einer derart festgefahrenen Situation machen? Geduldig weiterargumentieren. Über das offene Strahlungsfenster der irdischen Atmosphäre finden sich in dem Buch *Heat Considered as a Mode of Motion* grundlegende Aussagen des englischen Experimentalphysikers John Tyndall (1820–1893), der 1852 zum Mitglied der Royal Society und zum Direktor der Faraday'schen Stiftung berufen wurde. Studien über das physikalische Verhalten des Gletschereises regten ihn 1859 zu Untersuchungen über die strahlende Wärme in ihrer Beziehung zu Gasen und Dämpfen an, durch die erstmals die Bedeutung und herausragende Rolle des Wasserdampfes in der Meteorologie erklärt wurde. Bei dieser Gelegenheit ist es dem englischen Forscher auch gelungen, die blaue Farbe des Himmels zu erklären (Tyndall-Effekt). In einer Vorlesung vom 10. April 1862 beschreibt Tyndall die Entstehung der Taubildung, die von Dr. Wells in Indien aus dem Jahre 1808 stammt. Tyndall lieferte damit ein unwiderlegbares Argument gegen die Hypothese eines »Treibhauseffektes«: »Wells war der Erste, der diese künstliche Eisformation in Bengalen erklärte, wo Eis natürlicherweise nicht vorkommt. Auf flache, mit Stroh ausgelegte Mulden werden Pfannen mit kochendem Wasser gestellt und der Atmosphäre ausgesetzt. Das Wasser strahlt seine starke Hitze reichlich in den Himmel ab. Die so verlorene Hitze kann von der Erde nicht ersetzt werden, da dieser Nachschub durch das nicht wärmeleitende Stroh abgeschnitten ist. Noch vor Sonnenaufgang ist das Wasser in den Pfannen zu Eis gefroren. Dies ist die Erklärung von Wells, und es ist ohne Zweifel die Wahrheit.« Wenn durch die Wärmestrahlung des Wassers in einer klaren Nacht im subtropisch-feuchtheißen Bengalen zwischen Ganges und Brahmaputra Eis erzeugt werden kann, dann ist dieses jederzeit wiederholbare Experiment der definitive Beweis für die Unhaltbarkeit der Behauptung vieler Klimatologen, die Atmosphäre habe die Funktion eines »wärmenden Strahlungsmantels«.

Übrigens: Nicht nur Professor Graßl sollte es eigentlich besser wissen. Auch der ehemalige Chefmeteorologe des ZDF, Dr. Wolfgang Thüne, sprach schon vor langem sogar vom »großen Klimabluff«, wenn vom »Wärmestau« unter dem fiktiven »Glasdach« in sechs Kilometer Höhe spekuliert wurde. Sowohl der natürliche als auch der menschengemachte Treibhauseffekt durch Kohlendioxid sei eine reine Erfindung, die sich inzwischen bei vielen Menschen zu einem Glaubensdogma verfestigt habe. Die irdische Atmosphäre sei sowohl für das ankommende

Sonnenlicht als auch für die von der Erde abgegebene Wärmestrahlung weitgehend offen und durchsichtig – vom Wasserdampfspektrum allerdings abgesehen. Sonst würde es nachts in unseren Breiten nicht automatisch kälter werden. Lediglich in den tropischen und subtropischen Regionen der Erde – und an besonders schwülheißen Hochsommertagen auch anderswo – entsteht aufgrund einer Sättigung mit Wasserdampf ein »Wärmestau«. Der einzige Unterschied zwischen den beiden Wissenschaftlern besteht bis heute darin: Graßl durfte, Thüne aber durfte nicht öffentlich darüber reden, was er wusste.

Es ist absolut richtig, wie Professor Hubert Markl, der ehemalige Präsident der Max-Planck-Gesellschaft, es andeutete, dass der Wert der Wissenschaft von der gesellschaftlichen Wertschätzung abhängt. Diese bestimmt ihren Stellenwert in den Medien, in der Politik und damit auch im Staatshaushalt. Markl prägte einmal den Satz, dass Wissenschaft immer »a part of society, not apart from society« (ein Teil der Gesellschaft, nicht fern von ihr) bleiben muss. Doch damit ist ihr auch der Zwang, in den Medien präsent zu sein, auferlegt, denn das Medium ist schließlich die Botschaft. Medien konstruieren für viele eine eigene Realität, etwas Ähnliches tut aber auch die Wissenschaft. In dem Maße jedoch, in dem die Wissenschaften die Öffentlichkeit suchen, in dem Maße gewinnen die Medien an Bedeutung und verlieren die Wissenschaften das Monopol an Beurteilungskompetenz. Wissen wird vergesellschaftet und umgedeutet, dem Zeitgeist angepasst – verstümmelt oft bis zur Unkenntlichkeit. Dann gilt nicht mehr allein das abstrakte und ohnehin fragwürdige Wahrheitskriterium der Wissenschaft, sondern es gesellt sich noch das Kriterium der Zustimmung des Publikums hinzu. Das Besondere an dem Verhältnis zwischen Wissenschaft und Öffentlichkeit ist nämlich das unaufhebbare Ungleichgewicht zwischen Experten und Laien, zwischen wissenschaftlichem und Alltagswissen, zwischen Fakten und Sensationen. Oder ist die Öffentlichkeit schuld, weil sie Angst vor der Eigenverantwortung hat? Gibt es »die Sehnsucht nach einer verlogenen Welt«, von der der Publizist Günter Ederer sprach? Befriedigen Wissenschaftler sie nur besonders geschickt?

Die Deutsche Bundesstiftung Umwelt (DBU) in Osnabrück vergibt den mit 500000 Euro höchstdotierten Umweltpreis Europas. Die Stiftung wurde 1990 von der Bundesregierung gegründet und finanziell mit Privatisierungserlösen der Salzgitter AG in Höhe von seinerzeit 2,5 Milliarden DM ausgestattet. Am 8. November 1998 wurde dieser Preis an drei Wissenschaftler des Max-Planck-Institutes für Meteorologie in Hamburg verliehen, und zwar an die Professoren Hartmut Graßl, Klaus Hasselmann und Lennart Bengtsson sowie an den Freiburger Solarunternehmer Georg Salvamoser. Ausgehändigt wurde der Umweltpreis vom damaligen Bundesumweltminister Jürgen Trittin. Nach Mitteilung der *Stromthemen* (12/98) der Vereinigung der deutschen Elektrizitätswerke (VDEW) in Frankfurt am Main betonte Trittin, dass gerade für die neue Bundesregierung eine zukunftsfähige Energieversorgung und der Klimaschutz besondere Schwerpunkte darstellen. Die Jury hob hervor, dass die Wissenschaftler dazu beigetragen hätten, Forschungsergebnisse zu Klimafragen einem breiten Publikum seriös und fundiert zu vermitteln. Die Forscher hätten darstellen können, dass der Einfluss des Menschen auf das Klima bereits heute mit einer Wahrscheinlichkeit von 95 Prozent nachweisbar sei. Nach ihrem Modell werde bis zum Jahr 2100 die mittlere Temperatur um 1 bis 4 °C ansteigen, wenn die von Menschen verursachte Emission an Treibhausgasen nicht deutlich reduziert werde. Bereits ein halbes Jahr später gesteht Klaus Hasselmann in den *VDI-Nachrichten* (vom 11. Juni 1999) unter der Überschrift »Was verstehen wir vom Klima?« ein, dass das offene atmosphärische Strahlungsfenster eine ziemlich undurchsichtige Angelegenheit sei. Der hochdekorierte Max-Planck-Professor bekennt: »Mit der Ungewissheit zu leben ist aber schwer, und so wird fehlendes Wissen gern durch Überzeugungen ersetzt.« Wird der DBU-Umweltpreis künftig auch für Überzeugungen statt für wissenschaftliche Erkenntnisse vergeben?

Am 14. August 1997 machte der Chemiker Dr. Rolf Sartorius vom Umweltbundesamt in Berlin den Herausgeber der Zeitschrift *Brennstoffspiegel*, Dr. Colin Wulff, im Rahmen einer Auseinandersetzung zum Thema »Spektralanalyse« auf folgenden Sachverhalt aufmerksam: »Glücklicherweise kann CO_2 das Strahlungsfenster zwischen 7 und 13 Mikrometern in der Tat nicht schließen – die Folgen müssten dramatisch bis katastrophal sein.« Wenn das Umweltbundesamt als Bundesoberbehörde diesen entscheidenden Sachverhalt gegenüber Politik und Öffentlichkeit verschweigt und lediglich in kleinen Fachzirkeln derart pointiert das Kohlendioxid entlastet, muss man sich freilich erneut wundern, dass die Deutsche Bundesstiftung Umwelt ausgerechnet solche Max-Planck-Wissenschaftler auszeichnet, die sich im Wesentlichen auf die angebliche Killerfunktion des CO_2 beziehen. Denn Dr. Sartorius hat natürlich recht: Es wäre in der Tat für alles Leben auf der Erde, nicht nur für die Menschen, »dramatisch bis katastrophal«, wenn das Strahlungsfenster im infraroten Bereich schließbar und nicht »offen« wäre. Dann würde von der Sonne ständig neue Energie in das Ökosystem Erde gelangen, ohne dass die Erde ihre Abwärme in den Weltraum entsorgen könnte. In diesem Fall hätten wir ein echtes Problem. Oder nein, genau genommen hätten wir gar kein Problem, weil es uns nie gegeben hätte, um solch abstruse Ideen wie den »Treibhauseffekt« in die Welt zu setzen. Denn wäre dieser weltweit beschworene beziehungsweise tausendfach nachgeplapperte Effekt physikalische Realität, hätte sich die Erde in ihrer ziemlich langen Geschichte nie abkühlen und damit auch nie Leben ermöglichen können. Doch die Erde hat sich abgekühlt, obgleich die Uratmosphäre noch so gut wie keinen Sauerstoff enthielt, dafür aber Unmengen angeblicher »Treibhausgase« wie Wasserdampf, Kohlendioxid und Methan.

Als Entschuldigung kann übrigens auch nicht gelten, dass man sich auf den Stockholmer Nobelpreisträger (1903) Svante Arrhenius beruft, der 1896 bei seiner »Eiszeithypothese« einen kardinalen Rechenfehler beging. Dieser wurde von Professor Dr. Gerhard Gerlich vom Institut für Mathematische Physik der Universität Braunschweig 1995 bei einem Vortrag vor der Europäischen Akademie für Umweltfragen in Leipzig aufgezeigt. Hintergrund: In der Wissenschaft schreibt man ab und zitiert, meidet jedoch tunlichst den Blick in die Originalarbeit. So kommt es zu wundersamen Fortpflanzungen von wissenschaftlichen Irrtümern wie beispielsweise jener Legende vom hohen Eisengehalt des Spinats. Doch wo hat der Schwede gefehlt? Das Stefan-Boltzmann'sche Gesetz gilt streng genommen für einen mathematischen Punkt in einem schwarzen Hohlraum. Es wird ein fiktiver Körper ohne Oberfläche mit einer einzigen Temperatur angenommen. Doch dieses Modell ist wiederum auf die Wirklichkeit nicht übertragbar. Die Erde hat eine Oberfläche von etwa 510 Millionen Quadratkilometern und ist mit den Worten Max Plancks kein »winziges Kohlestäubchen«. Svante Arrhenius hatte 1896 natürlich noch keinen Computer als gehorsamen Rechenknecht und fand es persönlich vermutlich viel zu mühsam, für jede Temperatur einzeln die 4. Wurzel zu ziehen, um daraus einen »Globalwert« zu errechnen. Er ging einfach den bequemeren, aber falschen Weg und addierte zuerst die Temperaturen, bildete deren Mittelwert und zog dann daraus die 4. Wurzel. Ein fataler Fehler. Bei der bequem-falschen Variante erhält man die überall abgeschriebenen minus 18 °C, rechnet man aber mühsam nach, dann kommt man auf den korrekten Wert für die »Effektivtemperatur« der Erde, und der läge bei minus 129 °C. Offensichtlich erscheint der bequem-falsche Weg irgendwie glaubhafter und daher auch brauchbarer. Ein »natürlicher Treibhauseffekt«

von 144 °C würde die Winter Sibiriens durch Gegenstrahlung zu Hitzesommern machen. Doch dies wäre nicht mehr vermittelbar. Schade, dass man den Arrhenius'schen Rechenfehler einfach immer wieder nur abgeschrieben hat, ohne ihn zu überprüfen. Der Treibhausschwindel wäre früher aufgeflogen und hätte sich nicht zu dem globalen Spuk »Klimakatastrophe« verdichten können.

Klimawandel hat es auf dieser Erde, wie wir heute mit Bestimmtheit sagen können, seit vielen hundert Millionen Jahren ungezählte Male gegeben. Häufig sind sie einhergegangen mit Klimakatastrophen, die zum Teil wesentlich dramatischer waren als jene, die uns zurzeit für die nächsten hundert Jahre in Aussicht gestellt werden. Und wenn nach dem gegenwärtig zu erwartenden Klimawandel wieder etwas Ruhe auf der Erde eingekehrt sein wird, ist es lediglich die Ruhe vor dem nächsten Klimawandel. Es gehört schließlich zu den physikalischen Grundeigenschaften des Kosmos, dass nicht nur Planeten, sondern auch ganze Sonnensysteme und sogar Galaxien, wie beispielsweise unsere Milchstraße, einem ewigen Werden und Vergehen unterworfen sind. Diesen Gesetzmäßigkeiten der Schöpfung ins Handwerk pfuschen zu wollen scheint eine tief verwurzelte, dem Menschen angeborene Überheblichkeit zu sein. Ein Besucher aus einer fernen Sternenwelt, der uns vermutlich in vielerlei Hinsicht weit überlegen wäre, könnte zweifellos allein an unserem närrischen Treiben um das irdische Klima ziemlich gut den Grad unserer moralisch-sittlichen wie technischen Reife erkennen. Und wahrscheinlich würde er sich schon bald wieder auf den Weg in andere Regionen des Universums machen, sobald er gewahr würde, dass der Klimakoller auf diesem verhältnismäßig kleinen Planeten am Rande eines Sternenhaufens ausgelöst wurde von nichts anderem als einem Spurengas namens CO_2.

Als die Deutsche Physikalische Gesellschaft am 22. Januar

1986 erstmals vor der »Klimakatastrophe« warnte, versuchte sie in einer Presseerklärung den atmosphärischen Kohlendioxidanstieg dafür verantwortlich zu machen: »Der Kohlendioxidgehalt der Atmosphäre betrug gegen Ende der letzten Eiszeit vor etwa 15000 Jahren 180 bis 200 ppm und stieg bis zur nachfolgenden Warmzeit vor cirka 5000 Jahren auf 280 bis 300 ppm an. Weiter wissen wir, dass er in den tausend Jahren von cirka 900 bis 1860 konstant geblieben ist bei etwa 270 ppm.« Hier bereits tritt die ganze Inkompetenz und Inkonsequenz moderner Klimaforschung offen zutage, gepaart mit einem offensichtlichen Mangel an logischem Denken. Denn das Wetter ist, wie wir bereits im 1. Kapitel gesehen haben, keineswegs »konstant« gewesen, wodurch erhebliche Klimaschwankungen verursacht wurden. Damit fällt der Kohlendioxidgehalt als verursachender Faktor für Klimaveränderungen eindeutig aus. Das chaotische Wettergeschehen hat, wo auch immer auf der Erde, zu keiner Zeit etwas mit dem CO_2-Gehalt zu tun gehabt. Das bestätigte selbst Professor Klaus Hasselmann vom Max-Planck-Institut für Meteorologie. In dem im Februar 1999 publizierten *Report* Nr. 287, »Natürliche Senken und Quellen des atmosphärischen Kohlendioxids: Stand des Wissens und Optionen des Handelns« heißt es: »Die Rekonstruktion an in polaren Eiskernen eingeschlossener Luft zeigt, dass die atmosphärische CO_2-Konzentration während des gesamten Holozäns, also in etwa während der letzten 8000 Jahre, ungefähr auf einem konstanten Niveau von ungefähr 280 ppm verweilte.« Kürzer und prägnanter kann man die Theorie des Treibhauseffektes nicht für unzulässig erklären. Wenn die CO_2-Konzentration über 8000 Jahre hinweg gleich geblieben ist, dann kann sie nicht die Ursache für die heftigen Temperaturschwankungen während dieser Zeitperiode gewesen sein, dann muss es dafür andere Ursachen geben. Schon 1988 musste Klaus Hasselmann in *promet*, der Fortbildungszeitschrift des Deutschen Wetterdienstes, im Hinblick auf die Ursachen der natürlichen Klimaänderungen bekennen: »Auch wenig ausgeprägte, aber historisch bedeutsame Klimaschwankungen im kürzeren Zeitskalenbereich von einigen hundert Jahren, wie die Kleine Eiszeit im 17. und 18. Jahrhundert, stellen die Wissenschaft vor viele nicht verstandene Fragen.«

Nun, wenn die Fragen noch nicht einmal verstanden sind, wie kann es dann richtige Antworten geben? Wissenschaft, sagt Wolfgang Thüne, hat kein Monopol auf Wissen. Der Meteorologe fährt fort: »Es gibt stets auch ein Wissen jenseits des wissenschaftlich Gewussten. Dies zeigt sich ganz besonders bei der Klimaforschung. Die klassische Klimatologie, wie sie Alexander von Humboldt beschrieben hat – er gilt als der ›Vater der Klimatologie‹ –, hat mit der modernen numerischen ›Klimaforschung‹ keine Gemeinsamkeiten. Klimatologie war eine beschreibende oder deskriptive Wissenschaft im Rahmen der Geographie, der Erdbeschreibung. Die Klimatologie war ›angewandte Meteorologie‹, sie behielt den Bezug zum Wetter. Die Beschreibung des ›durchschnittlichen Wettergeschehens‹ orientierte sich an den Relief- wie den Vegetationsformen. Die Klimatologie hatte als ›Wetterstatistik‹ nie auch nur den Anschein eines Anspruchs erhoben, eine mathematisch exakte, numerische Wissenschaft zu sein. Für Humboldt wäre es unvorstellbar gewesen, an der Unvorhersagbarkeit des Wetters vorbei 100-jährige ›Klimaprognosen‹ zu machen.«[30]

Bei der durch Computersimulationen gestützten Klimaforschung von heute ist das nun völlig anders. Sie erhebt Anspruch auf Exaktheit, obgleich sie weder Naturwissenschaft im weiteren noch Physik im engeren Sinne ist. Die Klimaforschung moderner Prägung kann schon deswegen keine Naturwissenschaft sein, weil sie sich nicht mit einem Naturvorgang befasst wie etwa die Meteorologie, deren Gegenstand das Wetter als physikalisches Geschehen ist. Gegenstand der Klimatologie ist das Klima, das heißt eine statistische Aufarbeitung und Verallgemeinerung des Wetters. Während sich die Meteorologie mit der Naturerscheinung Wetter herumschlagen muss und versucht, das Wetter zu analysieren und die ihm zugrunde liegenden physikalischen Vorgänge zu erfassen, um schließlich zu begründeten und einigermaßen verlässlichen Wettervorhersagen zu gelangen, versucht die Klimatologie im besten Fall – in zahlreichen Fällen leisten heutige Klimaexperten noch nicht einmal das –, die Wettervergangenheit zu »bewältigen« und zu »Normen« zu verarbeiten, die keine sind. Meteorologie ist, kurz gesagt, die »Physik der Atmosphäre« (Wolfgang Thüne), deren komplexe Erscheinungsformen wir schlicht summarisch als »Wetter« bezeichnen. Zunächst gilt es also erst einmal, den physikalischen Zustand der Atmosphäre zu erfassen und zu erforschen – wie es Professor Graßl in seinem erwähnten Buch gemacht hat –, um dann vernünftige Vorhersagen zu formulieren – wie es Professor Graßl in seiner Eigenschaft als Chefberater der Bundesregierung in Klimafragen offenbar *nicht* immer getan hat. Wie schwierig das mitunter sein kann, zeigen die relativ häufigen Fehlvorhersagen zum einen und die noch weitaus häufigeren Fehlinformationen zum anderen. Während Erstere die zwangsläufige Folge des chaotischen Verhaltens der irdischen Atmosphäre sind, orientieren sich Letztere am freiwilligen Herdenverhalten der offiziellen Klimaforschung.

Man muss Wolfgang Thüne rückhaltlos zustimmen, wenn er die computergestützte numerische »Klimaforschung« als eine Art von Phantomforschung deklariert. »Man gibt das Gebot der Regionalität auf, errechnet über Kontinente und Meere hinweg solch ein arithmetisches Unding wie die ›Globaltemperatur‹ und ordnet dieser Fiktivtemperatur das Monstrum ›Globalklima‹ zu. Und dieses Monstrum ›Globalklima‹ wird zum Leben erweckt, um Unheil über die sich am Klima versündigende Menschheit zu bringen. Es geht zu wie in einem futuristischen Science-Fiction-Film. Der Politik wird die undankbare Aufgabe zugeschoben, uns vor diesem Monstrum zu schützen und damit die Menschheit vor dem Untergang zu retten. Hinzu kommen weitere wissenschaftliche Behauptungen. So unterstellt man zu wissen, dass im vorindustriellen ›Klimagleichgewicht‹ die ›Globaltemperatur‹ +15 °C betragen habe und diese nun aufgrund der Emission von ›Treibhausgasen‹ bedrohlich ansteige. Man unterstellt der Menschheit, ein gefährliches Experiment angestoßen zu haben, das sofortiges Handeln verlangt, auch wenn wissenschaftliche Unklarheiten bestehen. Werde demnach dem Anstieg der Treibhausgase nicht schleunigst und drastisch Einhalt geboten, drohe eine weitere ›Erderwärmung‹ bis hin zur Klimakatastrophe, dem ›Klima-GAU‹ als größtem anzunehmenden Unfall, den man sich in der Menschheitsgeschichte vorstellen könne.«[31]

Klimaexzesse werden regelrecht herbeigezaubert. Dabei sollten Wissenschaftler, auch Klimawissenschaftler, stets beherzigen, dass Wissen immer experimentell abgesichert sein und auf der Wiederholbarkeit des wissenschaftlichen Nachweises basieren muss. Das heißt, andere Wissenschaftler müssen, wenn sie die gleichen Versuche unter den gleichen Voraussetzungen durchführen, zu den gleichen Ergebnissen kommen. Nach Immanuel Kant schafft erst das Experiment die Gewissheit der Erkenntnis. Computermodelle und Simulationen, die mit anderen Computermodellen und Simulationen verglichen werden, schaffen keine Gewissheit. Erst das Befragen der Natur und das Experiment als natürlicher Härtetest können zeigen, ob es einen »Treibhauseffekt« gibt oder nicht. Doch wer im ideologischen Wolkenkuckucksheim sitzt und die mediale Lufthoheit genießt, lässt sich auf kein Experiment mehr ein. Er hofft, dass kein Journalist oder Politiker mal ein Lehrbuch aufschlägt wie das Buch *Physik* von Paul A. Tipler (Heidelberg 1994), um auf Seite 553 zum Newton'schen Abkühlungsgesetz zu lesen: »Die Abkühlungsgeschwindigkeit eines Körpers ist näherungsweise proportional zur Differenz der Temperaturen von Körper und Umgebung«, und dies in Beziehung setzt zu der Behauptung, die »eiskalte« Erde würde sich im noch »eisigeren« Weltraum um 33 Grad erwärmen können.

Damit sind wir wieder einmal bei der Wahrheitsfrage angelangt, die eigentlich gar nicht mehr gestellt werden müsste, da »Prognosen« und »Werturteile« weitgehend »Glaubensfragen« geworden sind. Die Klimaforschung flüchtet sich damit immer mehr ins Reich der Mystik und der Märchen. Doch diese Flucht wird ihr vermutlich nicht mehr lange weiterhelfen. Sie muss jetzt darauf gefasst sein, sich dem eisigen Wind der harten Fakten stellen zu müssen, vor dem sie auch das »politische Begünstigungsmäntelchen« (Wolfgang Thüne) weder mittelfristig noch gar dauerhaft schützen kann. Da die Politik dem Bürger bereits die »Daumenschraube Ökosteuer« angelegt hat und andere vergleichbare Folterwerkzeuge in den politischen Pipelines auf ihren Start warten, gibt sie ihm auch das Recht zu fragen, was es wirklich mit dem »Klimaschutz« auf sich hat. Mag man in einigen wissenschaftlichen Hightech-Regionen, beispielsweise der Nanotechnologie, die Meinung vertreten können: »Alles, was der Mensch will, wird machbar sein« (*FAZ* vom 21. September 2000), beim Wetter hören solche durchaus verständlichen Wunschträume auf. Auf diesem Sektor, so ist zu vermuten, wird sich erstmals die wahre Ohnmacht menschlicher Allmachtsfantasien erweisen. Denn beim Wetter sind wir in der Rolle eines Spielballs, nicht in der eines Spielers.

Inzwischen läuft den Treibhaus-Alarmisten die Zeit davon. Denn das Gros der seriösen Wissenschaftler wird sich bei der Suche nach Wahrheit gegen unbegründete, fadenscheinige Behauptungen, die ihren Ursprung in persönlichen, ideologischen Überzeugungen und wirtschaftlichen Sonderinteressen haben, schließlich doch durchsetzen. Da jedoch weder die daran beteiligten Wissenschaftler noch die weltweit agierenden Klimapolitiker ein Interesse haben dürften, die Gans zu schlachten, die ihnen goldene Eier legt, muss der Bürger ihre Existenzberechtigung wie auch die Wirksamkeit ihrer vorgeschobenen

Klimaschutzmaßnahmen hinterfragen und öffentlich machen. Er bezahlt schließlich mit seinen Steuergeldern sowohl die von ihm gewählten Politiker als auch die dem Gemeinwohl in ganz besonderem Maße verpflichteten Wissenschaftler samt ihrer Klimamaßnahmen.

Zur Durchsetzung bestimmter politischer Ziele, auf die wir später noch zu sprechen kommen, bleibt dem aus 2500 angeblich hochkarätigen Wissenschaftlern und Politikern bestehenden UN-Weltklimarat nichts als ein rührender Kinderglaube. Als frommer Wunsch wurde inzwischen auch der anschauliche Bildvergleich entlarvt, wonach die irdische Atmosphäre ein Glasdach und die Erde mithin ein Treibhaus sei. Freilich, das Erklären komplizierter Sachverhalte ist eine schwierige Kunst. Aber das erlauchte Gremium hat es fertiggebracht, dass alle Welt nicht nur vom Wetter spricht, sondern offensichtlich auch die Überzeugung gewonnen hat, das Wetter nach eigenen Wünschen manipulieren zu können. Die internationale Loge honoriger Klimaexperten hat mit einer verblüffenden Hartnäckigkeit die Illusion verbreiten können, dass die Gestaltung des Klimas künftig in der Hand des Menschen liegt. Die mit Sorgfalt ausgewählten Mitglieder dieses UN-Klimazirkus sind von einem leidenschaftlichen Sendungsbewusstsein erfüllt. Nur ist, was sie weltweit verkünden, nach den Regeln physikalischer Gesetzmäßigkeiten und der blinden Kräfte der Natur schlichtweg falsch. Und damit eine grandiose Irreführung von Politik und Gesellschaft.

3 Schneeball oder Höllenfeuer?

Zu Schloss Elsinor nervte Shakespeares Hamlet den Bürokraten Polonius mit einer undefinierbaren Wolkenerscheinung. Stellt sie ein Kamel, ein Wiesel oder einen Walfisch dar? Die Deutung von Wetterphänomenen ist selbst für alte Haudegen unter den Klimatologen häufig das reinste Glücksspiel. Die Form der Wolken entscheidet in der Regel über ihre Fähigkeit, Sonnenlicht zu schlucken. Computersimulationen zur Erstellung kurzfristiger Wetter- oder langfristiger Klimaprognosen kennen nur flache und gleichförmige – homogene – Wolkenflächen. In der Natur können jedoch auch unregelmäßige Wolkenformen und sogar kleinste Wolkenfetzen noch das Sonnenlicht streuen.

In glückhaften Augenblicken schweben die Deutschen auf Wolke sieben, Engländer eher auf Wolke neun. Dieser kuriose Unterschied geht zurück auf den Vater der modernen Meteorologie, für den zumeist der englische Apotheker Luke Howard angesehen wird. In Erinnerung blieb er vor allem, weil er 1803 den verschiedenen Wolkentypen einen Namen gab. Howard war zwar ein aktives Mitglied der altehrwürdigen Linnaean Society, aber seine heimliche Leidenschaft galt dem Wetter und der »Sprache des Himmels«. Er teilte die Wolkenformationen in drei große Gruppen ein: Stratus- oder Schichtwolken, Kumulus- oder Haufenwolken und Zirrus- oder Federwolken – das sind jene zarten, sehr hohen Schäfchenwolken, die in der Regel kühlere Witterung ankündigen. Später nahm er als vierte Kategorie noch die Nimbus- oder Regenwolken hinzu. Die selbst für Laien übersichtliche Einteilung der Wolkenformationen setzte sich schon bald weltweit durch und gewann viele Freunde. Auch Johann Wolfgang von Goethe war von Howards Arbeit so begeistert, dass er dem britischen Wetterkundigen nicht weniger als vier Gedichte widmete. Im Laufe der Jahre wurde Howards Wolkeneinteilung stark erweitert: Der dicke, allerdings selten gelesene »International Cloud Atlas« umfasst inzwischen zwei dicke Folianten. Aber nicht nur in der Bevölkerung, auch bei den Wetternachrichten im Fernsehen halten sich die professionellen Meteorologen lieber an Howards volkstümliche Katalogisierung. Als 1896 die erste und sehr viel dünnere Atlas-Ausgabe erschien, wurden die Wolken in zehn Grundtypen aufgelistet. Die dickste Wolkenformation, die am ehesten an ein wohlig-weiches Himmelbett erinnert, die sogenannte Kumulonimbuswolke, erhielt die Nummer neun. Die schneeweißen Schäfchenwolken erkoren deutsche Romantiker zur Wolke sieben – beim Abzählen der »Schäfchen« soll man angeblich spätestens bei Nummer sieben sanft eingeschlummert sein.[1]

Die Meteorologen des UN-Weltklimarats sehen das weniger romantisch. In einem offiziellen IPCC-Bericht zum Klimawandel wurde bereits 1990 folgende Vorschrift erlassen: Wolken dürfen nicht dazu benutzt werden, den Treibhauseffekt herunterzuspielen. Im Klartext heißt das: Wir wissen nicht, wie groß der Treibhauseffekt ist; aber wir glauben, dass es ihn gibt. Wer ihn leugnet und die Änderungen auf die Natur schiebt, liegt selbstverständlich falsch. Die Treibhausexperten haben auch noch an zahlreichen anderen Stellen Mühe, ihre Position in der Öffentlichkeit überzeugend darzulegen. Schuld daran sind die Besonderheiten unserer Erde. Grönland ist nicht deshalb unter einem drei Kilometer dicken Eispanzer begraben, weil es hier besonders kalt wäre, sondern weil ganz im Gegenteil das Klima dieser riesengroßen Insel im Nordatlantik verhältnismäßig mild ist. Denn Grönland wird in gewisser Weise verwöhnt vom warmen Golfstrom. Die feuchten Seewinde bringen im Winter allerdings so viel Schnee, dass drei Sommermonate bei Weitem nicht ausreichen, alles wieder wegzutauen. Im ostsibirischen Jakutien (amtlich: Sacha), das auf der gleichen geographischen Breite liegt wie Grönland, aber vom Hindukusch, Pamir, Karakorum und Himalaja vor warmen und feuchten Südwinden völlig abgeschirmt wird, ist es im Winter sehr viel kälter. Trotzdem ist Jakutien – mit einer Fläche von rund 3,1 Quadratkilometern ein Drittel größer als Grönland (2,1 Millionen km^2) – nicht vergletschert, sondern bewaldet. Es wird teilweise sogar landwirtschaftlich genutzt. Der Klimawandel dürfte dieses mit weniger als zwei Millionen Einwohnern äußerst dünn besiedelte Land, von dem ein Fünftel nördlich des Polarkreises liegt, zu den globalen Gewinnern werden lassen. Die Nutzung seiner märchenhaften Bodenschätze – bedeutende Diamanten- und Goldvorkommen sowie reiche Eisenerz- und Kohlelager – wurde bisher durch Permafrostböden und Extremtemperaturen von knapp minus 70 °C im Winter und bis zu 40 °C im relativ kurzen Sommer erheblich beeinträchtigt.

Allein schon dieses Beispiel lässt die These von der gleichmäßigen Erwärmung der Erde infolge des Treibhauseffektes als reichlich realitätsfern erscheinen. Doch wer sich mit Sachargumenten schwertut, greift schon mal zu politisch bewährteren Rezepturen. Neuerdings rufen grüne Ökofundamentalisten unverblümt zur gesellschaftspolitischen Systemveränderung auf. Ist die Ökodiktatur im Anmarsch? Ralf Schmidt-Pleschke, Energieexperte der »Verbraucher Initiative«, forderte Anfang Juli 2007 die Bundesregierung auf, zur Abwehr gegen die Preistreiberei im Strommarkt »die Verstaatlichung« so rasch wie möglich umzusetzen. »Was nicht ökologisch zu begründen ist, muss weg«, so auch Renate Künast, Vorsitzende der Bundestagsfraktion von Bündnis 90/Die Grünen in einem Propagandapamphlet, abgedruckt in einer angesehenen deutschen Wochenzeitung.[2] Der Klimawandel sei eine Gefahr, die in nie da gewesener Weise alle Menschen betreffe, verschuldet allein durch die kapitalistisch orientierten Industrienationen. Deshalb müssten diese die »Kraft zum Richtungswechsel« aufbringen, oder man werde sie dazu bringen. Künast: »Wir brauchen eine Art Aufstand in den Köpfen, die auch laufende internationale Prozesse infrage stellt. Internationale Klimavereinbarungen können nur ein Anfang sein.« Und weiter: »Die alten [...] Regeln der Abschottung und des weltweiten Privilegs des Kapitals, das überall Ressourcen aufbraucht und Raubbau betreibt, müssen weg.« Die Botschaft der grünen Sprecherin: »Die notwendigen Schritte sind eine Chance, neben dem Klima auch unsere Wirtschaft und unser Sozialsystem zu retten. Die Leitbranchen der Zukunft werden geprägt von Energieeinsparungen, Effizienz, erneuerbaren Energien und Umwelttechnologien. Wir Grüne sind stolz darauf, dass wir diesen neuen Märkten gegen erbitterten Widerstand der Industrie und aller anderen Parteien zum Durchbruch verholfen haben. Das Klima, die Menschen weltweit brauchen den Wechsel.« Die Politikerin zieht gegen »Bio- und Klimapiraten« zu Felde, wirbt für völlig freie CO_2-Lösungen und stellt mit dunkel-kryptischen Formulierungen fest: »Es geht ums Ganze!«[3] Ralf Fücks, Vorstand der den Grünen nahe stehenden Heinrich-Böll-Stiftung, und die ehemalige Greenpeace-Mitarbeiterin Kristina Steenbock, Sprecherin des Aufsichtsrats der Heinrich-Böll-Stiftung, fordern in derselben Ausgabe der *Zeit*: »Auf in den Ökokapitalismus!« Wer die ökologische Trendwende verpasse, werde an den Märkten bestraft. Die streitbaren Ökoautoren blasen zum Angriff auf die großen Konzerne und weisen ausdrücklich darauf hin, dies alles sei lediglich »ein Anfang«. Wie es weitergeht, zeichnet Ökoguru Al Gore in salbungsvoll unterlegten Botschaften an die Lichtbildwände dieser Welt und erhebt uns bei dieser Gelegenheit alle zu Auserwählten: »Die Klimakrise gewährt uns das Privileg einer Erfahrung, die nur wenige im Laufe der Geschichte machen durften: Sie stellt uns vor eine gemeinsame Aufgabe, die Generationen verbindet, sie lässt uns für ein hehres, faszinierendes Ziel und für eine gemeinsame Sache eintreten, und sie schenkt uns das berauschende Gefühl, allen kleinlichen politischen Zank – gezwungen durch die Umstände – beiseiteschieben zu können, um mit offenen Armen diese epochale moralische und spirituelle Herausforderung anzunehmen.« Al Gore, der inzwischen für den Friedensnobelpreis 2007 nominiert ist, begründet seinen weltweiten Weckruf gegen den drohenden Klimawandel kurz und bündig: »In zehn Jahren ist alles zu spät.«[4] Bereits in fünf Jahren, und zwar genau am 23. Dezember 2012, so behaupten andere Doomsday-Propheten unserer Tage, sei es mit der Welt aus und vorbei. Diese apokalyptische Prognose wollen selbst ernannte Klimakleriker dem Maya-Kalender entnommen haben. Zwar gibt es auch für diese Interpretation keinerlei Belege, doch die Zeitrechnung der früheren Hochkultur reichte in der Tat bis in das dritte Jahrtausend. Aber so weit die Maya ihrer Zeit auch vorausdachten, so bescheiden war offenbar ihre Fähigkeit, ihren unmittelbar bevorstehenden Abstieg zu erkennen, oder besser noch: abzuwenden. Da kann man nur hoffen, dass Wahrsager, denen ein Nobelpreis ins Haus steht, bei diesem Wettrennen bis zum Weltuntergang am Ende die Nase vorn haben – das bedeutet nämlich für uns alle ganze fünf Lebensjahre mehr...

Wo Glaubenskriege geführt werden, gibt es viele Wahrheiten. Auch die der Computersimulationen. Die eher politisch orientierten Institutionen samt jener von diesen Gremien abhängigen Sachverständigentrupps füttern ihre sündkrachteuren Riesenrechner merkwürdigerweise mit Datensätzen lediglich aus den letzten 150 Jahren, als auf der Erde gerade mal wieder eine Warmzeit einsetzte. Kein Wunder, wenn Hochrechnungen für zukünftige Entwicklungen des Weltklimas dadurch anders ausfallen als Hochrechnungen mit Daten aus einer tausendjährigen Klimageschichte. So ist auch leicht nachvollziehbar, dass diese politisch gefärbten Klimaprognosen für das nächste Jahrhundert mit Rechnern, die lediglich auf »warme« Daten programmiert sind, anders – in diesem Fall höher – ausfallen müssen als mit Computern, die mit »warmen« *und* »kalten« Daten eines ganzen Jahrtausends gespeist werden. Wenn überhaupt, dann lassen sich einigermaßen sichere Zukunftsprognosen verständlicherweise nur mit einer möglichst weit in die Vergangenheit der Klimaentwicklung zurückreichenden Methode darstellen. Die Könige und Stammesfürsten vorgeschichtlicher Kulturen hätten vermutlich jeden Menschen mit Reichtümern überhäuft, der ihnen infolge einer statistischen Auswertung früherer Klimageschehnisse auch nur einigermaßen zutreffende Planungsdaten für das wirtschaftspolitische Zukunftsmanagement ihrer Völker an die Hand hätte geben können. Die politischen Eliten unserer Tage dagegen schlagen solche wissenschaftlichen Hilfestellungen nachdrücklich aus, erteilen seriösen und weltweit anerkannten Klimaforschern bisweilen sogar Hausverbot. Was wäre denn schon dabei, wenn die offiziellen Gutachter und Mitarbeiter des UN-Weltklimarats ihre offensichtlich unzulänglichen Computermodelle schreddern müssten? Sollte nicht im Interesse von uns allen die beste Prognosemethode den Zuschlag bekommen, also Computermodelle, die sich wirklich am neuesten Stand der Wissenschaft orientieren? Damit wir am Ende alle – Wirtschaft, Politik und Gesellschaft – mit tragfähigen und wissenschaftlich fundierten Planungsdaten rechnen können, die uns mittel- und langfristig in die Lage versetzen, die Klimarisiken des 21. Jahrhunderts mit größerer Aussicht auf Erfolg zu bewältigen?

Aber bisher wird vermutlich in allen klimarelevanten Institutionen der Welt mehr geraten als gerechnet. Ein solcher Verdacht drängt sich geradezu auf, wenn man zwei US-Wissenschaftlern vom Deutschen Klimazentrum in Hamburg Glauben schenken darf. In einem Interview mit der Zeitschrift *stern* behaupten die beiden amerikanischen Geologen Linda Pilkey-Jarvis und Orrin H. Pilkey, die seit Jahren mit solchen Rechenprogrammen vertraut sind, dass Computermodelle, die Entwicklungen in der Natur vorhersagen sollen, oft so unpräzise sind, »dass man ebenso gut aus dem Bauch heraus schätzen kann«.[5] Die beiden Wissenschaftler weisen vor allem darauf hin, dass »mathematische Vorhersagen für natürliche Prozesse immer gescheitert« seien. »Der Glaube, Computermodelle könnten die Zukunft akkurat vorhersagen, ist gefährlich und schädigt die Gesellschaft. Die Modelle verleiten zu schlechten politischen Entscheidungen, weil sie auf einem schlechten Verständnis der Natur gründen.« Die Natur sei viel zu komplex, um sie mit Mathematik zu erfassen. Das Forscherpaar listet in seinem jüngsten Buch *Useless Arithmetic*[6] zahlreiche Beispiele auf, bei denen sich Computermodelle als völlig untauglich erwiesen haben. »Nehmen Sie das relativ einfache Beispiel, vorherzusagen, wie viel Sand von den Wellen in der Brandungszone eines Strandes transportiert wird. Mindestens 50 Faktoren beeinflussen den Sandverlust, beispielsweise die Wellenhöhe, die Größe der Sandkörner, die Gezeiten, die Häufigkeit von Stürmen oder der Winkel, in dem die Wellen auflaufen. Das am häufigsten benutzte Computermodell berücksichtigt lediglich acht Faktoren. Diese acht sind die wichtigsten, aber auch die anderen 42 können den Sandverlust beeinflussen. [Die 42 nicht berücksichtigten Faktoren haben vergleichsweise die Bedeutung von CO_2, das von allen Inhaltsgasen unserer Atemluft gerade mal 0,0375 Prozent ausmacht. Und doch wird seitens der meisten Klimaexperten behauptet, gerade diese äußerst geringfügigen Spurenvorkommen der Treibhausgase seien entscheidend für den Klimawandel – d. Verf.] Die Bedeutung der Einflussfaktoren variiert von Jahr zu Jahr und von Strand zu Strand. Man kann niemals wissen, mit welcher Intensität, in welche Richtung, mit welcher Häufigkeit und wie lange die einzelnen Parameter wirken. Eine akkurate Vorhersage des Sandtransportes entlang einem Strand ist somit selbst unter normalen Umständen unmöglich. Das wichtigste Problem ist dabei aber noch gar nicht berücksichtigt: die Sturmfluten. Sie sorgen für den größten Sandverlust – und niemand weiß, wann sie eintreten.«

Solche ernüchternden Erfahrungen lassen die beiden US-Geologen in ihrem Buch dafür plädieren, »die Computermodelle zu vergessen und stattdessen auf gut Glück Sand aufzuschütten«. Bei einem solchen »Kamikaze-Ansatz« wisse zwar niemand, wie lange ein Strand den Angriffen des Meeres standhalten könne – »aber mit Computern weiß es eben auch keiner«. Die Rechnermodelle seien häufig nichts als »Feigenblätter« für Politiker. »Sie dienen Politikern als Schutzschild, hinter dem sie kontroverse Entscheidungen verstecken können. So wie im Falle der Kabeljau-Fischerei vor Neufundland: Dort gab es alarmierende Berichte über zurückgehende Fangmengen, aber die Politiker ignorierten sie – weil die Modelle weiterhin ergiebigen Fischfang prognostizierten. Es waren Modelle, die alle biologischen und ozeanografischen Faktoren berücksichtigen mussten, die die Entwicklung von Kabeljau vom Larvenstadium an beeinflussen. Und die ebenso berechnen mussten, wie sich die Nahrung der Kabeljaue und ihrer Jäger entwickeln werden. Vor zwölf Jahren brach die Kabeljau-Fischerei vor Neufundland dann zusammen – es war das Ende der wohl größten Fischindustrie aller Zeiten.«

Auch für die Pleite des Enron-Konzerns vor sechs Jahren machen Pilkey und Pilkey-Jarvis Computermodelle verantwortlich: »Wer kennt schon all die Gründe, die zum Zusammenbruch von Enron führten? Aber die Computermodelle waren Teil des Problems. Sie wurden genutzt, um Profite vorherzusagen. Die Modelle lieferten stetig optimistische Ergebnisse, die sich zumeist als falsch erwiesen. Möglicherweise hätte das frühzeitig auffallen können, wenn mal jemand die Vorhersagen mit der Realität verglichen hätte. Aber das tat niemand.« In fataler Weise erinnert dieses Scheuklappendenken, diese heutzutage allerorten anzutreffende Verliebtheit in Hightech-Apparaturen, an den Aufmarsch der Computer, wenn es darum geht, die Klimaveränderung und damit verbundene Katastrophenszenarien nicht etwa nur für die nächsten zwei Jahre hochzurechnen, nein, unter 50 Jahren oder gar einem ganzen Jahrhundert wagt doch kein Klimaexperte mehr an die Öffentlichkeit zu treten. »Beispielsweise sagen manche Klima-Modellierer vorher, dass wir noch zehn bis zwölf Jahre haben, um mit der Eindämmung des Treibhausgas-Ausstoßes zu beginnen. Danach sei die Erwärmung nicht mehr aufzuhalten. Diese Warnung ist nicht zu halten.«[7] Computermodelle könnten zwar grundsätzliche Trends aufzeigen, aber keinesfalls Zahlen prognostizieren. Die beiden US-Geologen glauben beispielsweise nicht, dass man vorhersagen kann, in welchem Ausmaß der Meeresspiegel steigt – »aber man kann feststellen, dass die Meere weiter steigen werden«. Auf dieser Basis könne man dann politische Entscheidungen treffen. Im Gegensatz zu anderen Wissenschaftlern kritisiert deshalb das Forscherpaar im *stern*-Interview die mathematischen Formeln der Modelle grundsätzlich, da die Formeln häufig angepasst werden müssen, falls die Ergebnisse allzu sehr von der Realität – etwa auch bei historischen Klimaereignissen – abweichen. Man schreibt dann kurzerhand neue Zahlen in die Formeln, damit die Ergebnisse nach Meinung der führenden Klimaexperten einigermaßen stimmen – Klimatologen sprechen in solchen Fällen von »Flusskorrekturen«. Dadurch mag es dann hin und wieder den Anschein haben, als könnten in den Klimamodellen sogar einzelne Klimaschwankungen vorhergesagt werden. Doch die Pilkeys halten offensichtlich nur wenig von solchen Manipulationen: »Die Flusskorrekturen sind ein sehr ernster Defekt der Modelle. Das verdeutlichen zum Beispiel die Küstenschutzmodelle: Damit sie die Sandmenge, die die Wellen transportieren, korrekt berechnen, wurde der Koeffizient k in die Formeln geschrieben. In den 1970er-Jahren hatte k den Wert 0,77. Mit den Jahren hat sich k um mehr als das Doppelte verändert. Ehrlicherweise muss man also feststellen, dass k aus der Luft gegriffen ist. Man wollte einfach sicherstellen, dass das Ergebnis des Modells der Realität nicht widerspricht. Mit anderen Worten: Die Flusskorrekturen basieren nicht auf der Physik der Natur. Wir nennen sie Geschmacksfaktoren.« Es sei in diesem Zusammenhang auch ein Irrtum zu glauben, die Modellresultate könnten durch solche Eingriffe wesentlich verbessert werden. Pilkey-Jarvis: »Um die Modelle zu testen, werden die Werte für jeden Einflussfaktor immer wieder verändert. So will man herausfinden, welche Einflüsse sich besonders stark auf das Ergebnis auswirken. Ist es im Falle der Küstenschutzmodelle die Höhe der Wellen oder der Winkel, in dem sie einlaufen, oder ein anderer Faktor? Aber mit diesen Experimenten ermittelt man lediglich die Empfindlichkeit der Faktoren im Modell, nicht ihren Einfluss in der Natur – ein entscheidender und häufig missachteter Unterschied.«

Das Forscherpaar fügt hinzu: »Das Einfachste wäre, alle Annahmen und Vereinfachungen jedes Modells routinemäßig offenzulegen. Das würde es Laien ermöglichen, Modelle mit der Realität abzugleichen. Manche Modelle sind unergründliche ›Black Boxes‹, ihre Ergebnisse sollten abgelehnt werden. Dazu gehören beispielsweise die niederländischen und dänischen Küstenmodelle. Wir müssen aufhören anzunehmen, mathematische Modelle könnten genaue Ergebnisse liefern. Wir Wissenschaftler haben etwas versprochen, das wir nicht halten können, und die Öffentlichkeit muss das verstehen. Genaue Antworten auf viele gesellschaftliche Fragen können wir nicht liefern.« Man wolle keineswegs der Untätigkeit das Wort reden. Man empfehle jedoch ausdrücklich ein Management der Anpassung: »Anstatt sich auf Computermodelle zu verlassen, sollte man stärker Messungen in der Natur vertrauen. Das Übervertrauen in die Computerrechnungen hat dazu geführt, dass wir Beobachtungen in der wirklichen Welt missachten. Das muss sich ändern. Indem wir uns eingestehen, dass wir keine genauen Vorhersagen erlangen können, machen wir unser Wissen über die Natur transparenter. Damit würden wir die gesellschaftlichen Entscheidungen auf eine solidere Grundlage stellen. Und die Klarheit hätte einen weiteren Vorteil: Es würde deutlich, welche Entscheidungen wirklich nützlich sind – und welche aus politischen Gründen getroffen werden.«[8]

Das ZDF strahlte am 13. Juni 2007 in seiner Reihe »Abenteuer Wissen« einen Beitrag zum Klimawandel mit dem Titel aus: »Das Sahara-Paradox: Die Wüste wird grün.« Erstaunt haben sich vermutlich viele die Augen gerieben und in der Programmvorschau folgenden Hinweis zur Kenntnis nehmen dürfen: »Die Klimamodelle der Forscher prognostizieren eine globale Erwärmung mit dramatischen Folgen. Sie sehen die Wüsten wachsen und die Menschen vor der unwirtlichen und lebensfeindlichen Umwelt fliehen.« Wie aber, so muss man sich angesichts der oben geschilderten Situation fragen, sollen die Computermodelle der in einer Art Klimawahn gefangenen 2500 Mitglieder des UN-Weltklimarats das aktuelle Sahara-Paradoxon erkennen, wenn sie doch nur die letzten 150 Jahre des irdischen Klimas in ihre Rechner eingespeist haben? Für professionelle Klimahistoriker ist aufgrund ihrer sehr viel weiter zurückreichenden Klimamodelle seit Jahren klar: Die Sahara wird grün, wenn es in den nördlichen Breiten der Erde wärmer wird. Wie alle Regionen unseres Planeten lässt auch die Vergangenheit der Sahara als größter Warmwüste der Welt – ihre Gesamtfläche ist 26-mal größer als Deutschland – Schlussfolgerungen auf ihre Zukunft zu. Wenn einem jedoch die Vergangenheit weitgehend Terra incognita ist, sollte man auch von der Zukunft die Finger lassen.

Zukunftsangst und Alarmismus sind kulturgeschichtlich keine neuen Phänomene; denn Angstepidemien sind die Begleitmusik der Menschheitsgeschichte. Vermutlich basiert das

»katastrophische Lebensgefühl« auf einem tiefenpsychologischen »Angstlust«-Effekt, den vor genau einem halben Jahrhundert der Publizist Friedrich Sieburg beschrieb: »Die Weltuntergangsstimmung durch scharfe Analysen ins allgemeine Bewusstsein zu heben und sie gleichzeitig auch noch zu genießen, gehört zu den Lieblingsbeschäftigungen des Menschen von heute. [...] Der Alltag mit seinen tristen Problemen ist langweilig. Aber die bevorstehenden Katastrophen sind hochinteressant. Niemand soll uns um unsere (Klima-)Krise bringen! Wir haben ein Recht auf sie! Aber dass mir niemand zum Jüngsten Gericht zu spät kommt!«[9] Mit dem soziokulturellen Phänomen »Alarmismus«, bei dem Zukunftsängste epidemieartig in weiten Bevölkerungskreisen grassieren, befasst sich auch der Trendforscher und Berufsoptimist Matthias Horx. Er schreibt: »Diese Ängste entstehen aus einer bestimmten Interpretation von Gefahrenmomenten, die durchaus reale Ursprünge (oder Teilaspekte) aufweisen kann. Diese Gefahren werden jedoch symbolisch überhöht und auf ein vereinfachtes, eben katastrophisches Modell reduziert.«[10] Nach seiner Auffassung verläuft eine alarmistische Epidemie immer nach dem gleichen Muster: »1. *Inkubation.* Eine Gefahr wird aufgegriffen und in einem medialen Prozess *gebrandet.* Sie bekommt einen drastischen, wohlklingenden, Angst erregenden Namen, zum Beispiel: ›Waldsterben‹ – ›Atomtod‹ – ›Rinderwahn‹ – ›Vogelgrippe‹ – ›Klimakatastrophe‹ – ›Feinstaub‹ – ›Überalterung‹ – ›Krieg der Kulturen‹ – ›neoliberalistische Globalisierung‹ – ›neue Unterschicht‹. 2. *Fieberphase.* Nun läuft eine kaskadenartige Sinnproduktion an. Experten treten auf und werden über Nacht zu Berühmtheiten. Sendungen zum Thema häufen sich im Fernsehen, die Schlagzeilen werden in immer größeren Lettern gedruckt, Bücher kommen in schnellem Takt auf den Markt. Bis irgendwann *alle* ›davon‹ sprechen. Und *jeder* (s)eine Meinung dazu hat: ›Haben Sie schon gehört? Das wird ja immer bedrohlicher!‹ 3. *Ritualphase.* Man versucht, etwas zu tun, verweigert etwa bestimmte Kaufakte, meidet Orte. Schuldzuweisungen häufen sich, der Ton wird hysterisch…«

Rituale und Endzeitgrusel, Sünde und Buße – ist der gegenwärtige Klimawahn die neue Religion des 21. Jahrhunderts? An keiner Stelle sind im Rahmen der aufgeregten Klimadebatte differenzierte Erkenntnisse aus dem Wettergeschehen gefragt, sondern ausschließlich Angstszenarien, mit denen die Weltbevölkerung für jede Maßnahme gefügig gemacht werden soll. Seit Anfang der Neunzigerjahre der Kyoto-Prozess eingeleitet wurde, dessen Auswirkungen auf das Klima selbst von seinen Befürwortern als eine globale Schrebergartenaktion verspottet wurden, wird der Klimawahn weniger als Umweltprogramm, sondern vielmehr als erzieherisches Zuchtmittel eingesetzt. »Klimapolitik unter Androhung apokalyptischer Strafen hat eine geradezu bunkerbrechende Durchschlagskraft«, schreibt die *Frankfurter Allgemeine.*[11] Selbst die »Schreckensszenarien der UNO« schüren allgemeine Ängste, statt dass sie nüchterne Aufklärung zum bevorstehenden Klimawandel betreiben: »Die Klimakatastrophe wird teurer als der Erste und Zweite Weltkrieg zusammen – Millionen Menschen werden sterben, wenn wir nicht sofort eine 100-prozentig andere Energiepolitik beginnen – Ab 2020 ist die Klimakatastrophe unumkehrbar, dann werden an den Folgen nicht nur einige Millionen Menschen, sondern wahrscheinlich Milliarden Menschen sterben.«[12] Die *Tageszeitung* empfiehlt lediglich: »Leute, lernt schwimmen.« Neuerdings scheint selbst diese Empfehlung etwas voreilig gewesen zu sein. Ein dänisches Wissenschaftlerteam von der Universität Kopenhagen hat vor kurzem eine unglaubliche Entdeckung in der antiken Eisbibliothek Grönlands gemacht. Die Forschergruppe unter der Leitung von Eske Willerslev berichtet im Wissenschaftsmagazin *Science*[13], dass der südliche Teil Grönlands, der heute unter kilometerdicken Gletschern begraben liegt, von dichten Wäldern bedeckt war. Anhand einer Analysemethode aus der Genetik haben die Wissenschaftler aus dem »Bodensatz« eines Eisbohrkerns gleichsam ein Fenster in die Vergangenheit der arktischen Polarregion geöffnet. »Die Geschichte Grönlands muss nun umgeschrieben werden«, kommentiert Axel Bojanowski diese wissenschaftliche Sensation, »was sich etwa auf Klimaprognosen auswirken könnte. [...] Denn als eine der größten Gefahren einer fortschreitenden globalen Erwärmung hatten Klimaforscher das Abschmelzen des grönländischen Eisschildes ausgemacht – das Schmelzwasser lasse den Meeresspiegel schlagartig ansteigen. Doch der Eispanzer ist stabiler als angenommen; er hat der neuen Studie zufolge seit mindestens 130 000 Jahren Bestand.«[14] Das grönländische Eis habe demnach mindestens eine Warmphase überstanden, in der die Temperaturen bis zu fünf Grad höher lagen als heute: die Eem-Warmzeit, die vor 125 000 Jahren ihren Höhepunkt erreichte. Weil das gigantische Eismassiv der Nordlandinsel dieser Hitzeperiode standgehalten habe, könne es nach Meinung der Forscher vermutlich auch einer künftigen Erwärmung widerstehen. Damit aber würde ein weiteres Horrorszenario der Klimahysteriker seine Durchschlagkraft verlieren.

Die Entdeckung im Eisarchiv der Polarregion war übrigens nicht der erste Hinweis auf die einst »blühenden Landschaften« im Nordmeer. Deutsche Klimaforscher auf Grönland feierten im Sommer 2003 eine ähnlich bedeutsame Trouvaille, als ihr Eisbohrer aus 3000 Meter Tiefe auftauchte: Im letzten Eiskern, unmittelbar an der Sohle des Gletschers, dort, wo vor zwei Millionen Jahren am felsigen Boden der erste Schnee zu Eis gefroren war, fanden sie eine komplett erhaltene Piniennadel. Für Paläobiologen bedeutete dieser Fund eine echte Sensation; denn zumeist finden sie pflanzliche Reste aus Millionen Jahre zurückliegenden Erdepochen nur fossiliert vor. »Unsere Kiefernadel ist von einem Baum in den Schnee gefallen, kurz darauf im Eis eingefroren und daher über die Jahrmillionen wie in einer Tiefkühltruhe konserviert worden«, erklärt Professor

Heinz Miller, Chef-Glaziologe am Alfred-Wegener-Institut für Polar- und Meeresforsching in Bremerhaven. Das Erbmaterial der prähistorischen Nadel könnte den Wissenschaftlern eine spannende Zeitreise in die üppige Pflanzenwelt der einst völlig eisfreien Arktisinsel ermöglichen. Spuren von plötzlichen Erwärmungsphasen, wie sie heute von Freizeitforschern und Pseudowissenschaftlern gerne prophezeit werden, oder auch Hinweise auf plötzliche Temperaturstürze, wie sie uns in manchen Endzeitkatastrophenfilmen Hollywoods für die Dauer eines Kinobesuchs wohlige Schauer bereiten, hat man allerdings nicht entdeckt.

Es ist noch nicht lange her, da kündigten die professionellen Verkünder der Apokalypse der Welt eine neue Eiszeit an, jetzt drohen dieselben Alarmisten mit einer globalen Höllenglut, bei gleichzeitiger Sintflut, Weinernten in Sibirien und Ananas in Stockholm. Waren diese »Fachleute« damals Spinner, oder sind sie es heute? Die »wissenschaftlichen« Belege, die für die bevorstehende globale Klimakatastrophe angeboten werden, sind so stichhaltig wie jede Statistik, die mit weltweiten Durchschnittswerten arbeitet. Wer sich mit einem Fuß in einen Eimer mit 0 °C kaltem Wasser stellt und mit dem anderen in einen Eimer mit 50 °C heißem Wasser, nimmt in den Augen eines Statistikers ein Fußbad in 25 °C wohlig-warmem Wasser. Ähnlich steht es mit der Durchschnittstemperatur der Erde. Wenn die Winterwerte in der Antarktis von minus 50 auf minus 30 °C steigen, dann holen sich die Polforscher noch immer Frostbeulen, wenn sie barfuß herumlaufen wollten – aber die globale Durchschnittstemperatur nimmt bedrohliche Wärmegrade an.

Und ganz ähnlich verhält es sich mit dem CO_2-Ausstoß, der als Klimakiller Nummer eins in Verruf geraten ist. Man weiß, dass die Nächte in der tagsüber bis zu 60 °C heißen Sahara (im Schatten!) grimmig kalt werden – bis zu 10 °C unter null. Der Grund: Es gibt in der größten Wüste der Welt so gut wie keinen Wasserdampf, der die während des Tages eingestrahlte Sonnenwärme wie in einem Treibhaus festhalten könnte. Wohl gibt es auch über der Sahara Kohlendioxid, aber zum Festhalten der vom feuerheißen Wüstensand abgestrahlten Wärme fehlt es diesem Gas an der physikalischen Kompetenz – die äußerst geringe Menge an Strahlungswärme, die vom CO_2 absorbiert wird, ist gerade ausreichend, um Wüstenreisende nicht bei sternklarer Nacht erfrieren zu lassen.

»Es ist alles eine Glaubenssache«, sagt Henryk M. Broder in der Schweizer *Weltwoche*. »So wie man an die klassenlose Gesellschaft, ein Leben nach dem Tode und an außerterrestrische Intelligenzen glauben kann, so kann man auch daran glauben, dass die globale Erwärmung zum Weltuntergang führt und dass der Mensch als solcher daran schuld ist. Es ist nicht das erste Mal, dass uns die Apokalypse versprochen wird, aber es ist das erste Mal, dass die Apokalyptiker sich als Empiriker präsentieren, obwohl sie nur mit Annahmen und Spekulationen hantieren, die sie miteinander verknüpfen. Nur wenige halten dagegen, der Klimaforscher Hans von Storch etwa, der es bedauerlich findet, dass sich ›viele Wissenschaftler zu sehr als Pastoren verstehen, die den Menschen Moralpredigten halten‹.«[15] Denn mehr als je gelte der Satz von Gilbert Keith Chesterton, dem Schöpfer von Pater Brown: »Wenn Menschen aufhören, an Gott zu glauben, dann glauben sie nicht an nichts, sondern an alles Mögliche. Das ist die Chance der Propheten – und sie kommen in Scharen.« Und tatsächlich trage der Klimawahn alle Züge einer Erweckungsbewegung, meint Broder. Da »gibt es die große Schar der Gläubigen und eine kleine Gruppe der Häretiker, es gibt die Hohenpriester der Bewegung, wie den amerikanischen Ex-Vizepräsidenten Al Gore, die Wasser predigen und selber Wein trinken, während sie das Unheil verkünden. Es gibt Ablasshändler, die ihren Mitmenschen die Möglichkeit geben, mit einer Spende für die ökologischen Flurschäden zu büßen, den sie als Vielflieger und Fernreisende verursachen. Und es gibt Sündenböcke, die angeprangert werden – Verbraucher, die Spargel aus Südamerika und Erdbeeren aus Spanien kaufen, obwohl sie wissen oder wissen müssten, wie energieaufwendig Anbau und Transport sind.«[16]

Die Apokalyptiker einer neuen Eiszeit jedenfalls zeichnen ein frösteln machendes Bild mit Eis vom Nordpol bis Köln, vom Südpol bis Feuerland. Wodurch könnten derart katastrophale Vereisungen hervorgerufen werden? Dass CO_2 als Verursacher ausscheidet, dürften wir bereits hinlänglich dargetan haben. Welche Naturphänomene also sind in der Lage, unseren Planeten in einen Schneeball zu verwandeln, und das seit ewigen Zeiten immer wieder? Es muss, das steht fest, eine jahrtausendelange Folge kühler Sommer gewesen sein, denn Winterkälte ist nicht entscheidend: Es schneit bei minus 1 °C und bei minus 20 °C. Ein einziger kühler Sommer aber bringt das im Winter gebildete Eis nicht mehr zum Abschmelzen – und umgekehrt ist es genauso: Nicht etwa heiße Sommer deuten auf eine Erderwärmung hin, sondern warme Winter.

Kühle Sommer also! Doch was um alles in der Welt kann für kühle Sommer verantwortlich gemacht werden? Um es gleich vorweg zu sagen: Man weiß es nicht. Und wie immer in solchen Fällen gibt es zahlreiche Theorien – jede mit einem anderen Schönheitsfehler. Eine davon stammt von dem serbischen Wissenschaftler Milutin Milanković, der – obwohl er als ausgebildeter Maschinenbauer keinerlei Vorkenntnisse über die Bewegungen von Himmelskörpern besaß – die Lösung bei den Sternen suchte: Die wechselnden Jahreszeiten werden dadurch verursacht, sagte er, dass die Erdachse bei ihrem jährlichen Lauf um die Sonne etwas schief steht. Ist die nördliche Halbkugel der Sonne zugeneigt, dann haben wir Sommer. Schaut sie von der Sonne weg, dann ist es bei uns Winter – auf der Südhälfte der Erdkugel funktioniert das Ganze umgekehrt; deshalb ist es in Australien Sommer, wenn es in Europa Winter ist. Die Schräglage der Erdachse schwankt um wenige Grade, mal steht sie mehr senkrecht, mal etwas schiefer. So pendelt sie hin und her in Rhythmen von ungefähr 20000, 40000 und 100000 Jahren, in allen Fällen aber mit Abweichungen von bis zu ein paar Jahrtausenden. Es ist klar, dass die Sommer umso kühler werden, je stärker senkrecht die Erdachse steht, denn desto flacher fällt die Sonnenstrahlung ein, zuweilen ist es gewissermaßen nur eine Art Streiflicht, das uns trifft. Allerdings reicht diese Abkühlung nicht aus, um eine Eiszeit einzuleiten. Es müssen noch andere Faktoren hinzukommen.

Noch bis weit in die zweite Hälfte des 19. Jahrhunderts hinein hatten die Gelehrten von Eiszeiten oder der Entstehung von Gletschern, die unsere Erde an vielen Stellen erst richtig in Form brachten, noch keine Ahnung. So vermutete ein Zeitgenosse Darwins, der französische Naturforscher de Luc, dass die mächtigen Granitblöcke, die man zuweilen auf den Spitzen mancher Kalksteinfelsen entdecken kann, durch komprimierte Luft aus Höhlen im Juragebirge – gewissermaßen wie Pfropfen aus einem Luftgewehr – dorthin geschleudert wurden. 1864 reichte ein gewisser James Croll von der Anderson University in Glasgow bei einigen wissenschaftlichen Zeitschriften in Großbritannien eine Reihe von Aufsätzen über Hydrostatik, Elektrizität und andere Themen ein. Einer davon – er behandelte die Frage, wie Abweichungen in der Umlaufbahn der Erde um die Sonne den Wechsel von Eis- und Warmzeiten ausgelöst haben könnten – erschien im *Philosophical Magazine* und wurde sofort als Arbeit von allerhöchster Qualität anerkannt. Deshalb waren alle überrascht und vielleicht auch ein wenig peinlich berührt, als sich herausstellte, dass Croll an der Universität nicht als Wissenschaftler beschäftigt war, sondern als Pförtner. Der Universitätspförtner Croll äußerte als Erster die Vermutung, zyklische Veränderungen der Erdumlaufbahn könnten die Erklärung für Anfang und Ende der Eiszeiten darstellen. Auf diese Idee, Schwankungen der Wetterbedingungen auf der Erde könnten kosmische Ursachen haben, war zuvor noch niemand gekommen. Infolge von Crolls überzeugender Argumentation stand man nun nicht nur in Großbritannien der Überlegung, die Erde könnte sich in früheren Zeiten immer mal wieder im Griff des Eises befunden haben, aufgeschlossener gegenüber. Als man die herausragende Intelligenz Crolls erkannt hatte, erhielt er einen Posten beim Geological Survey of Scotland und zahlreiche Ehrungen: Unter anderem wurde er Mitglied der Londoner Royal Society sowie der Academy of Sciences in New York, und die Universität Saint Andrews verlieh ihm die Ehrendoktorwürde. Aber wie es manchmal so geht: Crolls Theorie kam schnell aus der Mode. Noch nicht einmal zehn Jahre nach seinem Tod schrieb ein Naturforscher auf dem Geologielehrstuhl in Harvard: »Die durch die Sonne verursachten Warm- und Kaltperioden, die noch vor wenigen Jahren bei den Geologen so beliebt waren, kann man jetzt ohne Zögern verneinen.«[17]

Milanković kramte Anfang des 20. Jahrhunderts die Croll'schen Theorien wieder hervor und erkannte bald, wo der Schwachpunkt in den ansonsten genialen Überlegungen des Glasgower Universitätspförtners lag: Sie waren nicht falsch, sondern lediglich ein bisschen zu einfach. Als Ergebnis seiner Studien, die er als Kriegsgefangener in der Bibliothek der ungarischen Wissenschaftsakademie betrieb – bei Ausbruch des Ersten Weltkrieges wurde er wegen seiner Stellung als Reservist der serbischen Armee inhaftiert –, erschien 1930 die Abhandlung »Mathematische Klimalehre und astronomische Theorie der Klimaschwankungen«. Mit seiner Annahme, dass zwischen den Eiszeiten und der unterschiedlichen Neigung der Erdachse ein Zusammenhang besteht, hatte Milanković zwar recht, aber wie die meisten anderen ging er davon aus, dass die Winter allmählich immer strenger wurden und so die langen Kälteperioden verursachten. Der russisch-deutsche Meteorologe Wladimir Köppen, Schwiegervater des Plattentektonikentdeckers Alfred Wegener, erkannte jedoch, dass die ganze Geschichte noch komplizierter ist. Köppen war es, der zu dem Schluss gelangte, die Ursache der Eiszeiten könne nicht in den harten Wintern liegen, sondern nur in den kühlen Sommern. Ein US-Wissenschaftspublizist fasste die Ergebnisse so zusammen: »Dass Eiskappen entstehen, liegt nicht unbedingt an der Schneemenge, sondern daran, dass der Schnee – auch wenn es nur wenig ist – liegen bleibt.«[18] Heute geht man davon aus, dass eine Eiszeit mit einem einzigen Sommer beginnen kann, der für die Jahreszeit zu kühl ist. Der verbliebene Schnee reflektiert die Wärme und verstärkt die Kühlwirkung. »Der Vorgang verstärkt sich selbst und ist nicht aufzuhalten«, so der US-Wissenschaftler John McPhee. Dann stehen wir vor wachsenden Gletschern und einer neuen Eiszeit. Forscher haben herausgefunden, dass es in den letzten 2,5 Millionen Jahren wahrscheinlich mehr als 20 Perioden starker Vereisung gegeben hat. Der Aufstieg des Homo erectus und später vor allem die hohe Intelligenz des Neandertalers, dessen Gehirnvolumen das des modernen Jetztmenschen um fast ein Drittel überstieg, ist vermutlich den extremen Umweltbedingungen der letzten 100 000 Jahre zuzuschreiben – Kreativität und Phantasie sind mehr gefragt in einer Eiszeit als in einer Wärmeperiode.

»Der Mann, der Europa kalt macht«, lautete die Überschrift in einer populärwissenschaftlichen Zeitschrift, um dann fortzufahren: »Er lässt sich nicht beirren und wird wütend, wenn die Tatsache klein geredet wird: Stefan Rahmstorf weiß, dass Europa eine neue Eiszeit droht.«[19] Was der hochdekorierte Klimaexperte Professor Rahmstorf an seinem Megacomputer – Kostenpunkt 33 Millionen Euro – berechnet, macht ihn zu einem der gefragtesten Wissenschaftler der Welt. US-Multimillionär Gary C. Comer hat den an der Victoria University of Wellington in Neuseeland promovierten Ozeanographen dem Potsdam-Institut für Klimafolgenforschung (PIK) spendiert, zu dessen Stars Rahmstorf gehört. Der Stifter will hier nach den Ursachen und Folgen der Klimaveränderung forschen lassen. Rahmstorf hatte zuvor bereits herausgefunden, dass sich durch den Treibhauseffekt die Temperaturkurve zumindest in Europa künftig zunächst steil nach oben entwickeln könnte, um dann dramatisch abzustürzen – weil die Klimamaschine Golfstrom schlappmacht. Damit wäre die »Zentralheizung« des alten Kontinents schlicht abgestellt. Die möglichen Folgen: Grimmige Kälteperioden überziehen von der Arktis kommend vor allem Westeuropa. Die Wintertemperaturen fallen unter Umständen um bis zu zehn Grad unter die heutigen Durchschnittswerte. So käme nach dem Stöhnen in der Sauna das große Zittern im Kühlhaus. Für diese Voraussage bekam der Potsdamer Forscher in den Medien schon den Spitznamen »Eisprophet«. Für seine eiskalten Visionen wurde Rahmstorf bereits 1999 mit der exklusivsten Wissenschaftsauszeichnung der Welt geehrt: dem mit einer Million Dollar dotierten »Jahrhundertpreis« der McDonnell-Stiftung, der laut Satzung nur einmal in jedem Jahrhundert an gerade mal zehn Forscher vergeben wird, von denen die Stifter annehmen, dass ihre wissenschaftlichen Arbeiten die Zukunft der Menschheit positiv beeinflussen könnten. Heute ist der Eiszeitexperte in den Vereinigten Staaten so prominent und angesehen, dass er als einziger deutscher Wissenschaftler Mitglied in dem zwölfköpfigen Braintrust wurde, den die amerikanische Regierung zur Untersuchung plötzlicher Klimaschwankungen eingerichtet hat – auch das »eine wissenschaftliche Adelung«, wie Michael Kneissler vermeldete.[20]

Der prominente Forscher, neben dem Physiker und PIK-Präsidenten Hans-Joachim Schellnhuber und dem bereits vorgestellten Hartmut Graßl Chefberater der deutschen Bundesregierung in Klimafragen, ist auch einer der Eckpfeiler des Klimarats der Vereinten Nationen. Dort hat er wesentlich zu den alarmierenden, im Frühjahr 2007 veröffentlichten Berichten des 2500-köpfigen UN-Gremiums beigetragen, wonach sich unsere Erde in den nächsten 100 Jahren zwischen 2 und 6 °C erwärmen soll. »Man darf falsche Behauptungen nicht stehen lassen«, sagte Professor Rahmstorf im Rahmen einer Podiumsdiskussion in Dresden, wo er die Flutwelle beobachtete, die sich im August 2002, aus Tschechien kommend, elbabwärts wälzte und zu einer der größten Katastrophen in der Geschichte Deutschlands wurde.[21] Was aber ist die richtige Version? Mit welchem Szenario wird man die 191 Umweltminister der Vereinten Nationen im Rahmen des Weltklimagipfels im Dezember 2007 auf Bali beeindrucken? Computermodelle des künftigen Erdklimas liefern nur das, was man in sie hineingesteckt hat. Haben die Softwareentwickler ein Brett vorm Kopf, so haben es zwangsläufig auch die simulierten Klimamodelle. Über die ironische Formel, wonach ein Experte ein Mann ist, der hinterher genau sagen kann, warum seine computergestützte Prognose nicht gestimmt hat, kann jedenfalls niemand mehr lachen.

Das wird besonders deutlich am sogenannten Golfstromsyndrom. Zwar verbirgt sich dahinter »ein Menetekel der Menschheitskatastrophe, das die Klimaforschung lange vor sich hergetragen hat«, wie es die *Frankfurter Allgemeine Zeitung* formuliert hat; aber die »Klimakollaps-Auguren« vom Potsdam-Institut machten ein demoskopisches Verwirrspiel daraus, indem sie eine Umfrage bei zwölf Klimaforschern starteten, um einem 16 Millionen Euro teuren Votum des Kieler Leibniz-Instituts für Meereswissenschaften unbedingt eine andere Richtung aufzuzwingen. Die Kieler Wissenschaftler stellten im Auftrag der Deutschen Forschungsgemeinschaft fest: »Die großen Meeresströmungen im Nordatlantik unterliegen starken natürlichen Schwankungen, weisen aber bislang keine Abschwächungstendenzen auf.« Mit dieser Feststellung könnte man die Rahmstorf'sche Eiszeitprognose, wonach »der Abbruch eines Teils der Atlantischen Ozeanzirkulation bereits in diesem Jahrhundert unwiderruflich eingeleitet werden könnte«, eigentlich ad acta legen. Das mochten die PIK-Wissenschaftler allerdings nicht kampflos hinnehmen. Und so veranstalteten sie zum Erstaunen vieler eine kleine Umfrage: Immerhin stimmten zwei Wissenschaftler ebenfalls für »unwiderruflich«, während die übrigen selbst bei einer hypothetischen Vervierfachung der Treibhauskonzentration die Meinung vertraten, dass sie eine Erholung der Meeresströme für das wahrscheinlichste Szenario halten. Was aber, wenn sich die Temperatur um 6 °C erhöhen sollte? »Acht von elf Experten schätzen die Wahrscheinlichkeit eines Golfstromkollapses in diesem Fall auf signifikant unterschiedlich von null ein, vier von ihnen größer als 50 Prozent.«[22]

Wir hatten uns in Gedanken schon darauf eingerichtet: Palmen auf dem Berliner Ku'damm, Orangen- und Zitronenhaine im Harz, mediterrane Nächte in Münchens Englischem Garten – jetzt plötzlich drohen uns Klimagepeinigten ein paar Besessene unter den Spitzenforschern wieder mit dem Gegenteil! Oder ist auch dieses Eiszeitszenario à la Hollywood nur Panikmache einiger Wichtigtuer? Vielleicht sind es ja gar nicht die Wissenschaftler, die uns einen Schrecken nach dem anderen einjagen wollen – vielleicht haben ja ihre großen Rechenmaschinen an allem Schuld. Und welche Fraktion hat dann die besseren Computer – die Eis-Heiligen oder die Hitze-Päpste? Kommen Sintfluten und Dauerdürren über uns oder stehen morgen 100 Meter hohe Eisberge vor Hamburgs Hafeneinfahrt? Müssen wir durch die Erderwärmung damit rechnen, dass der Golfstrom seine Heizung abstellt und es in unseren Breiten wirklich wieder kälter wird? Oder stehen uns Seuchen und Plagen biblischen Ausmaßes ins Haus? Behalten am Ende jene Experten die Oberhand, die uns ein neues Paradies verheißen? Wie damals vor 10 000 Jahren, als die Sahara ein Blumenmeer war, an kristallklaren Seen Krokodile und Flusspferde, Elefanten, Giraffen und Gazellen lebten – festgehalten in Zehntausenden von Felsenbildern. Die Urfarmer jener Tage, aber auch die aus der Eiszeit übrig gebliebenen Sammler und Jäger – lebten sie aufgrund des damaligen Klimawandels nicht wie im Schlaraffenland? Sie brauchten nur zuzugreifen, um Beeren, Fische oder das saftige Fleisch einer Antilope als Mahlzeit zubereiten zu können. Dabei waren die Temperaturen noch 2 °C höher als heute. Und das bringt uns zurück in die Gegenwart, in der wir darauf gefasst sein müssen, schon mit dem nächsten Bericht des IPCC vor der Treibhaushölle in unserem eigenen Angstschweiß zu baden, während willfährige Ökoapostel im Stile religiöser Eiferer uns allesamt zu Sündenböcken stempeln.

Die immer schrilleren Klimatöne, das penetrante Geschwätz vom drohenden Kollaps unseres Heimatplaneten beruhen ganz offensichtlich auf fragwürdigen Annahmen und erzeugen dadurch fragwürdige politische Handlungen. Dazu eine Nachricht, wie wir sie seit Monaten gewöhnt sind: »In den Regionen um den Polarkreis hat ein bemerkenswerter Klimawechsel stattgefunden«, heißt es in einem Schreiben der Königlich-Britischen Akademie der Wissenschaften. »Mehr als 2000 Quadratmeilen Eisfläche zwischen 74 und 80 Grad nördlicher Breite, die bislang die Grönlandsee bedeckten, sind in den letzten zwei Jahren vollkommen verschwunden.« Die Kälte, die das Gebiet für Jahrhunderte in einen undurchdringlichen Eispanzer verwandelt habe, sei offenbar in kürzester Zeit höheren Temperaturen gewichen. Auch aus Zentraleuropa registriert der Bericht alarmierende Zeichen für eine rasche Klimaerwärmung: »Alle Flüsse, die im Hochgebirge entspringen, haben aufgrund der abgetauten Schnee- und Gletscherwasser weite Regionen überschwemmt.« Und jetzt die überraschende Wendung: Das zitierte Schreiben stammt vom 20. November 1817. Der Präsident der Royal Society schickte es der britischen Admiralität mit der Bitte um Entsendung eines Schiffes. Die Wissenschaftler wollten den dramatischen Klimaumschwung im Nordmeer erforschen.[23] Auch im Lande Wilhelm Tells ließ seinerzeit das Klima zu wünschen übrig. Die Bauern litten unter schlechten Ernten und suchten nach Schuldigen. Aber während die Eidgenossen im Mittelalter deshalb Hexen jagten, rissen die aufgeklärteren Schweizer Bürger jetzt die Blitzableiter von den Häusern herunter. Am 9. Juli 1816 berichtete die *Neue Zürcher Zeitung* über zahlreiche Fälle von »gewaltsamer Zerstörung« der als Unheilsbringer verdächtigten »Wetterableiter«. Die Zeiten mögen sich ändern – die Ängste der Menschen bleiben, wenn man sie im Ungewissen lässt.

Die Geschichte von Mensch und Klima ist ein kurzweiliger Krimi in Fortsetzungen. Dank der guten Buchführung unserer Vorfahren können wir bequem in die Vergangenheit sehen und dabei feststellen, dass es Ende des 19. Jahrhunderts, vor allem aber gleich zu Beginn des 20. Jahrhunderts anfing, wärmer zu werden. Der englische Wissenschaftler C.E.P. Brooks, ein Fachmann für die Wechselbeziehungen zwischen Klima und Gletschern, berichtete 1949: »Seit Beginn des 20. Jahrhunderts sind die Gletscher hinweggeschwunden, rasch, gelegentlich sogar katastrophal rasch.« Der Muir-Gletscher in Alaska ging um mehr als drei Kilometer in zehn Jahren zurück. Die beiden Gletscherexperten P.D. Baird und R.P. Sharp beschrieben den Rückzug der alaskischen Gletscher als »alarmierend« und merkten an, dass an der Pazifikküste Amerikas, aber auch in Europa das Gletscherschmelzen »zunehmend heftiger fortzuschreiten scheint«. In den folgenden Jahren wurde berichtet, dass die im Nordpolarmeer driftenden Eisschollen rapide wegschmolzen und der arktische Ozean »offen« zu werden schien. Steigende Temperaturen ließen die Schneegrenze in den Gebirgen weltweit ansteigen. In Peru zum Beispiel stieg sie in 60 Jahren um 900 Meter. Als direkte Folge verschob sich die Verteilung der Vegetation: Einige Baumarten fingen an, die trostlosen Leeren der subpolaren Tundren in Kanada und Russland zu beleben. In den kanadischen Prärien rückte die Getreidegrenze im Durchschnitt 150 Kilometer nordwärts, da die Wachstumsperiode nun etwa zehn Tage länger währte als früher. Aus Schweden wurde gemeldet, dass die Baumgrenze in den Bergen Skandinaviens seit 1930 um bis zu 40 Meter höher gewandert sei. 1950 berichteten Biologen von 25 neuen Vogelarten in Grönland, die es 1918, als die Insel das letzte Mal gründlich untersucht wurde, noch nicht gegeben hatte. In den USA wanderten beispielsweise der rotbrüstige Kardinal, die Haubenmeise und der Truthahngeier nach Norden. Das Opossum, eine Wärme liebende Beutelratte, deren Fell besonders die Indianer schätzten, war jetzt bis hinauf nach Kanada anzutreffen. Thunfische gab es vor der Küste Neuenglands und fliegende Fische auf der Höhe von New Jersey. Entlang den Küsten Grönlands gaben die Eskimos die Jagd auf Eisbären und Seehunde auf, der Kabeljau hat von da an den Seehund ersetzt. Bis zum Jahre 1946 waren die Kabeljaufänge auf 12 000 Tonnen angewachsen, 1913 waren es ganze 5 Tonnen.

Die trockenen und nüchternen Zahlen der Meteorologen belegen diese flüchtigen Eindrücke. In den USA sind die mittleren Jahrestemperaturen zwischen 1920 und 1954 um 2,7 °C gestiegen. 1953 stellte das US-Wetteramt fest, dass 40 der damals 48 Staaten zwischen 1931 und 1952 mittlere Temperaturen verzeichneten, die zumeist über dem langjährigen Durchschnitt der Jahre zuvor lagen. Der Effekt kam weiter nördlich noch deutlicher zum Vorschein: Auf Spitzbergen, einer Inselgruppe, die nur zehn bis zwölf Breitengrade vom Nordpol entfernt liegt, stiegen die durchschnittlichen Wintertemperaturen seit 1910 sogar um 7 °C. Die Häfen blieben dort sieben Monate im Jahr für die Schifffahrt frei, 40 Jahre vorher, also in der zweiten Hälfte des 19. Jahrhunderts, waren es nur drei Monate im Jahr. Die Temperaturen waren in den ersten 50 Jahren des 20. Jahrhunderts um 2,5 °C gestiegen. Der Meeresspiegel erhöhte sich zwischen 1930 und 1948 um knapp 20 Zentimeter. Erling Dorf, dessen akribischen Aufstellungen ich die meisten dieser Angaben entnehme, hat vorgerechnet, dass der Meeresspiegel in diesem Zeitraum rascher anstieg als in den 10 000 Jahren seit der letzten Eiszeit.[24] Da alle kühler gebliebenen Gegenden fernab von ausgedehnten Industriegebieten lagen – beispielsweise Südamerika, Indonesien, Nordostaustralien – und nur dünn besiedelt waren, konnte man durchaus auf den Gedanken kommen, dass der Mensch bestimmte Dinge tat, die zu einer Erhöhung der Temperaturen führte, sogar entgegen einer allgemeinen Abkühlungstendenz. Eine Antwort auf diese Frage wurde 1930 von einem britischen Wissenschaftler, G. S. Callendar, gegeben. Schon 1861 hatte der englische Physiker John Tyndall gemeint, dass die durchschnittlichen Welttemperaturen von der Menge des Kohlendioxids in der Atmosphäre abhängen könnten. Der schwedische Physiker Svante Arrhenius wagte den Menschen trotz Kohlendioxids paradiesische Zeiten vorauszusagen: Auf der Erde, so verkündete er im April 1896, werde es immer heißer – und dies sei ein Segen für alle. Die bei der Verfeuerung von Kohle, Öl und Gas in die Luft gepusteten Treibhausgase, so hatte der spätere Nobelpreisträger errechnet, würden dazu führen, dass die Erde sich immer mehr erwärmt, Missernten und Hungersnöte damit der Vergangenheit angehören: »Das Klima wird ausgeglichener und besser.« Arrhenius sprach letztlich nur aus, was der Volksmund schon immer wusste: Warme Zeiten – gute Zeiten, kalte Zeiten – schlechte Zeiten. Callendar hingegen war davon überzeugt, dass der Mensch die allgemeine Aufheizung der Atmosphäre durch den Ausstoß von Kohlendioxid selbst verursache und sich damit sein eigenes Grab schaufele.[25]

Wie so oft in der Geschichte: Niemand wollte von der düsteren Theorie etwas wissen. Dass der Mensch etwas tun könnte, was die ganze Erde beeinflussen und womöglich an den Rand ihres eigenen Ruins bringen könnte, dieser Gedanke war 1938 noch so ungeheuerlich, dass ihn kaum jemand ernst nahm. Heute wird exakt diese Studie von Callendar vom UN-Weltklimarat und den meisten Klimaexperten als Vergleichsgrundlage zur Untermauerung moderner Forschungsergebnisse herangezogen. Was dabei aus Nichtwissen oder absichtlich verschwiegen wird, ist die Tatsache, dass Callendar ausdrücklich darauf hingewiesen hat, dass er von mehreren hundert Untersuchungen, die ihm seinerzeit zur Verfügung standen, lediglich drei auswählte, die seine vorgefasste These unterstützten – wobei man heute weiß, dass sich von diesen drei ausgewerteten Studien hinterher zwei als fehlerhaft erwiesen. Damit basieren die Callendar-Ergebnisse auf wenig tragfähigen, weil nicht repräsentativen Zahlen, wodurch ein nicht unwesentlicher Teil des heute auch vom IPCC offiziell gehandelten Zahlenwerks Makulatur sein dürfte. Was Callendar damals vor allem unter den Tisch fallen ließ, waren mehrere wissenschaftliche Studien aus dem 19. Jahrhundert, aus denen hervorging, dass der CO_2-Gehalt der Atmosphäre über Jahrzehnte zwischen 285 und 440 ppm variierte – 1825 beispielsweise wurden mit der Pettenkofer-Methode 439 ppm gemessen. 1942 wurden mit derselben Methode Kohlendioxidwerte von 425 ppm registriert. 1958 reanimierte Gilbert Plass von der Johns-Hopkins-Universität die Callendar-Theorie. Er hatte die Wirkung von Wasserdampf, Kohlendioxid und Ozon auf die Infrarotwärmestrahlung in der Atmosphäre untersucht und kam auf einen CO_2-Wert von 330 ppm.

Zu jener Zeit organisierte man ein großes wissenschaftliches Gemeinschaftsprojekt, das als »Internationales Geophysikalisches Jahr« bekannt wurde – 2007/2008 wird dieses globale Projekt zum zweiten Mal gestartet. Man hat seinerzeit berechnet, dass sich 1958 in etwa 360 Milliarden Tonnen zusätzliches Kohlendioxid in der Atmosphäre befunden haben mussten – heutige Zahlen sprechen von insgesamt 100 Milliarden Tonnen, die sich im Laufe der letzten 150 Jahre in der Atmosphäre angesammelt haben sollen. Gordon Rattray Taylor hat in seinem bemerkenswerten Buch *Das Selbstmordprogramm* 1970 darauf hingewiesen, dass unter Zugrundelegung der CO_2-Werte von Plass »die durchschnittlichen Temperaturen um wenigs-

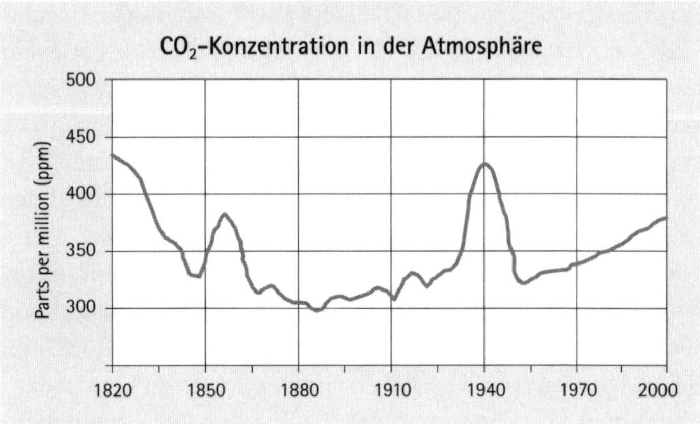

Allein in den letzten 180 Jahren lag der CO_2-Gehalt der Atmosphäre mit mehr als 420 ppm deutlich höher als heute. Beispielsweise wurden 1825 mit der Pettenkofer-Methode 439 ppm gemessen (Nach einer Darstellung der BGR, Hannover).

tens 5 °C bis 1990 ansteigen« müssten.[26] Tatsächlich beträgt der Anstieg der durchschnittlichen Temperaturen innerhalb der letzten 150 Jahre bis heute 0,76 °C. »Die Erwärmung, die zwischen 1920 und 1950 in den USA zu beobachten war, belief sich auf nur 3,5 °C. Wenn diese geringe Erhöhung schon ausreichte, um Spitzbergen, das bis dahin nur drei Monate eisfrei war, für sieben Monate eisfrei zu halten, dann müsste es am Ende dieses Jahrhunderts ganzjährig offen sein. Über kurz oder lang müsste die gesamte Arktis schiffbar sein; die alaskischen und sibirischen Tundren würden auftauen: Bäume würden wachsen, und man könnte Vieh züchten.«[27]

Aber kaum hatten die Wissenschaftler die außergewöhnlichen Möglichkeiten erkannt, als sich die Klimasituation grundlegend änderte. Mitte der Fünfzigerjahre bemerkte man auf einmal, dass die Temperaturen gar nicht mehr ständig in die Höhe kletterten, sondern dass sie angefangen hatten, wieder zu fallen. Ein britischer Spezialist für die Zusammenhänge von Klima und Landwirtschaft, J.A. Clark, berichtete: »Die ersten vier Dekaden unseres Jahrhunderts waren außergewöhnlich mild, und wir hatten Wintertemperaturen, die im Durchschnitt etwa 1 °C höher lagen als vergleichbare Werte am Ende des 16. und zu Beginn des 17. Jahrhunderts. In den letzten beiden Jahrzehnten jedoch sind die durchschnittlichen Januartemperaturen bereits um 1 °C unter die Temperaturen der milden Jahrgänge gefallen, die für die Zwanziger- und Dreißigerjahre charakteristisch waren. Seit 1940 hatten wir fünf Winter, in denen während eines ganzen Monats die Durchschnittstemperaturen unter dem Gefrierpunkt blieben. Während der Zeit von 1896 bis 1939 hatte es keine solchen strengen Winter gegeben, eine Tatsache, die britische Architekten dazu verleitete, Installationsanlagen außer Haus zu verlegen. Viele Leute wissen zwar, dass der Winter 1962/63 der schlimmste Winter seit 1740 war, aber sie sind sich nicht darüber im Klaren, dass gleich harte Winter etwa alle 20 Jahre während der vorangegangenen Jahrhunderte zu verzeichnen waren. Wenn die Themse nicht zufror – wie sie es allein im 17. Jahrhundert achtmal tat –, lag es nur daran, dass die Kühlwässer der Kraftwerke zusätzliche Wärme einspeisten. 1963 drifteten Eisschollen in der Straße von Dover, und ein schmales Küstenmotorschiff blieb im Welland River für mehrere Wochen im Eis gefangen.«

Während in den darauf folgenden Jahren weltweit die durchschnittlichen Temperaturen immer weiter fielen, stieg die CO_2-Kurve immer weiter an – 1975 stand die grafische Schere sperrangelweit offen. Das bedeutet, dass CO_2 zumindest in den vier Jahrzehnten zwischen 1940 und 1980 *nicht* als Klimakiller infrage kommen konnte, es sei denn, ihm wären nun auch die frostigen Temperaturen zur Last zu legen. Die Kohlendioxidfreaks unter den Klimaexperten waren völlig ratlos. Aber ratlos zu sein ist auch für einen Wissenschaftler keine Schande; bedenklich wird es erst dann, wenn die Ratlosigkeit überspielt wird und man dreist so tut, als wüsste man alles ganz genau. Könnte es sein, dass beim Klima Ursache und Wirkung vertauscht werden? Es gibt keine Anzeichen dafür, dass Kohlendioxid jemals in der Erdgeschichte für wärmere Temperaturen gesorgt hat; vielmehr war es umgekehrt: Höhere Temperaturen haben zur vermehrten Freisetzung von Kohlendioxid geführt. Unsere Ozeane speichern Kohlendioxid und sind dadurch so etwas wie eine große Sprudelflasche – wenn man sie erwärmt, entweichen mehr CO_2-Gasbläschen als im kühlen Zustand. »In der Erdgeschichte kann man feststellen, dass mit höheren Temperaturen auch der CO_2-Spiegel sehr stark steigt«, erklärt der Physiker Jörg Negendank vom Geoforschungszentrum Potsdam und stellt gleichzeitig die heikle Frage: »Wer verursacht hier eigentlich was?«

Anfang der Achtzigerjahre des letzten Jahrhunderts begann sich die Klimaschaukel mit abrupten Zuckungen erneut in Bewegung zu setzen – diesmal hauptsächlich in die entgegengesetzte Richtung. Und wieder prophezeite man der Menschheit Ungemach, das ihr durch das Lebensgas Kohlendioxid widerfahren würde. Inzwischen verheißt uns das UN-Klimaorakel noch eine Gnadenfrist von gerade mal einem guten Dutzend Jahren, bevor wir uns alle stetig steigender planetarischer Hitze ausgesetzt sehen.

4 Wetterkriege und Klimawandel

Die Indianer tanzten, wenn sie den Regengott um seine Gaben baten. In Europa schoss man schon während des Dreißigjährigen Krieges mit Böllern in die Wolken, um Unwetter zu verhindern. 1830 wurde die französische Armee angewiesen, mit ihren Kanonen in eine graue Wolkenwand zu ballern, um sie in Richtung Champagne zu treiben. Dort ließ eine monatelange Dürre mit Temperaturen von über 40 °C im Schatten um die Weinernte fürchten. Kurz nach Ende des Zweiten Weltkriegs begann schließlich die wissenschaftliche Erforschung des Wettermachens. Am 13. November 1946 hatten zwei Forscher von General Electric, Vincent J. Schaefer und der Nobelpreisträger Irving Langmuir, ihr großes Erfolgserlebnis. In umfangreichen Laborversuchen und später in der Atmosphäre hatten sie herausgefunden, dass Trockeneis – die feste Form von CO_2 – in den Wolken Eiskristalle bildet und sie damit zum Schneien bringt. Schon wenige Minuten nach dem Wolkenbeschuss fiel über dem ausgedörrten Mount Greylock (Massachusetts) Schnee.

Gottes Schöpfung in menschlicher Hand? Das musste zwangsläufig schon bald auf Widerspruch stoßen. Als 1950 das dürstende, völlig ausgetrocknete New York von »Wettermachern« künstlich mit Regen versorgt werden sollte, sprach sich ein Richter des Provinznestes Catskill gegen diese Rettung aus. Er vertrat ein halbes Dutzend Bauern und sagte ganz einfach: Die Wolken gehören uns! Das höchste US-Gericht gab ihm und den Bauern recht – New York erhielt keinen Regen!

Vielleicht werden wir uns schon in absehbarer Zeit an diesen kuriosen Fall in der Geschichte der Wetterbeeinflussung erinnern. Hätten die Bauern von Catskill auch in Zukunft noch eine Chance? Und wer wird dann Recht sprechen? Könnte die gezielte Beeinflussung des Klimas durch den Menschen auch zu kriegerischen Auseinandersetzungen führen, wie es der Sicherheitsrat und der Generalsekretär der Vereinten Nationen bereits im Frühjahr 2007 zum Ausdruck gebracht haben?

Aber wir wollen den Teufel nicht gleich an die Wand malen, sondern unsere ganze Aufmerksamkeit zunächst einmal dieser zweifellos spektakulären Pioniertat der beiden US-Forscher widmen, die an jenem Novembertag 1946 vermutlich Wettergeschichte geschrieben haben. Kaum jemand hat zwar damals bemerkt, dass aus einer mächtigen Kumuluswolke in Massachusetts silbrige Flöckchen Richtung Erde schwebten – sie waren geschmolzen und verdampft, noch ehe sie den Boden erreichten. Die tiefer gehende Bedeutung dieses recht bescheiden anmutenden Naturschauspiels hätte auch der nicht erahnen können, dem das kleine Sportflugzeug aufgefallen wäre, das an jenem 13. November etliche Male um eine gewaltige Wolke seine Runden drehte. In dem *Buch der verrückten Experimente* von Reto U. Schneider wird im Kapitel »Ein Schulabbrecher lässt es regnen« die wissenschaftliche Großtat ziemlich ausführlich geschildert: »In der einmotorigen Fairchild saßen der Forscher Vincent Schaefer und sein Pilot Curtis Talbot. Eben waren sie auf einer Höhe von etwa vier Kilometern durch die Wolke geflogen, und Schaefer hatte eineinhalb Kilogramm Trockeneis aus dem Fenster gestreut. Es sah aus, als säe er walnussgroße graue Samenkörner. Auf die Ernte musste er nicht lange warten: Aus dem Streifen der Wolke, den das Flugzeug eben durchflogen hatte, fiel Schnee.«[1] Einer der ältesten Träume der Menschheit war Wirklichkeit geworden, so schien es jedenfalls. Keine abergläubischen Beschwörungen mehr, keine Regentänze, keine Stoßgebete. »Schaefer ließ es heute Nachmittag schneien über Pittsfield! Nächste Woche geht er über Wasser«, sagte einer seiner Kollegen nach dem erfolgreichen Flug.

Am nächsten Tag erfuhr die Welt von Schaefers wissenschaftlichem Experiment. »Drei-Meilen-Wolke in Schnee verwandelt«, titelte die *New York Times*. Und über Schaefer selbst konnte man im *Berkshire Evening Eagle* lesen: »Der Mann, der über Greylock Schnee machte, ging früh von der Schule ab.« Tatsächlich hatte Schaefer keinen Schulabschluss; sein enzyklopädisches Wissen über Chemie und Physik hatte er sich während seiner langjährigen Arbeit im Forschungszentrum der weltbekannten Firma General Electric angeeignet. Der Chef des Laboratoriums, Irving Langmuir, war optimistisch, was die Zukunft der Wetterbeeinflussung betraf: Das Verfahren der Wolkenimpfung mit Trockeneis könne zum Beispiel auch »schwere Schneefälle von Städten fernhalten und Wintersportorte mit Schnee versorgen«. Der Wissenschaftler hatte bereits 1932 den Nobelpreis für Chemie erhalten, nachdem er per Zufall auf die etwas seltsame Mechanik von Regen und Schnee gestoßen war. Er arbeitete damals mit Schaefer am Problem der statischen Aufladung von Flugzeugen in Schneestürmen, die seinerzeit noch häufig den Funkkontakt störte. Bei Freilandexperimenten auf dem Mount Washington, der Heimat des »schlechtesten Wetters der Welt« im Nordosten der USA, stießen sie auf ein merkwürdiges Phänomen: Alle Gerätschaften waren durch den kalten Wind im Nu von einer Eisschicht bedeckt. Die Luft war offenbar angereichert »mit superkalten Wassertröpfchen, die nur auf eine Gelegenheit warteten, an einer Antenne oder einem Drahtseil zu Eis zu gefrieren«.[2]

Die beiden Forscher gaben daraufhin ihre Funkstudien auf und widmeten sich ganz dem Innenleben von Wolken. Es war seinerzeit bereits allgemein bekannt, dass Wasser nicht einfach gefriert, wenn die Temperatur innerhalb einer Wolke unter 0 °C sinkt. Doch wusste niemand, warum. Aus welchem Grund gab es im Winter einerseits Wolken, aus denen es schneite, und andere, nicht weniger kalte Wolkengebilde, in denen aus den superkalten Wassertröpfchen sich partout keine Eiskristalle entwickeln wollten? Bekanntermaßen bilden sich die Wassertröpfchen in einer Wolke um winzigkleine Kondensationskerne, beispielsweise Staub- oder Rußteilchen. Die Tröpfchen sind manchmal so unvorstellbar klein, dass erst Millionen von ihnen einen einzigen Regentropfen ergeben, der es schließlich bis auf die Erdoberfläche schafft. Liegt die Innentemperatur einer Wolke unter 0 °C, können die Minitröpfchen zu klitzekleinen Eiskristallen gefrieren. An die wiederum docken andere Wassertröpfchen an, bis schließlich eine Schneeflocke entsteht, von der sich kleine Eiskristallsplitter ablösen, an der wiederum andere Wassertröpfchen festfrieren. Und genau diese Kettenreaktion kommt in vielen Wolken offenbar nicht zustande. Langmuir und Schaefer wollten die Ursache herausfinden. Während der Nobelpreisträger theoretische Überlegungen anstellte, versuchte sein ehrgeiziger Mitarbeiter, das rätselhafte Phänomen im Labor zu untersuchen. Er staffierte zu diesem Zweck eine Tiefkühltruhe mit schwarzem Samt aus und montierte einen Scheinwerfer so geschickt, dass Eiskristalle aufgrund ihrer Lichtreflexion sichtbar wurden. Wenn Schaefer in die Truhe hauchte, kondensierte sein Atem bei minus 23 °C zu kleinen Wassertröpfchen: Der Wissenschaftler hatte eine superkalte Wolke gleichsam ins Labor geholt.

Was dann geschah, schildert Reto U. Schneider in seinem bereits erwähnten Buch folgendermaßen: »In über hundert Experimenten fügte er einmal Vulkanasche, dann Talk, Schwefel oder andere Stoffe hinzu. Doch was er auch unternahm: Es bildeten sich keine Eiskristalle – bis am 13. Juli 1946 der Zufall zu Hilfe kam. Schaefer fand an diesem Morgen seine Tiefkühltruhe ausgeschaltet vor. Um mit den Experimenten möglichst schnell fortfahren zu können, legte er ein Stück Trockeneis hinein. Trockeneis ist die feste Form des ungiftigen Kohlendioxids, das bei minus 78 °C gefriert und bei Zimmertemperatur dicken Rauch erzeugt, der bei Bühnenshows beliebt ist [vgl. oben 2. Kapitel – d. Verf.]. Bei Schaefer führte das Trockeneis zum ersten Schneesturm in der Kühltruhe. Weitere Tests zeigten klar, dass die entscheidende Eigenschaft des Trockeneises seine tiefe Temperatur ist: Bei mindestens minus 39 °C gefroren alle Wassertröpfchen spontan zu Eiskristallen.«[3] Was der Wolke aus superkalten Wassertröpfchen ganz offensichtlich fehlte, waren die ersten Eiskristalle, die die Kettenreaktion zur Schneebildung anstießen. Wenn sich die Wolken am Himmel wie das Innere von Schaefers Kühltruhe verhalten würden, müssten sich diese ersten Eiskristalle relativ einfach erzeugen lassen: Man musste eigentlich nur kleinere Partien einer Wolke auf minus 39 °C abkühlen. Und genau das tat der Forscher, als er am 13. November 1946 das walnussgroße Trockeneisgranulat in der Wolke über Pittsfield abwarf. Wer Lust hat, kann sich aus einer Petflasche und etwas Styropor seine eigene Nebelkammer basteln und darin Schneekristalle wachsen lassen. Zwar kann man mit diesem Experiment für den Hausgebrauch keine weißen Weihnachten herbeizaubern, aber womöglich ein kurzweiliges Event für die nächste Party gestalten. Auf der Website des amerikanischen Physikers Kenneth G. Libbrecht kann man sich im Einzelnen sachkundig machen, wie dieser meteorologisch recht aufschlussreiche Versuch am besten durchgeführt werden kann.[4]

Um eine genaue Vorstellung davon zu bekommen, was bei einem Großexperiment am Himmel von Massachusetts wirklich geschehen würde, hatten die beiden US-Wissenschaftler eine ganze Reihe aufwändiger Berechnungen durchzuführen. Langmuir griff dabei auch auf das Expertenwissen des Physikers Bernard Vonnegut zurück, eines Bruders des Schriftstellers Kurt Vonnegut. Um herauszufinden, wie viel Trockeneis für welche Menge Schneekristalle nötig wäre, verfiel Vonnegut auf eine glorreiche Idee: Wenn die ersten Eiskristalle die Kettenreaktion zur Schneebildung anstoßen konnten, warum sollte das nicht auch mit anderen Substanzen gelingen, die eine ähnliche kristalline Struktur aufweisen wie Eiskristalle? Der Physiker ging die Kristallstrukturen von über 1000 Stoffen in Tabellen durch und wählte davon drei für Tests in der Tiefkühltruhe aus. Nach einigen Fehlversuchen führte einer davon zum Erfolg: der mit Silberjodid. »Es brachte die Miniwolke in der Tiefkühltruhe sofort zum Schneien – im Gegensatz zum Trockeneis aber bei einer Temperatur von weit über minus 39 °C. Es gab also zwei Möglichkeiten, die ersten Eiskristalle in einer Wolke zu erzeugen: Temperaturen kälter als minus 39 °C oder das Verteilen von Silberjodidkristallen.«[5]

Vincent Schaefer war besessen von seiner Idee, das Wetter in Zukunft nach Belieben ändern zu können. Er unternahm weitere Testflüge mit Trockeneis. Einer davon schien so erfolgreich, dass es die Rechtsabteilung von General Electric mit der Angst zu tun bekam. Am Mittag des 20. Dezember 1946 impfte der Wissenschaftler die Wolken über Schenectady, New York, mit elf Kilogramm Trockeneis. Gut zwei Stunden später begann es auch über der amerikanischen Millionenmetropole und den Außenbezirken heftig zu schneien – und hörte acht Stunden nicht mehr auf. Es sollten die stärksten Schneefälle des ganzen Winters werden. Schaefer war sich zwar sicher, dass nicht er für das unerwartete Schneegestöber, gewissermaßen rechtzeitig zum Weihnachtsfest, verantwortlich war, doch darauf wollten sich die Anwälte seines Arbeitgebers nicht verlassen und untersagten zunächst alle weiteren Versuche. Es gelang schließlich seinem Laborchef Langmuir, das amerikanische Militär für die künstliche Wettermacherei zu interessieren. Im Februar 1947 wurde das Projekt »Cirrus« ins Leben gerufen, wobei erstmals Silberjodid außerhalb des Labors zum Einsatz kam. Die chemische Substanz hatte den Vorteil, dass sie nicht mit einem Flugzeug ausgebracht werden musste. Man konnte vielmehr unter einer aussichtsreich erscheinenden Wolke Rauch mit Silberjodid erzeugen, der dann von allein zur Wolke emporstieg.

Wie Schneider in seinem Buch berichtet, geriet das ganze Projekt allerdings schon bald in der Öffentlichkeit unter starken Beschuss, und selbst Wissenschaftler, die an den Vorbereitungen der Experimente beteiligt waren, hielten ihrem berühmten Forscherkollegen Langmuir vor, seine Daten zu optimistisch interpretiert zu haben. Im Oktober 1947 versuchte er, die Urgewalt eines Hurrikans zu dämpfen, indem er dem Orkantief so viele Kondensationskeime einimpfte, dass die nur äußerst schwer vorauszuberechnende Dynamik der turbulenten Wolkenfront erheblich beeinträchtigt wurde. Tatsächlich wich der Hurrikan um neunzig Grad von seiner ursprünglich eingeschlagenen Richtung ab, nachdem Langmuirs Team das Trockeneis in das Zentrum der Wetterfront abgeworfen hatte. Obwohl eine solche Kursänderung für einen Hurrikan nichts Ungewöhnliches ist, war sich der Forscher sicher, dass es allein seinem Eingreifen zu verdanken war, dass das Unwetter eine andere Richtung nahm. Später behauptete er, seine entsprechenden Experimente in Sorocco, New Mexico, hätten Regen am mehr als tausend Kilometer entfernten Mississippi ausgelöst, auch wenn sich kein direkter Beweis für seine Behauptung finden ließ, dass die beiden Ereignisse zusammenhingen. Für alle, die etwas von meteorologischen Phänomenen verstünden, sei eine solche Behauptung schlicht »phantastisch«, wetterten Langmuirs Kritiker. Zu seinen Gegnern gehörte auch das U. S. Weather Bureau der Regierung in Washington, das eigene Versuche unternommen hatte und zu dem Ergebnis gekommen war, die Wolkenimpfung sei nur von »relativ geringer wirtschaftlicher Bedeutung«. Schlagfertig entgegnete der Nobelpreisträger: »Die Kontrolle eines Systems von Kumuluswolken verlangt Wissen, Geschick und Erfahrung.«

Der Wissenschaftler glaubte bis zu seinem Tod im Jahre 1957, dass seine Experimente funktionierten, doch die meisten seiner Kollegen waren skeptisch, und so war die finanzielle Unterstützung für die relativ teuren Freilandversuche mehr und mehr geschwunden. Zwar zweifelte niemand daran, dass das Impfen von Wolken mit Gefrierkernen zur Bildung von Eiskristallen führt. Doch viele hielten die Annahme für nicht hinreichend belegt, dass in der Folge tatsächlich mehr Niederschlag den Boden erreicht. Zudem schienen Langmuirs statistische Analysen mangelhaft, und bis heute ist die Verarbeitung der Daten eines der größten Probleme der Regenmacher; denn anders als in Schaefers Tiefkühltruhe weiß man bei Experimenten in der Atmosphäre nie, ob Regen oder Schnee nicht auch ohne Wolkenmanipulation gefallen wäre.

In England hält sich seit Jahrzehnten hartnäckig das Gerücht, dass die Royal Air Force mit geheimen Experimenten im August 1952 die Flutkatastrophe von Lynmouth ausgelöst habe. Der Wetterbericht hatte an der britischen Südküste Regen angekündigt. Es regnete einen ganzen Tag und eine ganze Nacht. Zwei kleine Flüsse schwollen zu reißenden Sturzbächen an, und eine Flutwelle wälzte sich durch den Küstenort Lynmouth in der Grafschaft Devon. 34 Menschen ertranken, und die Stadt wurde zum größten Teil verwüstet. Bewohner des Ortes berichteten, dass kurz vor der Flutkatastrophe mehrere Flugzeuge beobachtet wurden. Ein von der BBC befragter Pilot bestätigte, dass er damals große Mengen von Salzen versprüht habe. Das britische Verteidigungsministerium bestritt jedoch, dass es geheime Wetterexperimente gegeben habe. Am 15. August 1952 begann in Bedford, 300 Kilometer von Lynmouth entfernt, der Countdown des geheimen Wetterexperiments »Cumulus«. Das Ziel der Mission wurde sorgfältig protokolliert. Die Unterlagen wurden unter Verschluss gehalten. Nach mehr als einem halben Jahrhundert wurden die geheimen Staatsakten des britischen Verteidigungsministeriums freigegeben.

Daraus ging hervor, dass in der Gegend um Lynmouth getestet wurde, ob künstlicher Regen auch militärisch genutzt werden könnte. Es gilt als erwiesen, dass die Flugstaffel mehrmals Wolken geimpft hat.[6]

Auch die USA setzten im Vietnamkrieg auf Wettermanipulationen. Um den Nachschub des Vietcong zu unterbinden, wurden auch hier mit chemischen Substanzen der Monsunregen verstärkt und die Regendauer verlängert. In fast 3000 Flugeinsätzen wurden Wolken mit Silberjodid versetzte Acetonlösungen eingeimpft. Die dabei entstehenden Salzkristalle führten zu sintflutartigen Regenfällen und machten den Feind häufig allein durch solche Maßnahmen kampfunfähig. Die Vereinten Nationen reagierten daraufhin mit einer Konvention, der sogenannten »ENMOD Warfare«, die Kriegführung durch Veränderung der Umwelt untersagt. Das UN-Abkommen wurde am 18. Mai 1977 in Genf unterzeichnet und trat am 5. Oktober 1978 in Kraft. Doch diese Konvention hinderte die Militärforschung nicht daran, mit den ungeheuren Möglichkeiten der Wettermanipulation weiterzuexperimentieren. Wie lax manche Politiker mit unserem Klima umgehen, beweist auch ein Gesetzesvorstoß der US-Regierung, der im April 2006 im Eilverfahren durchgepaukt werden und Wettermanipulationen zu »experimentellen Zwecken« erlauben sollte. Diese »Experimente« unterlägen keinerlei Kontrolle durch die Öffentlichkeit, auch Vertreter von Land- und Wasserwirtschaft wären ohne Einflussmöglichkeiten.[7]

Die Folgen derartiger Experimente können unabsehbar sein, da es bekannt ist, dass Wetteränderungen an einem Ort auch das Wetter an anderen Orten beeinflussen können. So läuft zum Beispiel derzeit in den USA ein Wettermanipulationsprojekt der National Oceanic and Atmospheric Administration (NOAA), um die Schneedecke im nördlichen US-Bundesstaat Wyoming zu erhöhen. Niemand weiß genau, weshalb man das überhaupt tun will. Tatsache ist jedoch, dass infolge einer solchen Manipulation Regengebiete von den südlicher gelegenen Bundesstaaten Oklahoma und Texas weggelenkt werden könnten. Diese beiden Staaten haben schon jetzt mit erheblichem Wassermangel und, daraus resultierend, mit schweren sommerlichen Waldbränden zu kämpfen. Das Klimaforschungsinstitut in Boulder will mit Spezialschiffen künstliche Wolken erzeugen, die einen Teil des einfallenden Sonnenlichts zurückstrahlen und damit die natürliche Erderwärmung verlangsamen sollen. Die Boote werden von einem Satelliten gesteuert und kreuzen ohne Besatzung, allein mit Windantrieb, durch die Meere. Statt Segel haben sie vertikale Zylinder, die vom Wind gedreht werden und eine Antriebsströmung erzeugen. In die Böden der Schiffe sind Turbinen eingebaut, deren Rotoren das Meerwasser wie Schaumschläger durchquirlen. Die dabei erzeugte Gischt steigt durch die Zylinder wie durch Kamine nach oben und bildet eine kühlende Wolkendecke. Nach Berechnungen der Wissenschaftler müssten allerdings 5000 dieser Schiffe im Dauereinsatz auf den Weltmeeren sein, um überhaupt einen Effekt zu erzielen.[8]

Spanische und israelische Wissenschaftler dagegen planen, in Spanien eine »Regenfabrik« zu errichten. An der Mittelmeerküste sollen durch fünf mal fünf Kilometer große schwarze Kunststoffplanen Aufwinde erzeugt werden, die Regenwolken entstehen lassen. Meteorologen zweifeln auch die Wirksamkeit dieser Methode an. Möglicherweise können dadurch Kumuluswolken – blumenförmige Schönwetterwolken – erzeugt werden. Damit daraus aber Regenwolken entstehen können, müssen in oberen Atmosphärenschichten bestimmte Bedingungen vorherrschen, die man mit diesen primitiven Folien natürlich nicht beeinflussen kann.[9]

Eines steht heute fest: Die mühsamen Versuche der beiden Wettermacherpioniere Langmuir und Schaefer sind inzwischen längst Schnee von gestern. Eine Studie der U.S. Air Force aus dem Jahre 1996 kommt zu dem Schluss, das Wetter werde die mächtigste Kriegswaffe des 21. Jahrhunderts. Wer die Macht über Hagel, Sturm und Blitz habe, beherrsche auch die Schlachtfelder in einem bisher kaum vorstellbaren Ausmaß. Künftig soll das Klima aus dem Weltraum dirigiert werden. Nach Plänen des deutschstämmigen Wissenschaftlers Professor Krafft A. Ehricke – er kam mit Wernher von Braun von Peenemünde in die USA – soll das Projekt »Space Light« Licht aus dem All zur Erde bringen. Der Mammutplan des 1984 verstorbenen Forschers sieht ein solares System vor, das die Sonnenenergie mit siebenfacher Stärke auf unseren Planeten lenken soll. Das Solarzellenprojekt könnte auf der Schattenseite der Erde ein Gebiet von 37 000 Quadratkilometern erhellen. Bei dem vergleichbaren »Lunette-System« soll die Lichtstärke etwa das 100- bis 700-Fache des Vollmondes erreichen. Dadurch würde das Wachstum von Pflanzen auch in den Nachtstunden ermöglicht. Man könnte nachts ernten, notfalls auch mehrmals im Jahr. Noch weitaus effektiver wäre das System »Soletta«. Es könnte angeblich den störenden Föhn beispielsweise am nördlichen Alpenrand wegfegen. Und zwar einfach dadurch, dass die solaren Zellen je nach Bedarf Tief- und Hochdruckgebiete hervorzaubern. Es könnte lange Trockenzeiten durch ergiebige Regenfälle ablösen, lange Regenzeiten durch Sonnenscheinwetter. Und das in der ganzen Welt! Eine missbräuchliche Nutzung solcher künstlichen Wettersysteme könnte allerdings gleichsam über Nacht auch kriegerische Auseinandersetzungen provozieren und terroristischen Anschlägen Tür und Tor öffnen. Den verantwortlichen Managern solcher von Menschenhand ersonnenen Wettermaschinen böte sich die Möglichkeit, sich auf dieser Klimaklaviatur nach Belieben auszutoben und Teile der Erde in einen Schneeball oder in eine irdische Hölle zu verwandeln. Sie könnten in die Fußstapfen des Zauberlehrlings treten, indem sie bestimmte Regionen durch Sintfluten ersäufen, ganze Landstriche unter meterhohem Schnee ersticken oder mithilfe eines kosmisch gesteuerten Hitzeturbos verbrennen ließen. Einerseits würden sich Wüsten in blühende Landschaften, anderseits blühende Landschaften in Wüsten verwandeln lassen. Ständiger Raubbau am tropischen Regenwald könnte aus dem Orbit mit Gletscherbildung in südamerikanischen Touristenzentren geahndet, »uneinsichtigen« CO_2-Produzenten auf dem asiatischen Kontinent durch apokalyptische Supertsunamis das Handwerk gelegt werden.

Die 1996 veröffentlichte Zukunftsstudie »Owning the Weather in 2025« des US-Militärinstituts Air War College in Alabama prognostiziert, dass es spätestens im Jahre 2025 möglich sein wird, für Kampfeinsätze das Wetter einer bestimmten Region in jede gewünschte Richtung zu beeinflussen. Die amerikanischen Kriegsstrategen könnten dann mit dieser Wunderwaffe ganze Landstriche klimatisch unter ihre Kontrolle bringen und beliebig modifizieren. In Extremfällen würden solche Manipulationen zu völlig neuen Wetterphänomenen und zur völligen Veränderung des lokalen Klimas führen können. Einen möglichen Widerspruch zur UN-Umweltresolution haben die Macher der Militärstudie allerdings bedacht, denn sie konzentriert sich auf die Beeinflussung von Wetterprozessen in Gebieten mit einer Fläche wie etwa der des Saarlands. Der Studie zufolge wird man bis 2025 in verschiedenen Teilen der Welt in der Lage sein, lokale Wettermuster – dichtester Nebel, riesige Hagelkörner, Sturm mit Geschwindigkeiten von bis zu 350 Stundenkilometern, extremste Hitze oder Kälte – nach Belieben einer Armeeführung zu designen.

Vor ein paar Jahren veröffentlichte die *Frankfurter Allgemeine Zeitung* ein Buch über die Macht des Wetters, das die erwähnte US-Studie als ein Dokument zum gegenwärtigen Stand der Wissenschaft darstellt. Erstaunlich jedoch ist, dass sich die Studie inzwischen als Abschlussarbeit von sechs Studenten des »Air War College« entpuppte. Für Colonel John Lanicci, Meteorologe des Militärinstituts, ist die Arbeit und damit die Theorie der totalen Wettermanipulation reine Spekulation. Die genaue Vorhersage und Erforschung des Wetters sei ein wesentlich wichtigerer Aspekt für militärische Aktionen. »Aber auch wenn das Militär erklärt«, so ZDF-Mitarbeiterin Anne Hartmann, »die Ideen der Wetterbeeinflussung zurückgestellt zu haben, auf dem zivilen Sektor geht die Forschung weiter. Überall auf der Welt beschäftigen sich Wissenschaftler und clevere Geschäftsleute mit kleineren oder größeren Versuchen, das Wetter zu verändern. Sicher muss die US-Studie kritisch betrachtet werden, und sicher ist vieles daran reine Spekulation. Doch aufgrund der bereits bestehenden Möglichkeiten kann man sicher sein, dass, wenigstens auf kleine Gebiete beschränkt, in den nächsten Jahrzehnten ›Wetter auf Bestellung‹ möglich sein wird.«[10] Die gezielte Wetterbeeinflussung wird mittlerweile seit einem halben Jahrhundert angewendet, allein in den USA liefern fast zwei Dutzend Unternehmen per Flugzeugimpfung Regen auf Bestellung. Zum »Wolkenimpfen« stehen in mehr als 25 Ländern der Erde speziell ausgerüstete Flugzeuge zum Einsatz bereit. Auch die in der Landwirtschaft so gefürchteten Hagelschläge können inzwischen durch chemische Manipulationen eliminiert werden. Im oberbayerischen Landkreis Rosenheim beispielsweise, einem der gewitterträchtigsten Gebiete Deutschlands, sind die Flurschäden infolge von Impfeinsätzen gegen Hagelunwetter stark zurückgegangen.

Rechtzeitiger Alarm vor heranziehenden Naturkatastrophen soll bald auch mit dem Handy zu empfangen sein. In einem Patentantrag hat Nokia ein Verfahren präsentiert, mit dem Mobiltelefone Blitze in 20 bis 30 Kilometer Entfernung erkennen können, auch wenn noch gar keine Gewitterwolken am Himmel zu sehen sind. Der finnische Konzern macht sich dabei zunutze, dass Blitze kurzfristig starke elektromagnetische Impulse aussenden, die man auf Frequenzbändern registrieren kann, wie sie für Radiosignale verwendet werden.

Damit könnte nun auch eine neue grandiose Technologievision, wie sie bereits Mitte der Neunzigerjahre von MIT-Forschern verkündet wurde, Wirklichkeit werden: »das Internet der Dinge«. Eine Welt voller Sensoren, Kameras und Mikrofonen. Selbst die Bäume im Garten und ein schlafender Vulkan im Urlaubsland mögen dann mit Silizium gespickt sein.

Die militärisch orientierte Naturwissenschaft dürfte indes auch künftig an Projekten herumbasteln, die dem Zugriff selbst der intelligentesten Hightech-Apparaturen verschlossen bleiben. Jan van Aken, Biologe und Biowaffenexperte vom Hamburger »Sunshine Project«, offenbarte in einem *Spiegel*-Interview erstaunliche Details über US-Pläne zur Entwicklung offensiver Biowaffen. Er verwies dabei auf gentechnisch veränderte Mikroorganismen, die »Materialien wie Asphalt, Zement, Farbe und Öl zerstören können und damit folglich die Rollfelder, Gebäude, Panzer und Flugzeuge des Gegners«. Der Experte weiter: Die von solchen Mikroben teilweise selbst produzierten Biokatalysatoren erzeugen also Materialien, die »eindeutig offensive Biowaffen darstellen, die nach dem US-Biowaffenkontrollgesetz eigentlich verboten sind. [...] Die Anwendbarkeit dieser Technik kennt keine Grenzen. [...] Alle Waffengattungen hätten Interesse hieran. [...] Immerhin kann die Entwicklung offensiver Biowaffen in den USA mit lebenslanger Haft bestraft werden.«[11]

Kurz vor Weihnachten 2004 gab die US-Regierung ihren Bürgern eine Reisewarnung für Indonesien aus. Angeblich bestand eine erhöhte Gefahr von Terroranschlägen, was sich glücklicherweise zu der Zeit als Falschmeldung erwies. Stattdessen fand in den Anrainerstaaten des Indischen Ozeans, wie wir noch alle in schlimmer Erinnerung haben, am zweiten Weihnachtsfeiertag eine der größten Erdbebenkatastrophen seit Menschengedenken statt. War diese Katastrophe, die mehr als 230 000 Menschen das Leben kostete, »nur« eine Naturerscheinung? Oder steckte noch etwas anderes dahinter? In diesem Zusammenhang ist eine Meldung der Nachrichtenagentur Reuters interessant. Am 19. Dezember 2004, also nur eine Woche vor dem Erdbeben, sahen viele Menschen am Himmel über der indonesischen Hauptstadt Jakarta ein seltsames Licht, das einen feurigen Schweif hinter sich herzog. Wenig später soll eine heftige Detonation zu hören gewesen sein. Die indonesische Luftwaffe registrierte auf ihren Radarschirmen ein unidentifiziertes Flugobjekt, das sich mit großer Geschwindigkeit der Erde näherte. Es verschwand genau im Augenblick der Explosion von den Bildschirmen. Diese Aussage traf ein Militärsprecher, dem Anonymität zugesichert worden war. Der offizielle Sprecher der Luftwaffe habe diesen Bericht dementiert. Man vermutete dann, ein Meteor sei in der oberen Erdatmosphäre explodiert. Es wurden jedoch keinerlei abgestürzte Bruchstücke aus Meteoritenmaterial gefunden. Dies ließ den Verdacht aufkommen, es könne sich um ein anderes kosmisches Objekt gehandelt haben, etwa um einen Plasmaball oder eine sogenannte Vakuumdomäne. Es ist bekannt, dass solche Objekte langwellige Strahlung im ELF-Bereich (also unterhalb von 50 Hertz) aussenden und durchaus schwere Erdbeben auslösen können. Nach Informationen aus Fachkreisen kann man solche Energieobjekte aber auch bereits künstlich herstellen. Augenzeugen berichteten, das leuchtende Objekt sei die ganze Zeit bis zu seinem Verschwinden horizontal geflogen. Auf jeden Fall habe die Polizei in Jakarta die Meteoritenhypothese zurückgewiesen, ebenso Vermutungen, dass es sich um einen Bombenanschlag gehandelt habe.[12]

Fosar und Bludorf merken in diesem Zusammenhang an, dass auch sogenannte Tesla-Waffen ein Erdbeben auslösen könnten. Es sei bekannt, dass Nikola Tesla im Verlauf seiner Experimente mit drahtloser Energieübertragung davon gesprochen habe, dass extrem langwellige elektromagnetische Strahlung (die sogenannten Schumann-Wellen) in der Lage sei, Erdbeben auszulösen, da diese Strahlen mit dem Körper der Erde in Resonanz treten würden. Mit derartigen Strahlen experimentieren Militärs in aller Welt schon seit geraumer Zeit; im Verlauf dieses Kapitels wollen wir uns solche Experimente noch etwas genauer ansehen. Ob die Ereignisse am 26. Dezember 2004 damit in einem Zusammenhang gebracht werden können – und ob in Wahrheit aus diesem Grund die Reisewarnung für US-Bürger ausgesprochen worden war –, muss allerdings offen bleiben.

Wir müssen heute gleichwohl mit der Möglichkeit rechnen, dass Menschen in der Lage sind, Erdbeben nach Belieben auszulösen, auch wenn es bislang wahrscheinlich mehr oder weniger versehentlich geschieht. Man vermutet, dass die verheerenden Erdbeben, die 1957 und 1966 den Iran und die Türkei heimgesucht haben, durch eine Veränderung des Wasserspiegels des Kaspischen Meeres verursacht wurden. Dies ist, wie gesagt, nur eine Vermutung, wenn auch eine mit soliden geologischen Argumenten. Doch es gibt ähnliche Fälle, bei denen die Zusammenhänge über jeden Zweifel erhaben sind. Ein Beispiel ist etwa jenes schwere Erdbeben, das am 10. Dezember 1967 ganz Indien heimsuchte und in der Stadt Koynanagar, 150 Kilometer südöstlich von Bombay, mehr als 200 Menschenleben forderte. Man ist sich unter Fachleuten längst darüber einig, dass dieses Beben durch das Auffüllen des Koyna-Staubeckens ausgelöst wurde. Der Koyna-Damm ist 105 Meter hoch, und das Wasserbecken kann rund 80 Millionen Kubikmeter Wasser speichern. 1964 hatte man Wasser mit einem Gewicht von einer Million Tonnen eingelassen. Schon beim Auffüllen waren die ersten Erdstöße bemerkt worden; dabei waren damals – 1962 – erst insgesamt 25 Millionen Kubikmeter eingeströmt. 1965 folgte dann ein stärkerer Stoß. 1967 legte ein Erdbebenexperte vor dem indischen Kongress einen Bericht vor und erklärte, dass die Serie von Erdstößen eine Folge des Zurechtrückens der Erdkruste sei, doch würden sie wahrscheinlich im Laufe der Jahre abnehmen und schließlich ganz verschwinden. Diese Hoffnung war trügerisch. Das Dezemberbeben hatte eine Stärke von 6,4 nach der internationalen Erdbebenskala. Vor dem Bau des Koyna-Dammes war das Gebiet um Bombay und Koynanagar völlig frei von Erdbeben gewesen. Eine ähnliche Geschichte hatte sich schon einmal am Kariba-Damm im damaligen Rhodesien (heute Simbabwe) abgespielt. Dort war der größte künstliche See der Welt mit 175 000 Millionen Kubikmeter Wasser entstanden. Im Mai 1960 hatte man mit dem Füllen des Stausees begonnen, und schon im Januar und Februar 1962 registrierte man die ersten Beben, die nachweislich ihren Ausgangspunkt in Kariba hatten. Im März gab es innerhalb von nur fünf Tagen mehr als dreißig Erdstöße. Im September 1963 erreichten dann die Stöße Stärken von 5,7 und 6,1. Wenig später folgten weitere starke Stöße mit 5,8 und 6,0.

Mit dieser Erdbebenserie hatte zum ersten Mal ein gewissermaßen menschengemachtes Erdbeben eine Stärke von 6 erreicht. Auch hier waren vor dem Dammbau keine Erdbeben beobachtet worden. Glücklicherweise liegt Kariba in einer immer noch dünn besiedelten Gegend. Von vielen Staudämmen kann man das leider nicht sagen, die jüngsten Staudammgiganten beispielsweise in China sind ein Beispiel dafür. Erschwerend kommt hinzu, dass bereits verhältnismäßig kleine Wasserreservoirs zu beachtlichen Erdbeben führen können, wenn sie in einer ohnehin instabilen Region angelegt werden. So fasst etwa der Staudamm bei Monteynard in den französischen Alpen bescheidene 275 Millionen Kubikmeter. Aber schon fünf Tage nachdem man ihn gefüllt hatte, kam es zu einer ganzen Reihe von kleineren Beben, von denen eines immerhin die Stärke 5 erreichte. Seither kommt es immer mal wieder zu geringfügigen Erdstößen, doch die Bevölkerung der Umgebung scheint sich daran gewöhnt zu haben, dass die Region als geologisch instabil angesehen wird. Ganz ähnlich verursachte auch der künstlich angelegte Kramasta-See in

Griechenland – mit immerhin 4700 Millionen Tonnen Wasser – zahlreiche Erdlawinen und Felsabbrüche: Insgesamt 480 Häuser stürzten an seinen Ufern ein, 12 000 wurden stark beschädigt. Als der See gefüllt war, kam es zu einem Erdstoß der Stärke 6,2, schwächere Beben waren diesem Hauptstoß vorangegangen.

Die Idee, dass der Mensch die ungeheuren Spannungskräfte der Erdkruste beeinflussen könnte, war der Wissenschaft erst 1945 gekommen. Damals machte D. S. Carder auf den Fall des Boulder-Dammes in den USA aufmerksam. Fünfzehn Jahre lang hatte es in diesem Gebiet vor dem Dammbau keine Beben gegeben. 1935 begann sich der Mead-See, der durch den Boulder-Damm zurückgestaut wird, langsam zu füllen. Im September 1936 kam es dann zum ersten Erdstoß, und im Jahre 1937 wurden über 100 Stöße registriert. Der See war damals 120 Meter tief, und das zusätzliche Gewicht des eingeflossenen Wassers betrug 19 Milliarden Tonnen. Etwas besorgt installierten die Behörden rund um den See Seismographen, um herauszufinden, ob der See wirklich an den neuerlichen Beben schuld war. Als der See schließlich seine volle Tiefe von 143 Metern erlangt hatte und damit die Wasserbelastung auf 25 Milliarden Tonnen angestiegen war, erreichten die Erdstöße ein Maximum. In den folgenden Jahren kam es zu weiteren Beben, wenn der See besonders voll war. Alles in allem wurden innerhalb der darauf folgenden zehn Jahre mehr als 600 Erdbeben registriert, das heftigste allerdings nur mit der Stärke 5,1. Der Fall schien sonnenklar – gar nicht auszudenken, welche Folgewirkungen der Bau moderner Staudämme haben könnte, die zum Teil weit über 100 Milliarden Tonnen Wasser enthalten.

Heutzutage dürfte man allerdings gar keine Milliarden Tonnen Wassermassen mehr benötigen, um ein Erdbeben zu produzieren – dazu genügen sehr viel geringere Mengen. Auf dieses »Geheimnis« kam man, als die US-Armee vor Jahren versuchte, ihre Giftgasabfälle loszuwerden, die sich in Fort Detrick, einer Einrichtung zu Zwecken der chemischen und biologischen Kriegführung, angesammelt hatten. Die Nervengase hatte man in Stahlfässern gelagert, um sie dann, wie erst später bekannt wurde, im Meer zu versenken. Andere kaum weniger unangenehme und tödliche Substanzen pumpte man in ein 4000 Meter tiefes Bohrloch, das man eigens zu diesem Zweck in der Nähe des Rocky-Mountain-Arsenals außerhalb von Denver (Colorado) gebohrt hatte. Seit 1962 pumpte man etwa 570 Millionen Liter dort hinunter, pro Minute waren das bis zu 800 Liter. Es hagelte Proteste; man unterbrach das Verfahren im September 1963 und gab es kurze Zeit später ganz auf. Der Widerstand entzündete sich daran, dass während dieser Zeit 710 Erdbeben registriert wurden, darunter 18 von Stärke 3 und mehr. In den 80 Jahren zuvor hatte es ganze drei Beben in dieser Region gegeben.

Die Wissenschaftler waren überrascht, dass bereits annähernd 600 000 Tonnen Flüssigkeit derart große Effekte hervorrufen konnten. Dann aber fand ein Geologe der Bergakademie von Colorado, David Evans, eine Erklärung. Die Substanzen waren in durchlässige und brüchige Felsmassen eingepumpt worden. Wenn der Druck in solchen Schichten steigt und so den Druck der darüberliegenden Schichten erreicht, kann es zum Gegeneinandergleiten der Schichten kommen. Dieser Theorie zufolge müssen sich Felsmassen, die unter Spannung stehen, »entladen« lassen, das heißt zum Gleiten gebracht werden, wenn man Flüssigkeiten hineinpumpt. Vielleicht wären größere Erdbebenkatastrophen zu vermeiden, wenn man die Felsmassen dazu bringen könnte, langsam übereinander weggleiten. Natürlich könnte man auf diese Weise auch völlig ungewollt ein großes Erdbeben auslösen. Inzwischen wird die Verwendung tiefer Bohrlöcher zur Beseitigung gefährlichen Abfalls immer populärer. Der letzte Schrei ist das Megaprojekt einer hochmodernen CO_2-Entsorgung in Kohlekraftwerken. Da man davon ausgeht, dass Kohlendioxid zur Erderwärmung führt, jedoch weder alternative Energien noch Atomkraftwerke den ständig steigenden Energiehunger stillen können, erlebt die Kohle vermutlich eine glänzende Renaissance. Allerdings unter einer Bedingung: Der vermeintliche Klimakiller CO_2 soll bereits an der Quelle entsorgt und tief in die Erde verbracht werden. Millionen und Abermillionen Tonnen Kohlendioxid, unter enorm hohem Druck in poröse Gesteinsschichten gepresst, sollen die Welt von einem Treibhausgas auf ewige Zeiten befreien. Dann könnte CO_2 eines Tages wirklich zum Strafgericht für die Menschheit werden – wenn nämlich menschengemachte Erdbeben aufgrund komprimierter Kohlendioxidblasen zu verheerenden Megaexplosionen führen.

In Polen, Deutschland und unter der Nordsee zwischen Schottland und Norwegen werden gegenwärtig die ersten Riesengräber für CO_2 angelegt. Einer der prominentesten Befürworter der »Sequestrierung«, wie die neue Form der Endlagerung für Kohlendioxid im Fachjargon heißt, ist der in Potsdam residierende Chefberater der Bundeskanzlerin in Klimafragen, Hans-Joachim Schellnhuber. »Wenn wir die Erderwärmung tatsächlich stoppen möchten, werden wir ohne das Speichern nicht auskommen«, resümiert einer der Leiter des UN-Weltklimarats. Laut einer Statistik der Internationalen Energieagentur (IEA) produziert die Menschheit derzeit rund 26 Milliarden Tonnen Kohlendioxid. Soll man derart gigantische Abgasmengen wirklich in die Erde pumpen? Wird da nicht ein planetares Geoexperiment in Gang gesetzt, das am Ende womöglich Umweltprobleme schafft, die in ihren Ausmaßen einem Horrorszenario à la Hollywood alle Ehre machen würden? Haben die Menschen in der polnischen Hügellandschaft von Kattowitz, in Ketzin, einer freundlichen Kleinstadt westlich von Berlin, oder die Bevölkerungen in den Küstenregionen Skandinaviens und der Britischen Inseln auch nur die geringste Vorstellung davon, was bei einem Sequestrierungs-GAU auf sie zukommen würde? Kohlendioxid ist zwar weder brennbar noch giftig, aber schwerer als Luft, kann sich also am Boden sammeln und alles Lebendige ersticken. Bei einer plötzlichen CO_2-Eruption an einem Vulkansee in Kamerun beispielsweise kamen 1986 ungezählte Tiere und mehr als 1500 Menschen ums Leben. Zurzeit ist noch nicht einmal die Rechtslage geklärt: Wer darf den »Gasmüll« wo hinpacken? Fällt die Lagerung unter das Abfallgesetz? Oder unter das Berggesetz wie bei Erdgas? Wer haftet für die Sicherheit der unterirdischen Speicher? Und wie lange sollen sie überdauern? Jahrzehnte? Jahrhunderte? Oder mindestens bis zur nächsten Eiszeit? Die Sicherheit der Lagerstätten sei bisher deutlich zu wenig erforscht, warnt die Greenpeace-Sprecherin Gabriela von Goerne. Und weiter: »Stellt man die Weichen für das Sequestrieren, ohne über die potenziellen Risiken Bescheid zu wissen, beschert uns die Technologie vielleicht ein zweites Atommüllproblem!« In der Tat vermag heute niemand exakt vorauszusagen, wo und wie das gigantische CO_2-Beerdigungsprojekt die natürlichen Verhältnisse des Inneren unseres Heimatplaneten umkrempeln wird. So lasst uns denn probieren und mal sehen, was passiert! Ist es nicht an der Zeit, dieses risikoreiche Großexperiment, das uns alle angeht, öffentlich und in aller Offenheit zu diskutieren?

Wenn man den Tok-Highway im südlichen Alaska mit dem Auto entlangfährt, kommt man beim Meilenstein Nr. 11 in der Nähe der Ortschaft Gakona inmitten der arktischen Wildnis an einen etwa drei Meter hohen Maschendrahtzaun. Ein Schild weist darauf hin, dass hier militärisches Versuchsgelände beginnt, das sogenannte HAARP-Projekt. Die beiden Physiker Grazyna Fosar und Franz Bludorf beschreiben diesen geheimnisvollen Ort am Ende der Welt so: »Es sind allerdings keine Engelsharfen, die hier in der Abgeschiedenheit der Landschaft ertönen. Dennoch wird uns allen von diesem fernen Außenposten der Zivilisation aus im wahrsten Sinne des Wortes ein

Schlaflied gesungen.« In ihrem Buch *Zaubergesang – Frequenzen zur Wetter- und Gedankenkontrolle*[13] sprechen sie von einem »arktischen Wiegenlied«. HAARP ist die Abkürzung für »High frequenzy Active Auroral Research Programm« (Aktives Hochfrequenzprogramm zur Erforschung des Polarlichts). Beteiligt sind neben der U.S. Navy und der U.S. Air Force die Universität von Alaska in Fairbanks sowie weitere Hochschulinstitute und technische Zulieferfirmen. Eigentümer des Geländes ist das US-Verteidigungsministerium. Was für ein Interesse, so fragt sich der unbefangene Beobachter, hat das US-Militär an Nordlichtern?

Es war im Jahre 1952. Der deutsche Physiker Professor Dr. W.O. Schumann von der Technischen Universität München wollte seinen Studenten Übungsaufgaben zur Elektrizitätslehre stellen. Auf dem Programm stand die Berechnung von sogenannten Kugelkondensatoren. Die angehenden Physiker sollten versuchen herauszufinden, ob auch die Erdkugel eine Eigenfrequenz habe. Schumann persönlich hatte keine Ahnung, was bei solchen Überlegungen herauskommen würde. Er nahm selbst Papier und Bleistift zur Hand und kam nach einer groben Überschlagsrechnung auf einen Wert von ungefähr 10 Hertz – jenen Wert also, der die Erde, etwa bei einer Energieentladung infolge eines Blitzschlages, zum Schwingen bringt. Professor Schumann war sich der Tragweite seiner Entdeckung keineswegs bewusst. Erst nach der Veröffentlichung seiner Ergebnisse in einer physikalischen Fachzeitschrift erfuhr er von einem physikalisch interessierten Mediziner, dass die »Schumann-Frequenz«, wie man sie heute nennt, auch eine Resonanzfrequenz des menschlichen Gehirns ist. Durch Messungen der Gehirnströme eines Menschen mittels eines Elektroenzephalographen lässt sich feststellen, dass das Gehirn elektromagnetische Wellen produziert, die im Bereich zwischen 1 und 40 Hertz liegen. Man unterteilt dieses Spektrum in der Medizin in vier Bereiche, die mit unterschiedlichen Bewusstseinszuständen einhergehen: Delta-Wellen (1–3 Hertz) sind charakteristisch für traumlosen Tiefschlaf und komatöse Zustände; Theta-Wellen (4–7 Hertz) sind charakteristisch für den Traumschlaf; Alpha-Wellen (8–12 Hertz) treten im entspannten Wachzustand auf, etwa bei einer Meditation oder kurz vor dem Einschlafen beziehungsweise unmittelbar nach dem Erwachen; Beta-Wellen (13–40 Hertz) herrschen im normalen Wachzustand vor.

Schumann war verblüfft, als ihm bewusst geworden war, dass Erde und Gehirn gleichartige Resonanzfrequenzen aufweisen. Deshalb beauftragte er seinen damaligen Doktoranden Herbert König, dieser Entdeckung weiter nachzugehen. Königs umfangreiche Studien erbrachten, dass die Erdfrequenz genau bei 7,83 Hertz liegt. Seither weiß man, dass die Übereinstimmung mit den menschlichen Gehirnfrequenzen keineswegs zufällig ist, denn dieser Wert entspricht exakt der fundamentalen Gehirnfrequenz der meisten Säugetiere. Beim Menschen liegt sie seltsamerweise an der unteren Grenze des Alphabereiches, also an der Grenze zwischen Schlaf und Wachen. »Die Übereinstimmung zwischen Erd- und Gehirnfrequenz ist schon deshalb kein Zufall«, so die beiden »Zaubergesang«-Autoren, »weil Tiere und Menschen schließlich Kinder der Erde sind und ihre Gehirnfrequenzen im Verlauf der Evolution ganz einfach den natürlichen Gegebenheiten ihres Lebensraumes angepasst haben.« Man hat inzwischen auch festgestellt, dass das Gehirn auf elektromagnetische Frequenzen, die ihm von außen gewissermaßen »angeboten« werden und die im richtigen Frequenzbereich liegen, reagiert. Auch hier liegt also eine Resonanzwirkung vor. Auf diesem Prinzip basieren viele der zurzeit im Handel angebotenen »Mind Machines«, die dem Menschen behilflich sein sollen, einen entspannten, meditativen Zustand zu erreichen, den sogenannten Alpha-Zustand. Auch eine ganze Reihe von parapsychologischen Phänomenen dürfte sich darauf zurückführen lassen. Und bestimmte Frühwarnfähigkeiten verschiedener Tiere könnten unter Umständen ebenso auf dem Sektor elektromagnetischer Wellen anzusiedeln sein. Im 7. Kapitel kommen wir ausführlicher auf derartige Phänomene zu sprechen.

Auch das HAARP-Projekt in Alaska geht vermutlich auf die Entdeckungen Professor Schumanns zurück. Da die nach ihm benannten Wellen nahezu verlustfrei in den Erdboden eindringen können, eignen sie sich zum Beispiel zur Lokalisierung unterirdischer Objekte oder auch zur Ortung und zur Kommunikation mit U-Booten. Bauen die Militärs in Alaska etwa an einer riesigen Meditationsmaschine? Wenn uns also die U.S. Navy, wie es in dem erwähnten Buch *Zaubergesang* so schön beschrieben ist, ein »Schlaflied« singt, dann ist es nicht völlig auszuschließen, dass Menschen über große Distanzen hinweg ebenso unsichtbar und wie unhörbar beeinflusst werden können. Wir alle laufen täglich durch einen wirren, aber gleichwohl völlig unsichtbaren Wellensalat, ohne davon auch nur das Geringste zu spüren. Grazyna Fosar und Franz Bludorf ziehen daraus einen interessanten Schluss: »Um es einmal überspitzt auszudrücken: Durch ein verstärktes Bombardement mit Schumann-Wellen, so wie es beim HAARP-Projekt möglicherweise geschehen wird, können ganze Massen von Menschen unter Drogen gesetzt werden – Drogen, die dem Körper nicht schaden, die durch keine Untersuchung chemisch nachweisbar sind, die uns aber alle in einem Zustand seligen Wohlgefühls einlullen könnten.«[14] Präge man etwa die Information einer ELF-Welle im Alpha-Bereich auf, so sei es durchaus möglich, auf diese Weise klammheimlich bestimmte Botschaften direkt in die Gehirne Tausender ahnungsloser Menschen einzuspeisen. Bereits in der Testphase des HAARP-Projektes, wissen die beiden Autoren zu berichten, versuchte man, ein Musikstück über Radiowellen in die Ionosphäre zu schicken. Das Stück war Richard Wagners »Ritt der Walküre« entlehnt, und lief anschließend – einer Schumann-Welle aufgeprägt – rund um die Welt.

Doch lassen sich außer Menschen vermutlich auch Klimaphänomene mit Schumann-Wellen und anderen elektromagnetischen Wellen extrem niedriger Frequenz gezielt beeinflussen. HAARP-Wissenschaftler wiegeln zwar ab und verweisen darauf, dass die von ihnen zwecks Beobachtung von Polarlichtern ausgesandten Strahlen deutlich schwächer seien als die natürliche Sonnenstrahlung. Doch dieser Vergleich scheint hier unangemessen, weil dabei die Gefahren durch Resonanzverstärkung völlig vernachlässigt werden. Um das Wetter zu manipulieren, braucht man keine unerreichbar großen Energien. Schumann-Wellen können aufgrund ihrer extrem niedrigen Frequenz und ihrer daraus resultierenden ungeheuer großen Wellenlänge von über 38 000 Kilometern rund um die Erde riesige Wellenpakete in Bewegung setzen. Auf diese Weise könnten Hoch- und Tiefdruckgebiete, die bekanntlich durch Elektromagnetismus beeinflussbar sind, über lange Zeit ortsfest »eingesperrt« werden und damit beispielsweise in einem in Sachen CO_2 quasi aus der Reihe tanzenden Land ganz nach Belieben verheerende Dürrekatastrophen oder Überflutungen auslösen. Hat vielleicht schon mal jemand an der weltweiten Wetterschraube gedreht? Könnte hier ein Grund dafür zu finden sein, dass die Bush-Administration seit Jahren eine derart unnachgiebige Blockadehaltung im Hinblick auf gemeinsame Klimaabkommen eingenommen hat? Sind es vielleicht auch ganz menschliche Reaktionen, wie beispielsweise: Ihr ärgert uns mit CO_2, wir lassen bei euch das Wetter ein paar Kapriolen schlagen? Muss man die Häufung extremer Naturkatastrophen in den letzten zwei Jahrzehnten wirklich immer nur dem Kohlendioxid anlasten? Eine Abschmelzung der arktischen Eisschilde könnte den Amerikanern – etwa über eine völlig eisfreie Nordwestpassage – unter Umständen enorme strategische wie auch handelspolitische Vorteile bescheren. Und was ist mit Russland? Der Vorsitzende des geopolitischen Komitees der russischen Staatsduma, Alexei Mitrofanow, soll im Juli

1997 der polnischen Presseagentur PAP gegenüber einer nicht bestätigten Meldung zufolge angeblich geäußert haben, dass die katastrophalen Überschwemmungen »eine Folge der NATO-Osterweiterung« gewesen seien.

Die Klima-Gerüchteküche wird vermutlich in den nächsten Jahren immer mehr zu brodeln beginnen und überschäumen. Spekulationen schießen jetzt schon ins Kraut. Und dass die HAARP-Anlage in der Tundra Alaskas nicht nur zum Bestaunen der wundersamen Polarlichter, sondern auch für tief greifende Wettermanipulationen geeignet ist, kann trotz aller Dementis kaum ernsthaft bestritten werden. Einen Beweis dafür könnte ein Grundlagenpatent liefern, das der Ingenieur Bernard Eastlund für HAARP entwickelt hat. In der US-Patentschrift Nr. 4686605 heißt es wörtlich: »Wettermanipulation ist möglich, zum Beispiel durch Veränderung von Windmustern in der oberen Atmosphäre oder durch Veränderung von solaren Absorptionsmustern.« Unter dem 11. August 1987, knapp ein Jahr vor Gründung des UN-Weltklimarats, wurde dem amerikanischen Techniker das Patent erteilt für »eine Methode und Apparatur zur Veränderung einer Region in der Erdatmosphäre, Ionosphäre und/oder Magnetosphäre«. Es würde nicht erstaunen, wäre Eastlund kurz nach Erteilung des Patents aus dem HAARP-Projekt entlassen worden.[15]

In einer am 18. August 2002 von Interfax verbreiteten Resolution zeigte sich die russische Duma besorgt über die US-amerikanischen Waffenentwicklungen im Zusammenhang mit HAARP: »Die Signifikanz dieses qualitativen Sprungs kann verglichen werden mit dem Übergang von Stichwaffen zu Feuerwaffen. Dieser neue Typ von Waffen unterscheidet sich von früheren Typen darin, dass die erdnahe Atmosphäre sofort ein Objekt der direkten Beeinflussung wird.« Weiter hieß es, die USA planten den ersten Test von HAARP im Vollausbau für 2003. In diesem Großversuch sollte der gemeinsame Einsatz dreier Anlagen geplant sein, wobei sich die zweite in Grönland und die dritte in Norwegen befindet. »Wenn diese drei Einrichtungen gemeinsam in Richtung Weltraum gestartet werden aus Norwegen, Alaska und Grönland, wird eine geschlossene Konturlinie erzeugt mit einem wahrhaft phantastischen Potential zur Beeinflussung des erdnahen Raumes.«[16]

Nach Ansicht der russischen Parlamentarier planten die USA, großräumige wissenschaftliche Experimente unter dem Deckmantel von HAARP durchzuführen – nicht kontrolliert durch die internationale Staatengemeinschaft, könnten sie Waffen konstruieren, die in der Lage wären, Radiokommunikationsleitungen und elektronische Geräte in Raumschiffen und Raketen zu unterbrechen, schwere Störfälle in nationalen Stromnetzen sowie Öl- und Gaspipelines zu provozieren, um damit unter Umständen einen negativen Einfluss auf die mentale Gesundheit der Bevölkerung ganzer Regionen auszuüben. Die Resolution war von insgesamt 90 Duma-Abgeordneten unterzeichnet und nicht nur an Präsident Putin und die Vereinten Nationen, sondern auch an die Parlamente einzelner UN-Mitgliedsstaaten weitergeleitet worden. Zu ganz ähnlichen Schlussfolgerungen in Sachen HAARP kamen auch die Abgeordneten des Europaparlaments in Straßburg; ein entsprechender Beschluss wurde bereits im Januar 1999 im Anschluss an ein Hearing gefasst, unter anderen auch mit den Stimmen aller im Deutschen Bundestag vertretenen Parteien. Zu dem Hearing waren auch die für HAARP verantwortlichen US-Behörden nach Straßburg eingeladen, sie hatten aber keinen offiziellen Vertreter entsandt. Die Straßburger Resolution schließt – ähnlich wie der Duma-Beschluss – mit einer eindeutigen Aufforderung, jegliche Experimente mit HAARP sofort zu stoppen. Wörtlich heißt es in der Resolution mit der Kennziffer A4-0005/99 des Europaparlaments: »HAARP ist für viele Zwecke einsetzbar. Durch Manipulation der elektrischen Eigenschaften in der Atmosphäre lassen sich gewaltige Kräfte kontrollieren. Wird dies als militärische Waffe eingesetzt, können die Folgen für den Feind verhängnisvoll sein. Durch HAARP lässt sich ein fest umrissenes Gebiet millionenfach stärker mit Energie aufladen als mit irgendeiner anderen herkömmlichen Energiequelle. Die Energie lässt sich auch auf ein bewegliches Ziel ausrichten, u. a. auf feindliche Raketen. Das Projekt ermöglicht auch eine bessere Kommunikation mit U-Booten und die Manipulation der globalen Wetterverhältnisse. [...] HAARP ist wegen der umfassenden Auswirkungen auf die Umwelt eine globale Angelegenheit, und es ist zu bezweifeln, ob die Vorteile dieses Systems wirklich die Risiken aufwiegen. Die ökologischen und ethischen Auswirkungen müssen vor weiteren Forschungsarbeiten und Versuchen untersucht werden. HAARP ist der Öffentlichkeit fast nicht bekannt, und es ist daher von besonderer Bedeutung, dass die Bevölkerung davon Kenntnis erhält.«

Als Konsequenz aus diesen weitgehend geheimen Manipulationen der irdischen Atmosphäre durch amerikanische Militäreinrichtungen weisen Fosar und Bludorf vermutlich durchaus zu Recht darauf hin, dass eine Verwicklung von HAARP etwa in die Hochwasserkatastrophe vom Sommer 2002 in Sachsen, Sachsen-Anhalt, Brandenburg und Mecklenburg-Vorpommern, die Schäden in Höhe von rund 23 Milliarden Euro verursachte und mehr als hunderttausend Menschen obdachlos machte, nicht länger auszuschließen sei. Sie stellen die Frage: »Wurden also Hunderttausende von Menschen – gewollt oder ungewollt – unschuldige Opfer des ›magischen Zaubergesangs‹ aus dem fernen Alaska? Eine Vorstellung, die so ungeheuerlich ist, dass der rationale Verstand sich fast sträubt, sie zur Kenntnis zu nehmen. Doch die Fakten liegen auf dem Tisch, und sie sind unwidersprochen.«[17]

Keltische Sagen aus Irland lassen vermuten, dass die Kultur der Druiden während ihrer Blütezeit im ersten Jahrtausend v. Chr. Techniken zur Wetter- und Gedankenkontrolle kannte. Für die Frequenzen, die unter Umständen bei den Kelten angewendet wurden, die sogenannten Schumann-Wellen, soll ja, wie oben erwähnt, nach neuesten Erkenntnissen der Hirnphysiologie das menschliche Gehirn besonders empfänglich sein. Mithilfe solcher niederfrequenten Wellen können das Bewusstsein und die Wahrnehmungsfähigkeit eines Menschen erheblich gestört und manipuliert werden. Die Druiden, die sich dieser mentalen Techniken in besonderem Maße angenommen haben sollen, stellten mit Fürsten, Weisen und Propheten die Upperclass der Kelten. Mithilfe des sogenannten »druidischen Windes« und »magischer Zaubergesänge«, bei denen es sich um ganz bestimmte elektromagnetische Frequenzmuster handeln könnte, sollen nach alten Überlieferungen die Kelten ihren Feinden die Sinne verwirrt haben.

Zu einer ähnlichen Verwirrung der Sinne soll es zumindest kurzzeitig, wie man russischen Zeitungen entnehmen konnte, 2003 im Rahmen der Festlichkeiten anlässlich der Dreihundertjahrfeier von Sankt Petersburg beim russischen Präsidenten Wladimir Putin gekommen sein. Über eine Million Euro waren budgetiert für eine Flugzeugstaffel der russischen Armee, die einer unter Umständen heranziehenden Regenfront mit einer entsprechenden Impfung rechtzeitig zu Leibe rücken sollte. Die von Putin persönlich ausgegebene Weisung an die zehn Piloten war unmissverständlich: Möglichen »Regenwolken wird nicht erlaubt, die Feierlichkeiten an der Newa zu trüben«. Die Gäste trafen ein, und mit ihnen auch ein Tiefdruckgebiet. Während die einen landeten, starteten die Regenkrieger zum Angriff auf die herannahende Schlechtwetterfront. Die Flieger schossen mit allem Silberjodid, das sie vorsorglich geladen hatten, in die dunklen Wolkenberge. Doch als Putin seine Staatsgäste aus aller Herren Länder vor der Statue Peters des Großen begrüßen und mit ihnen zur Isaak-Kathedrale spazieren wollte, goss es in Strömen. Es schüttete drei volle Tage wie aus Kübeln, und böse Zungen behaupteten hinterher, allein die Wolkenimpfung sei an dem Unwetter schuld gewesen.

Doch die Gäste trugen das meteorologische Ungemach mit Fassung. Der brasilianische Staatspräsident soll dem etwas aus der Fassung geratenen Gastgeber mit einem Geheimtipp für künftige Festivitäten im Kreml zumindest aus dem seelischen Tief verholfen haben: Statt mit Militärflugzeugen aufziehende Regenwolken zu attackieren, solle er künftig lieber auf die Dienste indianischer Regentänzer vom Amazonas zurückgreifen.

Können Indianerrituale wirklich das Wetter beeinflussen? Die Tatsache, dass die fundamentalen Erdfrequenzen (Schumann-Frequenzen), wie wir gesehen haben, auch vom menschlichen Gehirn produziert werden, lässt immerhin den Schluss zu, dass der Mensch unter Umständen in der Lage sein könnte, mental auf die atmosphärischen Vorgänge des Wetters Einfluss zu nehmen. Viele von uns haben in ihrer Kindheit die klassischen Indianerromane von Karl May und anderen Autoren verschlungen, sodass uns geheimnisvolle Zeremonien dieser Art nicht völlig fremd sind. Doch hat irgendjemand solche Berichte und Erzählungen über uraltes Geheimwissen der Naturvölker wirklich ernst genommen? 1998 war ein El-Niño-Jahr, in dem die rätselhafte Klimastörung wieder einmal Schlagzeilen machte. Ähnliche Frequenzen wie die großräumigen Schumann-Wellenfronten von El Niño sind auch Bestandteil des menschlichen Gehirnwellenspektrums. Sie liegen hier zwischen dem Theta- und Alpha-Bereich, also irgendwo an der Grenze vom Traum zum Wachzustand. Interessant ist nun, dass dieser Zusammenhang bereits in ferner Vergangenheit vielen Völkern bekannt war, wenn sie auch von naturwissenschaftlichen Zusammenhängen keinerlei Ahnung haben mochten. Ein interessantes Beispiel sind die australischen Ureinwohner, die Aborigines. Sie glauben, die Erde sei während einer »Traumzeit« von Schöpferwesen »gesungen« worden, und noch heute bezeichnen sie die geomantischen Energielinien, die ihren Kontinent durchziehen und heilige Berge, Bäume und Seen miteinander verbinden, als »Traumpfade«. Sie wussten womöglich lange vor uns aufgeklärten Europäern, dass ein Mensch, der träumt, besonders eng mit der Erde verbunden ist.

Damit, so schreiben Grazyna Fosar und Franz Bludorf, wird die Schumann-Frequenz aber endgültig zum »magischen Zaubergesang«. Geomantische Energielinien sollen sich heute wissenschaftlich durchaus nachweisen lassen, etwa durch Anomalien der Schwerkraft oder des Erdmagnetismus. »Und wenn man bedenkt, dass zum Beispiel Bäume zu den besten Antennen für magnetische Felder gehören, die man kennt (Wissenschaftler des Stanford Research Institute in Kalifornien benutzten sogar einmal eine lebende Eiche auf dem Institutsgelände, um ein hochempfindliches Magnetometer zu konstruieren), dann wird endgültig klar, dass wir mit unserem technokratischen Hochmut das Wissen der Naturvölker viel zu lange unterschätzt haben.«[18] In einer Zeit, da die ganze Welt vor einem Klimawandel zittert und den offenbar immer mehr an Wucht aufnehmenden Naturkatastrophen des globalen Wettergeschehens einigermaßen ratlos gegenübersteht, sollte es in Wissenschaft und Gesellschaft zum guten Ton gehören, noch so abseitig erscheinende Eingriffsmöglichkeiten zunächst einmal auf ihre Stichhaltigkeit zu prüfen. Denn die Wechselwirkung zwischen menschlichem Gehirn und atmosphärischen Wellen ist keine Einbahnstraße. Bereits seit Jahrzehnten herrscht vor allem in der russischen Parapsychologie die Theorie vor, dass außersinnliche Fähigkeiten des Menschen wie etwa die Telepathie, das Remote Viewing (Fernwahrnehmung) oder die Psychokinese, also die gedankliche Beeinflussung von Materie, offenbar die hier genannten ELF-Wellen als Träger benutzen.

In einem anderen Buch der beiden Physiker Grazyna Fosar und Franz Bludorf mit dem Titel *Das Erbe von Avalon*[19] ist ausführlich von solchen Vorgängen die Rede. Unter der Anleitung des früheren CIA-Offiziers Virgil Armstrong sollen rund hundert Personen, darunter auch etliche Naturwissenschaftler und Journalisten, an einem zunächst höchst seltsam erscheinenden Ritual in einem Berliner Park teilgenommen haben, um sich für eine später geplante Himmelsbeobachtung »die Wolkendecke aufreißen« zu lassen. Dieses Experiment sei an diesem Abend gleich zweimal gelungen, und zwar ganz gezielt für jene Parkanlage, in der sich die Gruppe versammelt hatte. Nur wenige hundert Meter davon entfernt soll es an jenem Abend sogar geregnet haben. Virgil Armstrong hatte während des Vietnamkriegs aus Protest gegen die Politik der Vereinigten Staaten seinen Dienst bei der Armee und beim Geheimdienst quittiert, um anschließend mehrere Jahre bei den Navajo- und Hopi-Indianern im Südwesten der USA zu verbringen, wo er Zugang zu altem indianischem Geheimwissen hatte. Es gehöre zu den Grundüberzeugungen aller Naturvölker, so die Autoren, dass »der Mensch nicht Macht, sondern *Autorität* über die Natur anstreben sollte. Macht hat immer etwas mit Unterdrückung und Gewalt zu tun, während der Begriff Autorität beinhaltet, dass der Druide oder Schamane von der ihn umgebenden Natur *respektiert* wird, weil er sich bewusst nicht außerhalb dieser Natur stellt, sondern sich selbst als *integralen Bestandteil* begreift. Dadurch kann er erreichen, dass die Natur ihm seine Wünsche ›erfüllt‹, die dann aufgrund dieses speziellen Bewusstseinszustandes auch ›natürlich‹ nicht gegen die Natur gerichtet sein können.« In die Sprache der Wissenschaft übersetzt, würde das bedeuten, dass die vom Schamanen im Trancezustand produzierten Alpha- oder Theta-Wellen zu denen seiner Umgebung kohärent wären, also unter Umständen auf der gleichen Frequenz in Beziehung treten könnten. Aus der Quantenphysik wissen wir ja mittlerweile, dass kleinste Effekte größte Wirkungen hervorbringen können, insbesondere dann, wenn sie sich in einem Resonanzkörper hochschaukeln, wie ihn beispielsweise das System der irdischen Ionosphäre mit den dazwischen pulsierenden Schumann-Wellen darstellt. In diesem Zusammenhang wäre es dann aber vielleicht auch denkbar, dass durch die Gehirnwellen eines Schamanen eine Schumann-Wellenfront beeinflusst wird, die über einen bestimmten Zeitraum Regenwolken von einer vorher festgelegten Region fernhält beziehungsweise anzieht. Eine gewisse Verstärkung solcher Effekte wäre vor dem Hintergrund eines ausgeprägten Gruppenbewusstseins durchaus vorstellbar. Eine rituelle Zeremonie, bei der ein ganzer Volksstamm in meditative Trance fallen kann, erzeugt möglicherweise die gleichen Schumann-Frequenzen wie die von der Erde erzeugten Schwingungsmuster.

Besondere Bedeutung erhält in diesem Zusammenhang eine Meldung, in der im Frühsommer 2007 von der Möglichkeit gesprochen wird, Strom drahtlos aus dem irdischen Magnetfeld zu gewinnen. Mit dieser Frage befasste sich bereits vor mehr als hundert Jahren auch der aus Kroatien stammende Wissenschaftler Nikola Tesla, der seinerzeit allerdings noch vergeblich an der drahtlosen Übertragung elektrischer Energie forschte. Als eines der Hauptprobleme entpuppte sich die Natur elektromagnetischer Wellen – eine der möglichen Techniken, um Strom einfach zu »funken«. Prinzipiell kann man zwar mit elektromagnetischen Wellen wie etwa den Schumann-Wellen Energie übertragen; allerdings breiten sie sich in alle Richtungen aus, wodurch die Effizienz extrem klein wird. Wissenschaftler am MIT in Cambridge (Massachusetts) glauben nun, dem Traum Teslas ein großes Stück näher gekommen zu sein: Marin Soljacic und seine Kollegen konnten eine 60-Watt-Lampe aus zwei Meter Entfernung mit Strom versorgen, ohne dazu eine Leitung legen zu müssen. Stattdessen nutzten sie die sogenannte magnetische Resonanz im Nahfeld. »Dass man Energie aus dem Nahfeld entnehmen kann, ist schon länger bekannt«, sagte Jürgen Haase, Festkörperphysiker an der Universität Leipzig. Um die magnetische Resonanz zu nutzen, müsse man jedoch sehr nah an die Quelle heran, erklärte der Wissenschaftler im Gespräch mit *Spiegel Online*, und zwar dichter als die Wellenlänge. Bei der von den MIT-Forschern genutzten Frequenz sind das nur wenige Meter – mit den Schumann-Wellen könnten unter Umständen Entfernungen bis zu 38 000 Kilometer überbrückt werden. Das Verfahren der US-amerikanischen Wissenschaftlergruppe lässt sich sehr gut mit dem Resonanzexperiment einer Opernsängerin vergleichen. Wenn die Künstlerin auf der Bühne einen bestimmten Ton anschlägt, in dem hunderte identische, aber unterschiedlich hoch mit Wasser gefüllte Weingläser stehen, dann kann ein einzelnes Glas zur Resonanz gebracht werden und zerspringen. Die anderen Gläser nehmen hingegen kaum Energie aus den akustischen Wellen auf, weil ihre Eigenfrequenz nicht zu der Schallfrequenz des Opernstars passt.[20] Genauso funktioniert die magnetische Resonanz im Nahfeld: Energie kann aus dem Feld nur entnommen werden, wenn ein Resonator ins Spiel kommt. Die MIT-Forscher haben den Aufbau ihres Experiments natürlich so konzipiert, dass es zu einer Resonanz kommen konnte.

Ein Vorteil der von den US-Wissenschaftlern genutzten Frequenz von neun bis zehn Megahertz sei, so der Leipziger Physiker, dass das Feld nicht tief in den menschlichen Körper eindringe. Soljacic und seine MIT-Kollegen betonen genau aus diesem Grund, dass der Aufenthalt in dem hochfrequenten Magnetfeld für Menschen und Tiere sicher sei. Bei den Experimenten hätten auch Kreditkarten, Handys und andere elektrische Geräte keinerlei Schaden genommen. Allerdings müssten die Wechselwirkungen des Feldes noch genauer untersucht werden, betonen die Wissenschaftler. Soljacic und seine Kollegen nennen ihre Technik auch »WiTricity« (Wireless Electricity), drahtlose Elektrizität. Und natürlich haben sie längst eine klare Vision, wie ihr Verfahren künftig genutzt werden könnte: Laptops würden dann drahtlos aufgeladen oder aber ganz ohne Akkus funktionieren, deren Produktion und Entsorgung ohnehin eine Belastung für die Umwelt darstellte. Stattdessen bezögen die Rechner ihren Strom aus dem magnetischen Feld im Raum.

Da wir viel zu wenig über die komplizierten Baugesetze der Natur wissen, könnten noch so gut gemeinte Versuche, Krisen unserer natürlichen Umwelt zu meistern oder sie zumindest aufzuschieben, zu noch größeren Problemen Anlass geben. Vielleicht wird die Natur selber Hand anlegen: Hungersnöte, Überschwemmungskatastrophen, Epidemien und kriegerische Auseinandersetzungen waren die klassischen Mittel der Bevölkerungskontrolle in früheren Jahrhunderten. Einer dieser apokalyptischen Reiter oder auch alle zusammen könnten die Weltbevölkerung drastisch reduzieren, bevor die Welt zusammenbricht, und dies würde eine neue Gnadenfrist bedeuten, eine neue Chance, die alten Dummheiten oder Unterlassungssünden zu wiederholen.

US-Physiker haben vorgeschlagen, Wüsten mit Teer zu überdecken oder sie mit schwarzem Staub zu berieseln, um dadurch ihr Speichervermögen für die Sonnenwärme zu erhöhen – wie wir gesehen haben, fällt die Temperatur in der Sahara nachts auf weit unter null Grad. Aber manche Wissenschaftler haben noch viel ehrgeizigere Pläne. In den Sechzigerjahren des 20. Jahrhunderts wiesen die US-Hydrologen R. J. Chorley und R. J. More darauf hin, dass es möglich sein müsste, mehr Wasser in die Atmosphäre zu transportieren, damit die Arbeit der Regenmacher in Dürregebieten erleichtert würde. Man sollte vor allem die Verdampfungsgeschwindigkeit erhöhen. Dies ließe sich »mit chemischen Methoden, durch Erwärmen des Oberflächenwassers, durch Erhöhung der Windgeschwindigkeiten und Ähnliches« erreichen. In anderen Regionen der Welt will man die Verdunstung eher herabsetzen, indem man beispielsweise »riesige Mengen von Staub in eine Erdumlaufbahn bringt«. Unter dieser gigantischen Wolke würden die Meerestemperatur fallen und die Verdunstung abnehmen. Noch kühnere Projekte sehen vor, Hurrikane gleichsam im Keim zu ersticken, indem man Kondensationskeime in die aufsteigende Luft des Sturmauges einsät. Dadurch würde die Drehgeschwindigkeit des Hurrikans verringert und die Windgeschwindigkeit herabgesetzt werden. Zusätzlich ließe sich die Meeresoberfläche unmittelbar vor der Sturmfront mit einem Ölfilm überziehen, der die Verdunstung reduziert und so den Hurrikan von seiner Energiezufuhr abschneidet. Die beiden genannten Forscher räumten allerdings ein, dass »solche unmittelbar wohltätig erscheinenden Maßnahmen potenziell gefährlich sind, da man mit der globalen Wasserwirtschaft des Planeten spielt«.

»Dämmt doch diesen Fluss ein und sprengt den Berg in die Luft!«, brüllte einmal ein General, als man ihm mitteilte, dass seine Armee wegen natürlicher Hindernisse nicht vorrücken konnte. Und so geschah es auch. Der gleiche kraftvolle Glaube an den Fortschritt scheint sowohl die russischen als auch die amerikanischen Planungsstrategen infiziert zu haben. Die Russen hatten lange Zeit verschiedene Ansätze durchgespielt, um Zentralasien zu bewässern und dabei auch noch elektrische Energie zu produzieren. Der gigantische Plan wird vermutlich auch ohne Erwärmung der Erde das Klima des westlichen Sibirien mildern und so der Landwirtschaft erlauben, sich nach Norden auszubreiten. Fachleute sind allerdings skeptisch; sie glauben, dass die Abkühlung der Luftmassen über dem künstlichen See auf die fruchtbaren Steppen im Süden einen ungünstigen Einfluss ausüben würde. Andere halten es für möglich, dass die unter dem See liegenden Erdschichten das zusätzliche Gewicht von Millionen Tonnen Wasser nicht tragen können. Das Becken des Flusses Ob könnte den ganzen Grundwasserspiegel heben und dabei mehr Sumpfgebiete neu entstehen lassen, als unter dem künstlichen See versinken würden. Der durch das vermehrte Einströmen von Süßwasser verringerte Salzgehalt des vertrocknenden Aralsees und in gewissem Maße auch des Kaspischen Meeres könnte die Fischerei beeinträchtigen. Das Eis, das im Winter die Mündungen von Jenissei und Ob versperrt, würde erst spät im Frühsommer schmelzen.

Aber auch dieses Projekt erscheint relativ klein im Vergleich zu einem Plan, über dem das amerikanische Hudson-Institut bereits seit Jahren brütet. Man will den Amazonas im brasilianischen Regenwald eindämmen und dabei einen See schaffen, der etwa die Hälfte der Größe Frankreichs erreichen soll. Der Amazonas ist der größte Fluss der Welt, und wenigstens zehn seiner Nebenflüsse sind größer als der Mississippi, sodass er an seinem Mündungsdelta zwanzig Prozent des gesamten Flusswassers der Erde transportiert. Je nach Höhe des Wasserspiegels würden zwischen 200 000 und 300 000 Quadratkilometer überflutet werden. Dieses gigantische Projekt hat einige Nebeneffekte, die man nicht verschweigen sollte. Wie viel Menschen im Amazonasbecken leben, weiß man nicht genau, aber die Annahme zwischen einer und zwei Millionen dürfte nicht allzu falsch liegen. Würde jemand den Vorschlag machen, eine ähnlich große Fläche in den USA oder in Kanada zu überfluten, wären Unruhen sicher abzusehen – sollte man etwa die Indianer im Dschungel als Quantité négligeable betrachtet haben? Noch vermessener war ein zunächst wieder auf Eis gelegtes Projekt in Afrika: zwei Binnenmeere schaffen, den Tschadsee und den Kongosee. Sie würden etwa 10 Prozent der afrikanischen Landmasse unter sich begraben. Niemand glaubt im Augenblick an die Verwirklichung solcher Projekte, aber etwas abgespeckte Pläne, wie beispielsweise der, die Sahara zu fluten, sind keineswegs zu den Akten gelegt. Der klassische Vorschlag sieht vor, das Mittelmeer in die Quattara-Senke einzuleiten; dadurch entstünde zwar ein Salzsee, aber die von dort verdunstende Feuchtigkeit würde unweit wieder als Regen niederfallen und so zumindest Teile der Wüste fruchtbar machen. Die Expansion der Sahara schreitet seit Jahrzehnten mit einer Geschwindigkeit von etwa 40 000 Hektar pro Jahr fort. Auch die Niederschlagsmenge nimmt weiter ab – seit Anfang der Zwanzigerjahre des vergangenen Jahrhunderts um mehr als 30 Prozent. Und auch die Temperaturen steigen angeblich immer weiter, an manchen Stellen bis knapp unter 90 °C – im Schatten. Die südtunesische Oasen-Provinz Gabès soll zuerst kultiviert werden. Zur Zeit der alten Griechen gab es dort einen See – bekannt als der Pallas-See, der Rest eines Inlandsees aus dem Quartär. 43 v. Chr., als Pomponius Melas darüber schrieb, war er nur noch Legende. Melas erzählt von Fischskeletten, Muscheln, polierten Steinen und alten Bootsankern, die man weitab vom Seeufer gefunden hatte und die bewiesen, dass auch hier einmal ein See gewesen war. Er berichtet auch, dass man riesige Baumstümpfe aufgefunden habe, die auf eine üppige Vegetation schließen ließen. Würde man die Gegend überfluten, so würde nach Meinung einiger Wissenschaftler der Vormarsch der Wüste gestoppt. Die Fläche des Sees würde sich auf etwa 60 Millionen Hektar belaufen – es wäre gewissermaßen die Ostsee Nordafrikas.

Der Klimawandel dürfte solchen Überlegungen sowohl in Asien als in Afrika einen Strich durch die Rechnung machen. auch in Zentralasien wie in der Sahara nehmen in den letzten Jahren die Niederschläge wieder zu. Im Verlauf einer Expedition durch das Ennedi-Gebirge im südöstlichen Teil der Sahara, im Norden des Tschad, erkundete ein Wissenschaftlerteam inmitten extremer Wüste eine geologische Sensation: die fossilen Grundwasserseen von Ounianga. Niedergebrachte Bohrungen förderten Sedimente zutage, die als jahrtausendealte Zeugnisse für den bisher letzten dramatischen Klimawandel vor etwa 3000 Jahren in Afrika gelten können. Anhand einer Vielzahl von Fossilien, die in den Sedimentkernen entdeckt wurden – darunter Algen, Pollen, Insektenlarven, Molluskenschalen und Mikroorganismen –, konnte die See- und

Umweltgeschichte dieser extrem trockenen Region nach Jahren und sogar nach Jahreszeiten ermittelt werden. Damit war es auch möglich, den Klimaablauf während der letzten Jahrtausende nachzuzeichnen. Die Wissenschaftler hoffen, aus den Inhalten der Bohrkerne den endgültigen Beweis für »eine neue, brisante Klimahypothese antreten zu können«, schreibt Uwe George. »Danach haben einst nicht Eiszeiten in der nördlichen Hemisphäre die Sahara durch mehr Niederschläge ergrünen lassen, was die Klimaforscher bisher annehmen, ursächlich war vielmehr eine Warmzeit, die auf die Eiszeit vor etwa 10 000 Jahren folgte. Die Vorstellung, dass Erwärmung zwangsläufig mehr Trockenheit zur Folge hat, ist allzu schlicht. Vielmehr verändert sie den gesamten Wasserhaushalt der Atmosphäre. Die Erwärmung hatte eine stärkere Verdunstung über den Meeren, eine verstärkte Monsunzirkulation und folglich kräftigere Monsunregen über der Sahara zur Folge.«[21] Die besondere Bedeutung der Ergebnisse aus den Bohrkernen vom Grunde des Ounianga-Sees für den Klima- und Kulturwandel der östlichen Sahara liegt vor allem darin, »dass nur dort die letzten 3000 wieder trockenen Jahre und damit der Anschluss an die Jetztzeit erfasst werden können. Dies ist wegen des nahezu vollständigen Fehlens von geologischen Klimaarchiven anderswo in der Sahara nicht möglich, weil durch die damals einsetzende Austrocknung keine interpretierbaren Ablagerungen mehr entstehen konnten.«[22]

Die Wissenschaftler der *Geo*-Expedition unter Leitung Uwe Georges sind zuversichtlich, aufgrund der einmaligen Sedimentationsbedingungen und der extrem guten zeitlichen Auflösung der Ounianga-Ablagerungen für jedes beliebige Jahr der letzten drei Jahrtausende eine Klimachronik der besonderen Art erstellen zu können: Ob zum Beispiel im Frühjahr des Jahres 661 v. Chr. in dieser Landschaft bestimmte Blumen und Bäume wuchsen, wie viel Regen fiel, ob vielleicht ein riesiger Staubsturm die Region unter sich begrub, eine Heuschreckenplage wütete oder irgendwo ein Vulkan ausbrach, auch, wie sich kältere und wärmere Perioden abwechselten – diese und ungezählte weitere aufschlussreiche Daten aus längst vergangener Zeit erhoffen sich die Forscher, damit in Zukunft Klimamodelle und Computersimulationen nicht nur mit unzulänglichen Hypothesen und vagen Vermutungen programmiert werden müssen. Die Forscher aber sind sich jetzt schon weitgehend einig darüber, dass sich die Sahara von Süden her langsam, aber sicher erneut in ein grünes Paradies verwandeln könnte. Uwe George: »Während durch die Erderwärmung und den dadurch ausgelösten Anstieg des Meeresspiegels viele Bewohner flacher Koralleninseln ihren Lebensraum verlieren werden, könnten sich riesige Areale der Sahara wieder in eine fruchtbare und lebensvolle Savanne verwandeln. Eine Ambivalenz, aus der es vermutlich kein Entrinnen geben wird.«[23]

Wir müssen heute mit der Möglichkeit rechnen, dass Menschen, angetrieben durch die Klimahysterie, nicht auf das Eintreffen irgendwelcher Horrorprognosen der Klimapropheten warten, sondern ihren eigenen Vorstellungen und Überlegungen folgen werden. Es ist daher auch völlig unrealistisch zu glauben, dass sich große Nationen wie Russland oder Indien, China oder die USA am kleinsten gemeinsamen Nenner der Vereinten Nationen orientieren würden. Warum sollten beispielsweise Russland und die USA, aber ebenso Kanada und die skandinavischen Länder, eine weitgehend eisfreie Arktis nicht auch freudig begrüßen? Ändern lässt sich an diesen globalen Klimaänderungen ohnehin nichts – warum sich dann nicht so früh wie möglich auf veränderte, vor allem auch strategisch bedeutsame Möglichkeiten einstellen? Es geht um Tausende von Kilometern verkürzte Seewege einerseits und ungeheure Bodenschätze andererseits, durchaus Gründe, den besten Platz unter der Nordlandsonne zu ergattern. Auch im Polarmeer stehen Bohrkerne zunächst noch im Vordergrund. »Die Sedimente in den tieferen, älteren Schichten sind schwarz und haben einen sehr hohen Gehalt an Kohlenstoff – drei bis vier Prozent«, sagt Rüdiger Stein vom Alfred-Wegener-Institut (AWI) in Bremerhaven, das vor ein paar Jahren an der sogenannten ACEX (Arctic Coring Expedition, der Arktischen Bohrexpedition) beteiligt war. Daraus haben die Forscher zwar zunächst nur den Schluss gezogen, dass die Arktis vor 55 Millionen Jahren tropisch warm, eisfrei und bevölkert war mit Krokodilen. Aber schon bald danach ist ihnen klar geworden, dass das Polarmeer beste Voraussetzungen zur Förderung riesiger Mengen Erdöl bietet. Übrigens: »Vor 55 Millionen Jahren lag der Anteil an Kohlendioxid in der Atmosphäre zwölfmal (!) so hoch wie heute«, erklärt in diesem Zusammenhang Henk Brinkhuis von der Universität Utrecht, der bei der international besetzten ACEX-Expedition auf dem 84 Meter langen Eisbrecher »Vidar Viking« ebenfalls an Bord war. »Vor 50 Millionen Jahren war es nur noch viermal so viel wie heute. Dieser ganze Kohlenstoff ist irgendwie in das System unter dem Meer überführt worden.«[24] Heute braucht man selbst im Hochsommer noch Eisbrecher, um das Schwarze Gold orten zu können. Und für eine mögliche Förderung dort entdeckter Bodenschätze seien die Umwelt- und Wetterbedingungen derzeit noch viel zu schlecht, meint Peter Gerling von der Bundesanstalt für Geowissenschaften und Rohstoffe in Hannover. Aber was noch nicht ist, könnte sich ja bei fortschreitender Erderwärmung durchaus schon bald ändern.

Und schon hat, ausgelöst allein durch diesen Hoffnungsschimmer, ein politisches Tauziehen um die reiche Ölvorkommen versprechende Polarregion begonnen. Jüngst hat Dänemark verkündet, es könne Ansprüche auf den Nordpol erheben. Die Basis für solche Forderungen liefert ein internationales Vertragswerk, die UN-Konvention über das Seerecht. Demnach steht Küstenstaaten in einem 200-Seemeilen-Streifen der eigenen Küste die ausschließliche Nutzung der Bodenschätze zu. Und Dänemark glaubt nachweisen zu können, dass der Lomonossow-Rücken in der arktischen See – hier bohrte 2004 die Mannschaft der »Vidar Viking« ein gut 400 Meter tiefes Loch in den Meeresgrund – lediglich eine Verlängerung der Insel Grönland unter Wasser sei; und das einstige Grünland der Wikinger ist nun mal dänisches Hoheitsgebiet. »Es gibt eine Chance, dass der Nordpol zu Dänemark gehört«, zitiert der englische *Daily Telegraph* den dänischen Wissenschaftsminister Helge Sander. »Das könnte uns Zugriff auf Öl und Gas geben.«[25] Allerdings erheben auch Russland und Kanada Ansprüche auf das in einer Tiefe von nur etwas mehr als 1000 Metern im arktischen Ozean liegende Gebirge.

Mit den beiden Hightech-Tauchbooten »Mir 1« und »Mir 2«, die bereits vor zehn Jahren bei den Dreharbeiten zu James Camerons Schmonzette *Titanic* zum Einsatz kamen, hat Moskau Anfang August 2007 in der arktischen Unendlichkeit Tatsachen geschaffen. In Begleitung des russischen Wissenschaftlers Anatoli Sagalewitsch haben die beiden Duma-Abgeordneten Artur Tschilingarow und Wladimir Grusdew auf dem Meeresboden in 4100 Meter Tiefe – direkt unter dem Nordpol – eine russische Flagge aus Titan verankert. Ähnlich wie die dänische Regierung beansprucht Russland 1 Million Quadratkilometer des arktischen Ozeans mit der Begründung, die unterseeische Lomonossow-Gebirgskette sei eine Fortsetzung des russischen Kontinentalschelfs bis zum Nordpol. Das zuständige Komitee der Vereinten Nationen wird nun zu entscheiden haben, welche Nation näher am Nordpol liegt und die dort vermuteten riesigen Öl- und Mineralvorkommen ausbeuten darf.

Unter den widrigsten Wetterbedingungen, bei Temperaturen von unter minus 50 °C und Schneestürmen mit Orkanstärke, kämpfen sich Ende März 2007 drei Teams der kanadischen Streitkräfte auf einer »Souveränitätsmission« von der kanadischen Wetterstation Eureka am Südrand der Insel Ellesmere zum Militärstützpunkt Alert am Nordende der Insel durch. Dort ist man Moskau näher als Ottawa. Die Patrouillen schlugen separate Routen ein und besetzten bislang unbekanntes Terrain, das vorher vermutlich noch nie ein Mensch betreten hatte. Das war kein Zufall, sondern ein ganz gezielter Auftrag der kanadischen Regierung. Mit seiner Kommandoaktion wollte das kanadische Militär Präsenz im arktischen Norden signalisieren und damit den Anspruch Kanadas auf Souveränität über das Gebiet untermauern. In Bezug auf solche Gebietsansprüche scheint im Völkerrecht die Regel zu gelten: Markiere sie oder verliere sie. »Daher«, so Feldwebel Peter Moon von den kanadischen Rangers, einer Spezialeinheit für das nördliche Inselmeer, zu einem Reporter, »sind wir in den letzten fünf Jahren in der Arktis immer wieder auf Patrouille gegangen, um die kanadische Souveränität zu demonstrieren.«[26] Die drei Militärtrupps errichteten auf ihrer Expedition über beinahe 6000 Kilometer eine ganze Reihe steinerner Grenzmale mit wetterfesten Inschriften. »Diese Grenzsteine«, so Major Chris Bergeron, Leiter einer der drei Rangerabteilungen, »sind international anerkannte Besitzstandssymbole.«

Lange Zeit war dieses Kanada vorgelagerte Territorium fast ständig mit Eis bedeckt und aufgrund seiner extrem unwirtlichen Wetterbedingungen für niemanden von besonderem Interesse. Auch Kanada machte lange keinerlei Besitzansprüche im Hinblick auf diesen aus mehr als 36000 Inseln bestehenden Archipel geltend, dessen Gesamtfläche etwa 40 Prozent des kanadischen Mutterlandes entspricht. »Kanada hat die Arktis lange unter dem Vorwand vernachlässigt, es sei nicht dringlich«, sagt Rob Huebert von der Universität Calgary. Und Joel Plouffe von der Université du Québec pflichtet ihm bei: »Solange das Eis alles zudeckte, war die Sicherheit gratis.«[27] Ottawa verzichtete zum Beispiel auch auf die Anschaffung atombetriebener U-Boote, die es erlaubt hätten, die Wasserwege unter dem Eis zu kontrollieren. Kanada besitzt noch nicht einmal einen ganzjährig einsetzbaren Polareisbrecher.

Doch jetzt taut infolge der Erderwärmung die bisher im Würgegriff der arktischen Wildnis erstarrte Lage buchstäblich auf. Nach dem Urteil der Wissenschaftler erwärmt sich die Arktis noch schneller als der Rest der Welt. Einem Bericht des National Center for Atmospheric Research (NCAR) der USA zufolge schmilzt der arktische Eispanzer sogar dreimal schneller als bisher angenommen. Zwischen 1953 und 2006, so errechneten die NCAR-Forscher, schrumpften die Eismassen im Mittel um 7,8 Prozent pro Jahrzehnt. Damit ist der sommerliche Rückgang des arktischen Packeises den bisherigen Computersimulationen auch des UN-Weltklimarats um gut dreißig Jahre voraus. Wozu, fragen sich immer mehr neutrale Beobachter, wozu brauchen wir derart gigantische Rechnerkapazitäten, wenn die daraus resultierenden Ergebnisse die einzelnen Regierungen glauben machen, man müsse nur etwas an der CO_2-Schraube drehen, und schon wäre alles halb so schlimm? Die Tragweite dieser unzulänglichen Arbeitsweise der für den Klimawandel zuständigen Gremien der Vereinten Nationen gerät jetzt zusehends in den Fokus geopolitischer Überlegungen. Daraus, so ist zu vermuten, erwachsen zudem für zahlreiche UN-Mitgliedsstaaten strategische Konsequenzen, die ein völlig neues Konfliktpotenzial bergen. Denn die ganze arktische Region birgt nach dem U.S. Geological Survey rund ein Viertel jener bisher nur in groben Umrissen bekannten Erdöl- und Erdgasvorkommen der Welt. Der kanadische Archipel nimmt einen Großteil dieser nordischen Eiswildnis ein. Wissenschaftler vermuten auf den unzähligen Inseln auch andere Bodenschätze wie Uran, Gold und Diamanten.

Bisher galten diese Ressourcen als unzugänglich oder ihre Ausbeutung als zu kostspielig. Der vermutlich durch die in den letzten Jahren intensivere Sonneneinstrahlung dahinschmelzende Eisschild der Polarregion ändert diese Situation inzwischen dramatisch. Insbesondere Kanada sieht durch die veränderte Lage seinen bislang unangefochtenen Souveränitätsanspruch massiv bedroht. Die Hoheitsrechte Ottawas auf den Landgebieten werden zwar, wie Reto Pieth ausführt, »international kaum bestritten – auch wenn sich Kanada und Dänemark über den Besitz der Zwerginsel Hans zwischen der Insel Ellesmere und Grönland streiten. Doch die Aussicht, dass internationale Konzerne sich bald um Bewilligungen zur Ausbeutung der Bodenschätze im Inselmeer reißen dürften, wirft neue Fragen auf: Wer kann in diesem riesigen Territorium die staatliche Aufsicht garantieren und beispielsweise die Umweltschutzregeln durchsetzen?«[28] Grundsätzlich prekär sei es, so Pieth weiter, um den Hoheitsanspruch Ottawas über die Wasserstraßen bestellt, die UN-Seerechtskonvention sei hier keineswegs eindeutig. Vor allem die USA und die EU bestreiten die kanadischen Hoheitsrechte und sind bestrebt, insbesondere die Nordwestpassage offiziell als internationales Gewässer erklären zu lassen. Dagegen wehrt sich Ottawa vehement, da es die Kontrolle über den Zugang zu den Wasserstraßen inmitten seines arktischen Territoriums nicht verlieren möchte. Die Kanadier sind nicht nur in Sorge um die Bewahrung ihrer grandiosen Natur vor möglichen Umweltkatastrophen beispielsweise durch Ölteppiche, man fürchtet sich darüber hinaus vor dem heimlichen Eindringen von Terroristen. Premierminister Stephen Harper, der bislang freundschaftliche Beziehungen zu seinem ideologischen Gesinnungsgenossen George W. Bush pflegte, weist jegliche Gebietsansprüche von dessen Seite schroff zurück. Seine Regierung hat neuerdings einen »Arktis-Plan« vorgelegt, der Ausgaben in Milliardenhöhe für den Bau von Eisbrechern und schwer bewaffneten Patrouillenbooten, vermehrte militärische Präsenz in der arktischen Wildnis sowie elektronische Überwachungssysteme der Wasserwege – auch für U-Boote – vorsieht. Das schmelzende Eis weckt offenbar vielfältige Begehrlichkeiten.

Müssen wir damit rechnen, dass künftig aus Klima- beziehungsweise Wetterfronten auch Kriegsfronten werden? Das

Vokabular ist immerhin auffallend ähnlich: Vom »Todes-Orkan Anna« war in einer großen Boulevardzeitung die Rede, von einer »Wasserbombe« und einer »Horrorschneise« berichtete ein Nachrichtenmagazin anlässlich der großen »Flut« 2002. Umgekehrt wurden Kriege und Anschläge seit jeher mit Naturkatastrophen verglichen, Schlachtfelder und Anschlagsorte mit »toter Erde« gleichgesetzt oder in »Erdbeben-« und »Vulkanlandschaften« verwandelt. In Kriegen war die Wetterfrage schon in der Vergangenheit immer von besonderer Bedeutung. 1854 sanken bei einem heftigen Sturm vor dem Krimhafen Balaklawa ein französisches Kriegsschiff und 38 Handelsschiffe. Die vereinigten Flotten der Türkei und ihrer englisch-französischen Verbündeten erlitten im Krimkrieg gegen Russland aus witterungsbedingten Gründen die größten Verluste. Napoleon III. wies daraufhin seinen Kriegsminister an, Ursachen und Vorhersagbarkeit des fatalen Wetterereignisses untersuchen zu lassen. Die französische Regierung beauftragte den Direktor des Pariser Observatoriums, Jean-Joseph Leverrier, mit dieser Aufgabe. Als dieser meteorologische Aufzeichnungen prüfte, stellte er fest, dass sich der Sturm bereits zwei Tage vor der Katastrophe gebildet hatte und von Nordwesten in südöstlicher Richtung quer durch Europa gezogen war. Wäre die Bewegung von Stürmen systematisch aufgezeichnet worden, hätte man die Besatzungen der Schiffe mit aktuellen Wetterkarten und einer Telegrafenverbindung rechtzeitig warnen können. Seitdem wurde in Frankreich ein nationaler Sturmwarndienst eingerichtet – die moderne Meteorologie war geboren. Später richtete man Armeewetterwarten ein, deren prominentester Mitarbeiter im Ersten Weltkrieg Martin Heidegger war. Als meteorologischer Dienstleister hatte er den Giftgaseinsatz mit entsprechenden Wetterprognosen, insbesondere im Hinblick auf die zu erwartende Windrichtung, zu unterstützen. Als »Wettersoldat« debütierte auch Jörg Kachelmann bei der Schweizer Armee. Beim Manöverfernsehen »Dreizack«

machte er in den 1980er-Jahren seine erste Wettersendung – morgens um fünf, in Uniform, mit einer Schneeflocke im Revers.

Angesichts terroristischer Attacken gewinnen die historischen Zusammenhänge und sprachlichen Analogien gegenwärtig eine neue Qualität. Terror und Wetter gehen gewissermaßen eine Koalition ein. Peter Sloterdijk hat in seinem Buch *Luftbeben* den Terrorismus ahnungsvoll als »Angriff auf die Umwelt« definiert.[29] Was den Terror von den klassischen Kriegen unterscheide, sei die Strategie, nicht mehr nur auf den Körper des Feindes, sondern auch auf seine »umweltlichen Lebensvoraussetzungen« zu zielen – ganz so, wie es Shakespeares Shylock im »Kaufmann von Venedig« sagt: »Ihr nehmt mein Leben, wenn ihr die Mittel nehmt, wodurch ich lebe.« Sloterdijk erklärt den ersten, vom späteren deutschen Nobelpreisträger Fritz Haber geleiteten Großeinsatz mit dem persönlich entwickelten Chlorgas 1915 an der Ypern-Front zur »Urszene« des Terrorismus. Da sich die Distanzschlachten – die Soldaten lagen sich in ihren Schützengräben gleichsam unerreichbar gegenüber – immer mehr zur bevorzugten Kriegsstrategie entwickelten, musste nach Sloterdijk beinahe zwangsläufig die »Entdeckung der Umwelt« erfolgen und eine »Militärklimatologie« sich entwickeln. Er zieht von hier aus eine Linie bis hin zu atomaren Auseinandersetzungen und den Schreckensvisionen von Wetterkriegen. »Der Wetterbericht«, heißt es in *Luftbeben*, sei eine »Konversationsform moderner Gesellschaften«, die man als »klimatologische Lagebesprechung« charakterisieren könne.[30] Inzwischen gehören Terrorwarnungen in den täglichen Fernsehnachrichten, ähnlich wie die zunehmenden Warnungen vor Klimakatastrophen, fast schon zur Normalität. Denn wo der Terror »Angriff auf die Umwelt« ist, wird die ständige Vorhersage der politischen Großwetterlage notwendig wie der Wetterbericht.

Es mag auf den ersten Blick vielleicht etwas kühn erscheinen, in diesem Zusammenhang die Aufmerksamkeit auf eine sportliche Großveranstaltung zu lenken, die im Sommer 2008 in vielerlei Hinsicht neue Maßstäbe setzen wird. Die Rede ist von den Olympischen Sommerspielen in Peking, deren Slogan »Eine Welt, ein Traum« unversehens zum Albtraum werden könnte. Denn die Führung Chinas hat dem IOC (Internationales Olympisches Komitee) nicht nur versprochen, die besten Spiele aller Zeiten auszurichten, die Kommunistische Partei Chinas hat auch »schönes Wetter« garantiert. Eine Armee von »Regenmachern« wird mit schwerer Artillerie auf jede Wolke schießen, die sich im August 2008 über den Austragungsorten blicken lässt. So werden sich neben den 22000 Fackelträgern, die das olympische Feuer über 135 Städte und 137000 Kilometer sogar auf den Mount Everest – der höchste Berg der Welt soll auf der tibetischen Seite des Everest durch insgesamt 90 fackelbewehrte Extrembergsteiger erstmals diese Gipfelillumination erhalten – tragen sollen, auch 37000 Bauern und ehemalige Soldaten in allen Teilen des Landes bereithalten, um unter der Regie des staatlichen »Komitees für menschliche Wetterbeeinflussung« dafür zu sorgen, dass nicht nur die Eröffnungsfeierlichkeiten am 8. August 2008 ohne witterungsbedingte Störungen ablaufen können. Sobald die Meteorologen auf Satellitenfotos Regen- oder Gewitterwolken entdecken, eilt die Wetterarmee an die Kanonen: Über 4000 Raketenwerfer, 7000 Artilleriegeschütze sowie eine Flugzeugstaffel aus 30 Maschinen stehen zur Abwehr unerwünschter Wetterfronten einsatzbereit.

China experimentiert bereits seit einem halben Jahrhundert mit der künstlichen Regenproduktion und betreibt inzwischen, insbesondere auf dem landwirtschaftlichen Sektor, das weltweit größte Programm zur Wetterbeeinflussung. Es gehört mittlerweile zum Standard, dass sich etwa Bauern bei den regionalen Behörden über »schlechtes Wetter« beschweren, die ihrerseits dann mit einem ausgeklügelten Wetterinstrumentarium für Abhilfe sorgen. Als im letzten Sommer vor allem die Provinzen Sichuan, Guizhou und Gansu von einer verheerenden Dürre heimgesucht wurden, verlangten die betroffenen Landwirte nach künstlichem Regen. Chinas führender Regenmacher, Professor Mao Jietai, der auch an Methoden zur Verhinderung schwerer Hagelschläge und Waldbrände arbeitet, sorgte für ergiebige Niederschläge. Laut Berichten der Nachrichtenagentur Xinhua haben die chinesischen »Regengötter« in den Jahren von 2000 bis 2005 insgesamt mehr als 3000 Regenwolken unter Beschuss genommen. Dabei wollen sie über 200 Millionen Kubikmeter künstlichen Regen erzeugt haben. Neuerdings ist geplant, die stark verschmutzte Luft über den großen Industriezentren sauber zu waschen und strahlenden Sonnenschein herbeizuzaubern. Inwieweit solche künstlichen Eingriffe in das Klimageschehen das Wetter benachbarter Staaten beeinträchtigen könnten, wird sich schon in allernächster Zukunft erweisen. Denn genau das ist das Hauptproblem der Klimamanipulation: Wie will man es anstellen, dass die Wetterwünsche zur Zufriedenheit aller erfüllt werden können? Wenn künftig entsprechende Maßnahmen zur Rettung der Erde ergriffen würden, könnten sich die unterschiedlichen Auffassungen von »gutem Wetter« als einigermaßen hinderlich erweisen.

Von da ist es nicht mehr allzu weit bis zum Einsatz des Wetters als Waffe. 1955 beschrieb der Mathematiker John von Neumann in einem Artikel in der US-Zeitschrift *Fortune* die Möglichkeiten der, wie er es nannte, »klimatischen Kriegführung«. Dazu gehörte zum Beispiel, riesige Eisflächen in der arktischen Polarregion künstlich zum Schmelzen zu bringen und damit das Wetter zu ändern. Bereits Anfang bis Mitte der 1970er-Jahre finanzierte das US-Verteidigungsministerium solche Forschungen mit mehr als 20 Millionen Dollar jährlich. In den Computern vieler Forschungseinrichtungen werden seitdem Ozean-, Eis- und Atmosphärenmodelle mit riesigen

Datenmengen gefüttert, um auch für den Fall einer plötzlich erforderlich werdenden Abwehr bestimmter Wettersituationen vorbereitet zu sein. »Geo-Engineering« heißt das Fachwort für den gezielten Umbau des irdischen Klimas. Ob Riesenspiegel im All, Schwefelwolken in der Stratosphäre oder gezielte, mit chirurgischer Genauigkeit verursachte Erdbeben – die selektiven Eingriffsmöglichkeiten in das Weltklima ergänzen heutzutage auch die strategischen Mittel der Geheimdienste. Auf einer Antiterror-Konferenz im April 1997 führte der damalige US-Verteidigungsminister William Cohen aus: »Andere engagieren sich sogar in einem Ökotyp des Terrorismus, wobei sie das Klima ändern, Erdbeben auslösen und Vulkane aus der Ferne ausbrechen lassen können durch den Gebrauch elektromagnetischer Wellen. [...] Es ist real, und das ist der Grund, weshalb wir unsere Anstrengungen verstärken müssen.«[31] Im Oktober 2001 wurde dem US-Repräsentantenhaus jedoch ein Gesetzentwurf vorgelegt, der ein Verbot tektonischer Waffen beinhalten sollte. Offiziell besitzen die USA also derartige Waffen nicht.

Um diese weitgehend geheimen Technologien existiert bis heute eine Grauzone des Schweigens, obwohl die wissenschaftlichen Grundlagen schon seit über 100 Jahren bekannt sind. Man weiß, dass Nikola Tesla bereits Ende des 19. Jahrhunderts ausführlich mit mechanischen Oszillationen experimentierte und Geräte entwickelte, mit denen er langfristige und stabile Schwingungen mit bestimmten Frequenzen erzeugen konnte. Fosar und Bludorf berichten über ein Experiment Teslas, das die Brisanz seiner tektonischen Versuche ahnen lässt: »Im Jahre 1887 justierte er ein solches Gerät auf die Eigenfrequenz des Hauses. [...] Sofort waren in den Wänden und im Gebälk krachende Geräusche zu hören. Als er die Frequenz abänderte, verstärkte sich der Lärm sogar noch weiter, bis Gegenstände um ihn herum in seinem Labor durch die Luft zu fliegen begannen. Seinen Nachbarn blieb natürlich nicht verborgen, was da bei ihm vor sich ging, sie wurden in Angst und Schrecken versetzt und riefen die Polizei. Sobald Tesla begriffen hatte, was sich da in seinem Haus anbahnte, ergriff er kurz entschlossen einen Hammer und zerstörte das Gerät, worauf das Haus wieder zur Ruhe kam. Später machte er seine berühmten Äußerungen, wonach er mit einem solchen Gerät Erdbeben erzeugen, aber auch umgekehrt den Druck in tektonischen Platten reduzieren und dadurch Erdbeben verhindern könnte.«[32] Die beiden Autoren weisen darauf hin, dass fast der gesamte Nachlass Teslas unmittelbar nach seinem Tod vom FBI sichergestellt wurde: »In den Schreiben wird jeweils besonderer Wert auf die Technologie zur Erzeugung künstlicher Erdbeben gelegt.«[33]

Waffensysteme dieser Art, wie beispielsweise elektromagnetische Pulswaffen (EMP-Waffen), sollen auch schon 1991 im zweiten Golfkrieg, im Irak sowie später im Kosovo zur Ausschaltung der Radar- und Kommunikationsinfrastrukturen des Gegners zur Anwendung gekommen sein. Bei einer Erdbebenkatastrophe wirklich nachzuweisen, dass sie durch Menschenhand ausgelöst wurde, ist extrem schwierig. Ein Zitat aus der Moskauer Tageszeitung *Prawda* vermag jedoch die Phantasie in diese Richtung anregen: »Es ist nicht auszuschließen, dass die Kriege der Zukunft stattfinden werden ohne den expliziten Gebrauch von Waffen. Eine desaströse Nuklearexplosion ist zwar sehr effektiv, aber das sind auch andere Methoden, wobei die Feinde gar nicht bemerken, dass sie angegriffen wurden.«[34]

Vor Kurzem haben deutsche Wissenschaftler herausgefunden, dass ein Erdbeben vor 30 000 Jahren in der Nordsee an der Westküste Norwegens zu unterseeischen Rutschungen riesiger Geröllmengen geführt hat, wodurch ein verheerender Tsunami ausgelöst worden sei. Wie Daniel Winkelmann und Rüdiger Stein vom AWI in der Fachzeitschrift *Geochemistry Geophysics Geosystems*[35] berichteten, werde der Nordseeboden offenbar wesentlich häufiger von Erdbeben erschüttert als bislang angenommen. Es ist bekannt, dass der Meeresboden in diesem Bereich von äußerst labilen Methaneisschichten bedeckt ist, die aufgrund bestimmter Klimaänderungen – wir werden im 6. Kapitel ausführlich darauf zurückkommen – leicht ins Rutschen geraten können. Wenn nun der Nordseeboden ohnehin durch Erdbeben besonders gefährdet ist, könnten vermutlich schon kleinere Tesla-Generatoren kaum vorstellbare Bedrohungsszenarien in Gang setzen. Auch Deutschlands jüngstes Vulkangebiet, die Eifel, wo ein Wiederaufleben des Vulkanismus aufgrund neuerer Untersuchungen »nicht ausgeschlossen werden kann«, wäre durch tektonische Experimente zu friedlichen oder bösartigen Zwecken in hohem Maße gefährdet.

5 Klimawächter und »Klimaleugner«

Will uns die Erde loswerden? Zum ersten Mal schrillten die Klima-Alarmglocken 1988, als ein besonders heißer und trockener Sommer die USA heimsuchte. Das rief James Hansen vom Goddard Institute der NASA auf den Plan. Dieser Mann war zwar kein Meteorologe, sondern ein Raumfahrtexperte, er fand aber den Beifall eines US-Senatsausschusses, als er darauf hinwies, dass es auf der Erde wärmer gewesen sei als jemals zuvor, zumindest seit es Temperaturaufzeichnungen gab; zur Untersuchung dieses »alarmierenden« Phänomens forderte er unter dem Siegel der »Dringlichkeitsstufe eins« wissenschaftliche Fördermittel, die ihm auch gleichsam über Nacht bewilligt wurden. Die Aktion löste ein so großes Echo in den US-Medien aus, dass sich der spätere Vizepräsident und heutige Klimapapst Al Gore zu der emotionalen Formulierung verstieg, den heißen Sommer 1988 sollte man in den Geschichtsbüchern als »die Kristallnacht des Erwärmungsholocausts« bezeichnen. Schon wenige Monate später kritisierte der bekannte Atmosphärenphysiker Richard Lindzen vom Massachusetts Institute of Technology den NASA-Experten James Hansen als den Auslöser einer völlig unbegründeten Klimahysterie. Diese öffentliche Zurechtweisung kam der US-Regierung jedoch völlig ungelegen, und als 1989 ein anderer NASA-Wissenschaftler und Mitarbeiter von Hansen darlegte, dass für die vorausgegangenen hundert Jahre insgesamt keine nennenswerte Erhöhung der globalen Jahrestemperaturen nachzuweisen sei, wurde dieser vom Senat kurzerhand seines

Postens enthoben. Denn die Klimadiskussion war schon nach einem einzigen heißen Sommer – in Europa strebte in den Medien gerade eine »neue Eiszeit« ihrem Höhepunkt entgegen (wir sind halt im Vergleich zu Amerika immer etwas langsamer) – in vollem Gange, und Presse, Funk und Fernsehen auf dem amerikanischen Kontinent befanden sich bereits in einem unbeschreiblichen Freudentaumel über das Potenzial an publikumswirksamen Katastrophenszenarien. Selbst eine weltweit organisierte Unterschriftensammlung von mehreren tausend Meteorologen, Ozeanographen, Paläoklimatologen, Geologen, Atmosphärenphysikern und Forschern zahlreicher verwandter Wissenschaftsdisziplinen, darunter etliche Dutzend Nobelpreisträger, vermochte diesen Klimakreuzzug nicht mehr stoppen. Hauptgrund: Die Medien wollten das »kontraproduktive« Dokument anders denkender Wissenschaftler nicht verbreiten. Dafür zitierten sie umso begeisterter die Stimmen zahlreicher Prominenter, unter ihnen Barbra Streisand, Meryl Streep und Robert Redford, neuerdings auch Julia Roberts, Leonardo DiCaprio und Cameron Diaz. Die Kongressabgeordnete Claudine Schneider brachte die herrschende Stimmung auf den Punkt: »Wissenschaftler mögen nicht zustimmen, aber wir hören Mutter Erde weinen.«[1]

So nahm das Sensationstheater – und mit ihm der globale Klimawahn – seinen Lauf. 1989 unterzeichneten 700 Wissenschaftler eine Petitionsschrift, in der sie die Klimaerwärmung als große Gefahr für die gesamte Menschheit darstellten und die Regierungen dringend dazu aufforderten, den daran schuldigen CO_2-Ausstoß drastisch zu verringern. Es ist in diesem Zusammenhang interessant zu wissen, dass zu den Unterzeichnern lediglich ein halbes Dutzend Klimatologen zählten. Bei den vielen anderen handelte es sich um Politologen und Juristen, Techniker und Volkswirte, Philosophen und andere Geisteswissenschaftler verschiedenster Fakultäten – ein ähnliches Mischungsverhältnis im Hinblick auf die fachliche

Kompetenz hat sich bis auf den heutigen Tag auch bei den 2500 Mitgliedern des UN-Weltklimarats erhalten können. Interessant ist außerdem, dass die ganze Aktion offensichtlich von der in Verruf geratenen Lobby der Atomindustrie initiiert war, denn die Petition enthielt bereits damals die dringende Aufforderung – insofern haben die Europäer wieder einmal, wenn auch erst nach 20 Jahren, den Anschluss gefunden –, die Zukunft der Kernkraft neu zu überdenken. Kernkraftwerke setzen nun einmal kaum CO_2 frei. Und so wirbt man neuerdings auch hierzulande wieder für die vermeintlich unheilvollen Atomkraftwerke erfolgreich mit der drohenden Klimakatastrophe. Damit haben sich AKWs, im Vergleich zum fossilen Klimaschreck Kohlendioxid, urplötzlich zu einer weltweit grünen Alternative gemausert. In den USA ist der Hinweis auf die Kernkraft von der *New York Times*, als sie damals die Alarmbotschaft publizierte, gewissermaßen aus medienhygienischen Gründen gestrichen worden.

Die Politiker konnten in dieser weltweit aufgeheizten Atmosphäre vermutlich kaum anders als populistisch handeln. Und auch die wissenschaftliche Welt musste auf diese Herausforderung durch die beinahe täglich in den Medien veröffentlichten Klimakatastrophen geschockte und verängstigte Öffentlichkeit reagieren. Das führte, wie Felix R. Paturi schreibt, »zu einigen merkwürdigen Symbiosen. Angetrieben von der US-Regierung und der Londoner Eisernen Lady Margaret Thatcher, die anfangs selbst skeptisch war, wurde schon 1988 das IPCC (Intergovernmental Panel on Climate Change) begründet und dem Umweltprogramm der UNO sowie der Meteorologischen Weltorganisation (WMO) unterstellt. Ein Problem bestand zunächst darin, genügend engagierte Experten zu rekrutieren, die dabei mitspielten. Aber wo Geld und Ansehen winken, finden sich schließlich immer Mitstreiter. Zwei Exponenten übernahmen mit erheblichem Sendungsbewusstsein die Führung. Das war einmal der US-Amerikaner John Houghton, der seine Position selbst so beschrieb: ›Das klare Verständnis unserer Verantwortung und Möglichkeiten und das Vertrauen auf Gottes Gegenwart und Wahrhaftigkeit machen zusammen unseren Dienst für die Erde zu einer erregenden und herausfordernden Aufgabe.‹ Der zweite war der renommierte Stockholmer Klimatologe Bert Bolin, der als Vorsitzender des gesamten IPCC fungierte und bald unter seinen Fachkollegen den fragwürdigen Titel ›Mister Treibhauseffekt‹ errang. Lange Zeit erntete er unter den Experten nur Hohn und Spott.«[2]

Dabei war die Arbeit des internationalen Klimagremiums an sich durchaus begrüßenswert, wäre sie nicht von Anfang an »erfolgsorientiert« und zum Teil von Wissenschaftlern abhängig gewesen, die in die Nähe einer auch religiös ausgerichteten, sektenähnlichen Wissenschaftlergruppe gerückt waren, die heute noch, im angeblich so aufgeklärten 21. Jahrhundert, an der Darwin'schen Abstammungslehre kein gutes Haar lassen und neuerdings sogar versuchen, die Erkenntnisse der Evolutionsbiologie von den Lehrplänen amerikanischer Schulen zu entfernen. Auch die angebliche, aber nie zweifelsfrei nachgewiesene Nähe zu Scientology-Kreisen war der Reputation einiger namhafter Mitglieder dieses UN-Klimarats nicht förderlich. Die folgenden Jahre schienen jedoch dafür zu sprechen, dass der Verdacht einer Erderwärmung berechtigt sein könnte: Ab Mitte der Achtzigerjahre des 20. Jahrhunderts ließ die seit Beginn der Vierzigerjahre herrschende Kälteperiode nach, und es wurde weltweit wieder wärmer. Diese klimatische Entwicklung passte nun vorzüglich in das Konzept der Katastrophenpropheten und wurde gleich als Vorbote der vorausgesagten CO_2-Horrorszenarien gewertet. Nach möglichen anderen Ursachen suchte kaum noch jemand, und wenn er es doch tat, schenkte ihm die in eine bestimmte Richtung getrimmte Öffentlichkeit kaum noch Aufmerksamkeit. Das Medienspektakel, immer wieder angeheizt von Politikern der beiden großen US-Parteien, hatte für vermeintliche Quertreiber und sogenannte »Klimaleugner« keinen Nerv mehr. Wer an der von weiten Teilen der amerikanischen Öffentlichkeit gleichsam wie ein Heiligtum verehrten Klimamonstranz zu rütteln wagte, wurde aus der wissenschaftlichen Community ausgegrenzt und auf Dauer mit dem Bannstrahl weltweit anerkannter und über erhebliche Fördermittel gebietender Institutionen belegt.

Inzwischen ist diese Holzhammermethode auch in Europa angekommen. Mit Brachialgewalt sollen Wirtschaft und Verbraucher zum Klimaschutz gebracht werden. »Regierung muss Konzerne zwingen«, titelte ein Münchner Boulevardblatt[3] nach dem dritten und vorerst letzten Energiegipfel im Bundeskanzleramt Anfang Juli 2007 und bezog sich dabei auf eine Forderung der Energieexpertin vom Deutschen Institut für Wirtschaftsforschung (DIW), Claudia Kemfert. Die Ökonomieprofessorin gab in einem *tz*-Interview die Richtung vor: »Deutschland muss die Klimaschutzziele der EU umsetzen. Wenn das nicht in Absprache mit den Konzernen gelingt, muss die Regierung selber den Fahrplan bestimmen. Die Wirtschaft muss dann entscheiden, wie sie diese Ziele umsetzt. Gelingt ihr das nicht, werden empfindliche Strafzahlungen fällig.« Missionarischer Eifer steht Wirtschaftsberatern nicht gut zu Gesicht. Und so folgte die Abstrafung der forschen Klimaberaterin und ihres ganzen Instituts auf dem Fuß. Bundeswirtschaftsminister Michael Glos ging dieses ewige Anheizen der ohnehin hysterisch gewordenen Klimadebatte offenbar entschieden zu weit. Nach dem Motto: Zu viele Köche verderben den Brei, hat er den Zuschlag bei der Ausschreibung für die jeweils im Herbst und Frühjahr eines Jahres erwartete Konjunkturprognose von fünf auf vier Wirtschaftsforschungsinstitute reduziert und dabei der 1925 gegründeten größten deutschen Wirtschaftsforschungseinrichtung DIW das Mandat entzogen. Das DIW soll, so könnte man es im Ministerium vielleicht sehen, der Theorie zu viel Gewicht eingeräumt und gleichzeitig der praktischen wirtschaftspolitischen Beratung zu wenig Aufmerksamkeit geschenkt haben. Möglicherweise seien er und sein Mitarbeiterstab in eine »Falle« getappt, versucht DIW-Chef Klaus Zimmermann in einem *FAZ*-Interview eine Erklärung für seine Niederlage zu finden. »Aber man muss auch zur Kenntnis nehmen, dass das Institut nicht mehr – wie früher – missionarisch auftreten will.«[4] [Was die DIW-Professorin Claudia Kemfert gegenüber dem Autor bei den Recherchen zu diesem Buch allerdings noch sehr deutlich praktiziert hat – d. Verf.]

Immerhin hatte Angela Merkel im Gespräch mit den Wirtschafts- und Verbandsbossen im Rahmen des Energiegipfels im Bundeskanzleramt eingeräumt: »Es gibt zum Teil Zweifel, ob die gesteckten Ziele zu hoch sind.« Gleichwohl sollen künftig Gesetze den Klimaschutz organisieren: für besser gedämmte Häuser, effizientere Kraftwerke, sparsamere Autos. Denn wer, wie Deutschland, tatsächlich 40 Prozent weniger Treibhausgase 2020 emittieren will, wer mit derselben Energie doppelt so viel Wirtschaftsleistung erreichen will, braucht mehr als nur Absichtserklärungen und »freiwillige Selbstverpflichtungen«. Genau damit aber hat sich die Bundesregierung bislang begnügt. Für einen erklärten Klimavorreiter ist das offensichtlich zu wenig, für eine Klimapäpstin wie Angela Merkel allemal. Das Experiment globaler Klimaschutz kann nach ihrer Meinung nur Erfolg haben, wenn es im Feldversuch gelingt. Weshalb muss dieser Feldversuch aber ausgerechnet in Deutschland stattfinden? Weshalb soll ausgerechnet der deutsche Verbraucher für den Klimaschutz bluten? Die *Bild*-Zeitung fragte sogar: »Muss Deutschland allein die Erde retten?«

Verschiedene Branchen drohen inzwischen mit Auswanderung, sollte die Bundesregierung gewissermaßen im Alleingang den Klimaschutz durchsetzen wollen. Merkel & Co. bauen vermutlich auf die normative Kraft des Faktischen: Wenn man nur lang genug etwas rechtlich – und insbesondere wissenschaftlich! – Umstrittenes tut, ohne dass einem dabei jemand auf die Finger klopfen kann, dann wird dieses Umstrittene irgendwann zur gewohnheitsmäßigen Norm. Die Lehre von der »normativen Kraft des Faktischen« hat vor gut hundert Jahren der Staatsrechtler Georg Jellinek formuliert: Durch das »Faktische« werde die Norm der Realität angepasst. Genau so hat es offenbar die Bundesregierung mit dem Klimaschutz vor: Sie will die Norm, nämlich die EU- und G8-Vereinbarungen aus den letzten Wochen und Monaten, der Realität des durch den UN-Weltklimarat vorgegebenen Weltuntergangsszenarios anpassen. Ein solches Vorgehen wäre einerseits von frivoler Substanzlosigkeit, der Versuch einer Regierung, alle Zweifel am Klimawandel von sich fernzuhalten. Wenn jedoch andererseits die Große Koalition mit ihrem Engagement für den Klimaschutz nicht richtig liegen sollte – und dafür sprechen mittlerweile nicht wenige wissenschaftliche Erkenntnisse –, dann betreibt sie, gleichsam ganz nebenbei, zumindest eine beacht-

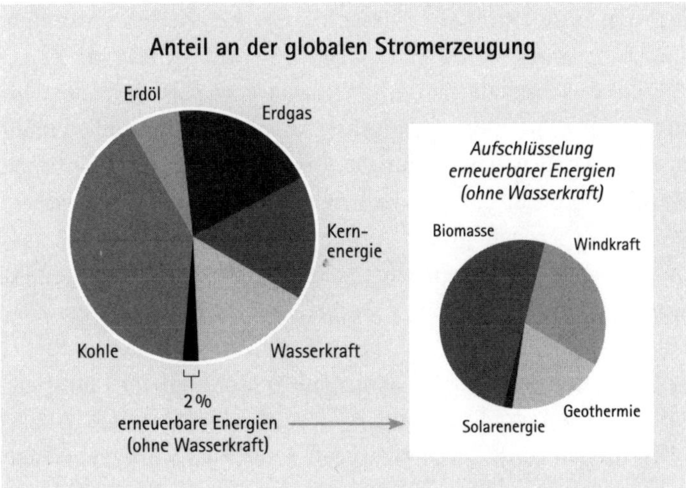

Erneuerbare Energien (ohne die Wasserkraft) erzeugen bislang erst einen Bruchteil der globalen Elektrizität. Biomasse, ein vermeintlich wichtiger Eckpfeiler erneuerbarer Energien, könnte schon bald zum Bumerang werden (Aus: Spektrum der Wissenschaft, *Spezial 1/07: Energie und Klima).*

liche vorausschauende Strukturpolitik. Denn nichts lässt sich mit so wenig Phantasieanstrengung absehen wie eine immer weitere Verknappung fossiler Rohstoffe. Und was soll daran falsch sein, Kohle, Gas und Öl effizienter als bisher zu nutzen? Was spricht gegen den Ausbau erneuerbarer Energien? Was spricht gegen Holz statt Öl, was gegen Bäume statt Stahlbeton, was gegen Hybridautos statt Benzinschlucker, wie es beispielsweise eine Kleinstadt im Süden von Schweden zur Schonung der Umwelt bereits erfolgreich vorlebt? Nichts. Was man dabei nur nicht immer wieder verschweigen sollte: Der Klimawandel findet trotzdem statt. Wie seit Jahrmillionen, ob mit oder ohne Menschen.

Aber die Zeit drängt an allen Klimafronten. Beispielsweise für die nächste internationale Klimakonferenz Mitte Dezember 2007 in Bali. Umweltminister Sigmar Gabriel möchte dort seinen Amtskollegen aus allen UNO-Staaten endlich in seinem eigenen Land verbindlich beschlossene Aktivitäten vorstellen. Ein entsprechendes Gesetzespaket soll er im Auftrag der Kanzlerin in Zusammenarbeit mit Wirtschaftsminister Michael Glos bis dahin erarbeiten. Vermutlich sind bei dieser Gelegenheit auch gewisse Altlasten aus der Energiepolitik der rot-grünen Bundesregierung den aktuellen Erfordernissen anzupassen. Wenn mittlerweile sogar Jürgen Trittin davon spricht, dass aufgrund des »Erneuerbare-Energien-Gesetzes« (EEG) gegenwärtig »kräftig abgezockt« werde, ist dies ein bezeichnender Hinweis – der Stromnutzer zahlt ja. Derzeit wird jeder mitleidvoll angesehen, der sein Geld nicht in Modulen der Photovoltaik (PV) anlegt. Bringt doch diese Geldanlage nach Abzug aller Kosten eine Verzinsung von satten acht Prozent. Noch sehr viel besser stellen sich Solarunternehmen, die immer neue Rekorde in PV-Anlagenleistungen vermelden. Möglich macht auch dies das EEG mit den hohen Einspeisevergütungen für PV-Strom. Und wenn man hört, dass in Deutschland dreimal so viele PV-Module installiert als hierzulande produziert werden, dann fragt man sich, welche politische Absicht dahintersteckt.

Unter der Überschrift »Gemästete Sonnenanbeter – Die Solarförderung ist zu hoch« nahm die *Frankfurter Allgemeine Zeitung*[5] die lemminghafte Vermehrung der Solaranlagen unter die Lupe und kritisierte die gegenwärtige Praxis der Bundesregierung. »Strom ist der am raffiniertesten zu belastende Packesel zum Verstecken der Lasten für politische Wohltaten. Die Photovoltaik deckt dies in besonderer Weise auf«, machte ein *FAZ*-Leser seinem Ärger Luft. »Wie werden in Zukunft die dem Netzstrom auferlegten Zusatzkosten getragen? Das sind Ökosteuer, die Konzessionsabgaben, die Mineralölsteuer, die EEG-Umlagen, das KWK-Ausbaugesetz, die Emissionszertifikate und die Mehrwertsteuer sowie die in den Margen der Stromverteiler steckenden Kosten für die vielen öffentlichen Aufgaben der Kommunen, die insgesamt etwa die Hälfte des Endkundenstrompreises ausmachen. Die Politik muss erklären, ob sie künftig diese Lasten von dem in Deutschland gegenüber Südeuropa ineffizient hergestellten Solarstrom mittragen lassen will.«[6]

Als im Frühjahr 2007 der UN-Weltklimarat einen Bericht veröffentlichte, wonach mehr als 20 Megastädte zum Ende dieses Jahrhunderts im Meer versinken könnten, wirkte das wie ein Schock. Daraufhin hat im Rahmen einer Verbriefung über 150 Millionen Dollar die Swiss Re erstmals Überschwemmungsrisiken am Kapitalmarkt platziert. Es sei die erste Verbriefung für die Risikoklasse, sagte ein Sprecher des größten Rückversicherers der Welt in Zürich. Damit sei es zugleich gelungen, nach Stürmen und Erdbeben auch für die dritte große Gruppe von versicherten Naturkatastrophen Anleger am Kapitalmarkt zu gewinnen. Die Verbriefung gewinnt insbesondere vor dem Hintergrund Bedeutung, dass infolge des Klimawandels eine Häufung von Naturkatastrophen erwartet wird. Investoren scheint dies nicht zu schrecken, sofern sie eine entsprechende Risikoprämie erhalten.[7] Auch London fürchtet jetzt den Klima-GAU. Stephen Green, Chairman von Europas größter Bank HSBC, macht seinem Namen alle Ehre: Anfang Juni 2007 spendierte HSBC 100 Millionen Dollar für den Klimaschutz, ein neuer Wohltätigkeitsrekord für ein britisches Unternehmen. Das Geld soll an vier Umweltschutzorganisationen gehen, die damit die Entwicklung von wichtigen Waldgebieten beobachten, große Flüsse säubern und das Umweltbewusstsein in China und Indien stärken sollen. »Es hat keinen Sinn mehr, den Klimawandel zu leugnen«, sagt Green. Natürlich geht es HSBC auch um grüne PR, doch Europas größter Finanzdienstleister zählt auch zu einer Koalition britischer Kapitalgeber, die künftig klimaneutrale Investitionen voranbringen wollen.

»Das Engagement der Wirtschaft für den Umweltschutz hat vielleicht auch damit zu tun«, vermutet das Finanzblatt *cashdaily* in seiner Ausgabe vom 13. Juni 2007, »dass die Bedrohung direkt vor der Haustür liegt. Längst ist in britischen Energiesparberichten von Weinbergen in Schottland, Haifischen in der Nordsee und Termitenhügeln in Wales die Rede. Zynische City-Banker, die solch düstere Prognosen für die Hirngespinste hysterischer Umweltfanatiker halten, werden von den kühl rechnenden Mathematikern des deutschen Versicherungsriesen Allianz eines Besseren belehrt.«[8] Der Flut-Bond verkaufte sich gut, hinterließ allerdings auch ungewohnte Nachdenklichkeit. »Man kommt schon ins Grübeln, wenn man eine Anleihe zeichnet, bei der es um die Überflutung der eigenen Heimatstadt geht«, sagt ein Banker. Ein schauerliches Szenario auch für die englische Volkswirtschaft, denn der Finanzsektor macht als letzte Schlüsselindustrie auf der Insel mittlerweile rund neun Prozent der Wirtschaftsleistung aus. Zur Freude von Londons Bürgermeister John Stuttard habe sich seine Weltmetropole beim Thema Klimaschutz die Poleposition unter den internationalen Finanzplätzen erkämpft. »Die Nachfrage ist stark, das Thema steht ganz oben auf unserer Agenda«, erklärte er gegenüber *cashdaily*. Auch Al Gore ist in Londoner Finanzkreisen ein gern gesehener Mitstreiter. Was viele seiner grünen Anhänger vermutlich nicht wissen: Der ehemalige US-Vizepräsident war 2001 selber Hedgefonds-Manager. Gore war stellvertretender Vorsitzender bei Metropolitan West Financial LLC (Metwest), dessen Vorsitzender der einst wegen Insidergeschäften verurteilte Michael Milken war. 2004 gründeten Gore und David Blood, ehemals Vorstandsvorsitzender des Goldman Sachs Asset Management, den Londoner »Generation Investment Fund«, der selbst massiv im CO_2-Emissionszertifikathandel tätig ist. »Das wirkliche Thema, um das es geht, ist der boomende Emissionshandel«, schrieb der *Daily Telegraph* am 14. März 2007. »Gore hat einen Trend erkannt, der Handel mit CO_2-Emissionszertifikaten ist derzeit das heißeste Geschäft.« Der *Telegraph* berichtete, auch die größten Investmentbanken der Welt stürzten sich auf diesen Markt, der sein Zentrum jetzt in London hat. Al Gore, seit 2006 offizieller Berater der britischen Regierung in Klimafragen, versicherte auf einer Konferenz in Kopenhagen vor rund 2000 Firmen, die weltweit am Emissionshandel beteiligt sind, er werde den Präsidentschaftswahlkampf 2008 in den USA zu einer Kampagne um den Klimawandel machen. Das grüne Schmuddelimage haben die einstigen »Schrottanleihen« an den Wertpapiermärkten nicht zuletzt aufgrund des missionarischen Klimafeldzuges des US-Politikers endgültig abgelegt.

Und die Ökoereignisse in der Wirtschaft überschlagen sich. Die Lufthansa schaltete im Frühsommer 2007 ganzseitige Anzeigen, in denen sie ihr Klimabewusstsein preist. Bei der Billigfluglinie Ecoliner soll nur noch halb so viel Kohlendioxid ausgestoßen werden wie mit heutigen Modellen. Boeing experimentiert mit Biotreibstoffen. Airbus verpflichtet sich, ab 2020 die Schadstoffe bei neuen Flugzeugen zu halbieren. Noch weiter geht der Weltverband der Fluggesellschaften: Die

IATA (International Air Transport Association) fordert von den Herstellern ein Flugzeugmodell, das überhaupt keine Emissionen mehr verursacht. Ist nun auch die Luftfahrtindustrie vom Klimafieber gepackt? Entwickelt sich die Branche gar zum Klimamusterschüler? Derzeit kann noch kein Hersteller revolutionäre Techniken zur Reduzierung des CO_2-Ausstoßes vorweisen. Umso wichtiger scheint es den Luftfahrtgesellschaften zu sein, unverzüglich in Forschung und Entwicklung klimaschonender Maschinen zu investieren. Doch die Konzerne sollten nicht staatlich finanzierten Forschungseinrichtungen das Feld allein überlassen, sondern nach Möglichkeit auch selbst versuchen, mehr Know-how aus der Klimadebatte zu gewinnen. Zur Anregung ein bescheidener Vergleich: In einer ganzseitigen Vierfarbanzeige der Lufthansa, die am 11. Juni 2007 in der *Süddeutschen Zeitung* geschaltet war, weist die Fluggesellschaft stolz darauf hin, dass ihre Umweltbilanz in der Vermeidung von 71 000 Tonnen CO_2 pro Jahr besteht. Dies ist grob geschätzt in etwa dem Kohlendioxidvolumen vergleichbar, das allein die Insekten des Saarlands in einem Jahr erzeugen. Und rund 100 000 Lufthansa-Passagiere atmen pro Jahr ebenfalls so viel CO_2 aus. Etwas mehr Sensibilität in der gegenwärtig aufbrandenden Umweltdebatte möchte man auch dem Philips-Konzern wünschen, der als offizieller Partner der von Al Gore initiierten Kampagne Life Earth – The Concerts for a Climate in Crisis mit ganzseitigen Anzeigen für die Rettung des Klimas auf sich aufmerksam macht. In einer am 4. Juli 2007 in der *Süddeutschen Zeitung* veröffentlichten Anzeige heißt es: »Einfachheit bedeutet, gemeinsam dazu beizutragen, den Klimawandel aufzuhalten.« Gibt es im Umfeld dieses weltbekannten Hightech-Konzerns nicht einen einzigen Klimahistoriker, der darauf hinweisen könnte, dass man einen Klimawandel auf unserem Heimatplaneten Erde nicht nach Belieben aufhalten kann?

Isaac Newton hat einmal gesagt: Was wir wissen, ist ein

Tropfen, was wir nicht wissen, ein Ozean. Wir ahnen zwar alle die Unermesslichkeit unserer Unwissenheit, sobald wir einen prüfenden Blick in die Natur werfen, vermögen jedoch nur mit Mühe zu erfassen, wie geringfügig selbst das ist, was wir zu wissen glauben. Gleichzeitig hegen wir die unausrottbare Gewissheit, dass die menschliche Vernunft für alle Probleme auch realisierbare Lösungen zur Verfügung haben müsse. Offenbar war auch Albert Einstein zu einer ähnlichen Erkenntnis gelangt: Kein Problem, sagte er, könne aus demselben Bewusstsein heraus gelöst werden, das es geschaffen hat – wir müssen stattdessen lernen, die Welt neu zu sehen. Wir täuschen uns nicht nur über den Spielraum unserer Gedankenfreiheit – mindestens im gleichen Maße sind wir auch Opfer der Illusion, die Wirklichkeit, in der wir leben, sei unserem Verstand uneingeschränkt zugänglich. Theoretisch ist uns das Problem seit mehr als 2000 Jahren bekannt. Plato hat es in seinem berühmten Höhlengleichnis ein für alle Mal gültig festgehalten: Die Menschen sitzen gefesselt in einer Höhle, sodass sie den Kopf nicht drehen und dem Eingang zuwenden können. Sie sind stattdessen gezwungen, immer nur auf die Rückwand der Höhle zu starren. Draußen, vor dem Eingang, brennt ein Feuer, das seinen Widerschein in die Höhle wirft. Von allem, was sich »in der Wirklichkeit« vor dem Höhleneingang abspielt, bekommen die Menschen nur jene Schattenrisse zu Gesicht, die auf der Höhlenwand einen wilden Reigen tanzen. Dieses flackernde Schattenspiel hält die gefesselte Menschheit für die Wirklichkeit. Im Streit über Sinn und Zweck der schemenhaften Figuren meinen die Menschen, es sei die Aufgabe der Wissenschaft, diese Schattenbilder zu erforschen. Wenn aber nur einem von ihnen die Fesseln abgestreift würden und er vor die Höhle treten könnte, so würde er die Dinge selbst sehen und statt der Schattenwürfe die Wirklichkeit erkennen.

Ist die Jagd auf CO_2 am Ende auch nur eine Jagd auf ein Phantom – auf einen Schattenriss der Wirklichkeit? Schon

Newton, aber auch Nobelpreisträger wie beispielsweise Wolfgang Pauli und zahlreiche andere Geistesgrößen des 20. Jahrhunderts befanden, dass man im Hinblick auf die Alchimie, jene uralte Königsdisziplin der Wissenschaftseliten früherer Jahrhunderte, einen Rückschritt hin zum Aberglauben vermeiden sollte; doch wer glaubt, die derzeitigen Wissenschaften seien der Weisheit letzter Schluss, ist längst einem ganz anderen Aberglauben verfallen: Wissenschaft als Ersatzreligion, trügerische Illusion allmächtiger Allwissenheit, deren Verfechter uns glauben machen, dass wir kurz vor der Entschlüsselung der letzten Geheimnisse der Erde stehen. Wenn heutzutage Expertenmeinungen einer bestimmten Richtung folgen, wenn sie käuflich sind und Wissen als Ware auf dem Markt von Lobbyisten gehandelt wird, dann entfernt sich das ziemlich weit von dem Bild, das wir normalerweise von der Wissenschaft haben. Rangieren doch in unseren Augen Wahrheitssuche und Objektivität für Wissenschaftler an höchster Stelle, obwohl oder auch gerade weil es in der Geschichte der Wissenschaft – auch in der jüngsten Geschichte der Klimatologie – dafür traurige Gegenbeispiele gibt. Das Selbstverständnis, nur der Wahrheit verpflichtet zu sein, verschafft Wissenschaftlern den Ruf einer moralischen Autorität. Weil sie in der Sozialstruktur der Gesellschaft, heute mehr als je zuvor, ganz oben rangieren und weil sie sich überwiegend mit geistiger Arbeit befassen, wirken sie integer.

In der letzten Zeit häufen sich allerdings die Skandale um Wissenschaftler. Es ist deshalb erstaunlich, wie sich Professoren über die Regeln wissenschaftlicher Seriosität hinwegsetzen können, ohne Nachteile befürchten zu müssen. Diese Situation kann in einer Welt, die insbesondere bei der Beurteilung des globalen Klimas auf den Rat vergleichsweise weniger Experten angewiesen ist, eigentlich nicht hingenommen werden. Wo Wissenschaftler als Experten von Regierungen, in Parlamenten, wissenschaftlichen Beiräten, Enquête-Kommissionen oder anderen Gremien auftreten, üben sie häufig großen, nicht selten entscheidenden Einfluss aus. Meist wird das jedoch nicht offensichtlich, denn sie sind nur im Hintergrund beratend tätig. Die Entscheidungen, häufig von großer und größter Tragweite, fallen letztlich an Kabinettstischen, in Behörden, Unternehmen und Gerichten. Aber welcher Minister beispielsweise mag schon selbst beurteilen, ob wir eher einer Eiszeit oder einer weiteren Erwärmung entgegengehen, wie hoch die Wahrscheinlichkeit ist, dass uns ein Atomkraftwerk um die Ohren fliegt, wie groß das Risiko ist, dass die Dämme bei der nächsten »Jahrtausendflut« hoch genug sind? Selbst wenn er einer Expertenmeinung begründet misstraut, kann er es sich kaum leisten, sich über die wissenschaftlichen Expertisen hinwegzusetzen. Wer hat die Muße, sich in diese künftig so entscheidende Wissenschaftsmaterie einzuarbeiten oder gar in der politischen Auseinandersetzung nachzuweisen, dass Zitate gefälscht, Statistiken und Grafiken über die künftige Entwicklung des Klimas frisiert sind?

Die Zusammenhänge, um die es heute in unserer globalisierten Gesellschaft geht, sind so unglaublich komplex, die Spezialisierung in der wissenschaftlich-technologischen Welt ist so weit fortgeschritten, dass auf Experten oder Gutachter – und das ganz besonders im weltweiten Klimabereich – nicht verzichtet werden kann. Genauso wie die Unabhängigkeit unserer Richter in der Verfassung verankert ist, müsste künftig auch die der Experten gewährleistet sein. Nur völlig unabhängige Sachverständige dürften mit Prognosen im Bereich mittel- und langfristiger Klimaentwicklungen mit Gutachten über Klimaschäden, Festlegungen von Grenzwerten und Untersuchungen über Klimagase betraut werden. Schließlich hängt in diesem Bereich nicht nur das Leben der heutigen Generation von ihrem Urteil ab. Experten, auch Klimaexperten, sind aber in der Regel mit ihrem Arbeitsplatz von Industrie, wissenschaftlichen Institutionen, Parteien und Regierungen abhängig. Jeder Forscher braucht Geld für seine Projekte. Manches Forschungsinstitut kann sich mit den zuweilen spärlich fließenden staatlichen Geldern nicht über Wasser halten und finanziert Gehälter und Forschung über sogenannte Drittmittel, Gelder aus Wirtschaft und Politik, die häufig an bestimmte Vorgaben geknüpft sind. Das Sprichwort »Wes Brot ich ess', des Lied ich sing« bringt diese Ausgangslage lakonisch auf den Punkt. In Zeiten des Klimawandels handelt es sich aber nicht mehr um ein Kavaliersdelikt, wenn, wie im vorigen Kapitel dargelegt, der beratende Einfluss gar direkt die Machtausübung im militärisch-industriellen Komplex betreffen sollte.

Brauchen wir, so sollte man zunächst einmal fragen, mehr als 2500 Klimasachverständige in einem einzigen Gremium, wie es im UN-Weltklimarat der Vereinten Nationen realisiert ist? Welche langfristigen Entscheidungen sollen beispielsweise der Oberbürgermeister und sein Stadtparlament einer durch den steigenden Meeresspiegel bedrohten Kommune fällen, wenn der UN-Weltklimarat nach sechsjähriger Beratung zu der alarmistisch verbrämten Botschaft kommt, die Meere werden in den nächsten Jahrzehnten dramatisch steigen, und zwar, wie bereits im 2. Kapitel dargestellt, um 9 bis 88 Zentimeter? Da könnte er ebenso gut die Dienste eines Wahrsagers oder einer Kartenlegerin in Anspruch nehmen – deren Zukunftsprognosen wären vermutlich genauer und wahrscheinlich auch wesentlich billiger zu haben. Wenn aber die Quantität der Klimaberater schon nicht zu beeinflussen ist, dann könnte möglicherweise an der Qualitätsschraube gedreht werden. Bewahren uns vielleicht andere, finanziell unabhängige und emotional nicht der Wahnvorstellung eines Weltuntergangs durch verheerende Klimakatastrophen verhaftete Experten vor Lotteriegutachten wie im Falle des Meeresspiegelanstiegs? Man könnte auch in Erwägung ziehen, zumindest die Honorare für Regierungsberater in Zukunft an eine Rückforderungsklausel für den Fall wissenschaftlichen Fehlverhaltens zu koppeln. Vielleicht die wichtigste Frage in diesem Zusammenhang: Warum hat sich die Politik, wie es scheint, so bedingungslos den zum Teil selbst ernannten Klimaexperten untergeordnet? Und mit welcher Berechtigung versucht die Politik – trotz völlig unzulänglicher und teilweise einfältigster Klimagutachten –, nun auch noch Wirtschaft und Verbraucher unter ihre Fuchtel zu bringen?

Wir Deutsche haben einen ausgeprägten Respekt vor Autoritäten, vor weißen Kitteln, schwarzen Roben und Professorentiteln. Autoritäten sind nach Meyers Konversationslexikon von 1885 folgendermaßen definiert: »In der wissenschaftlichen Sprache heißen solche Gelehrte Autoritäten, welche in ihrem Fach einen so wohlbegründeten Ruf erworben haben, dass ihre Stimme in Bezug auf die Wahrheit und Sicherheit einer Angabe den Ausschlag gibt.« Dass wir aus ungeprüftem Respekt vor Autoritäten dazu neigen, auf das Bemühen unseres eigenen Verstandes zu verzichten, ist eine wesentliche Voraussetzung dafür, dass angebliche Autoritäten in Klimafragen so viel Macht und Einfluss gewinnen und unter Umständen schon heute den Keim für noch nicht erkennbares Unheil anrichten konnten. Freiheit der Forschung ist unter den gegenwärtigen Bedingungen im Hinblick auf den bevorstehenden Klimawandel weltweit eine leere Sprechblase. Wir – die Bürger – haben vermutlich noch nicht wirklich verstanden, wie lebensbedrohlich es sich auswirken muss, wenn die Politik selbstherrlich entscheidet, was mit welchem Resultat untersucht, in die Wege geleitet, wo verharmlost und wo verschwiegen wird.

Seit Langem denken seriöse Wissenschaftler darüber nach, ob ein »Eid des Hippokrates«, übertragen auf Wissenschaftler und Ingenieure, das Schlimmste verhindern könnte. Der Physiker und Mitbegründer des »Neuen Forums«, Sebastian Pflugbeil, hat in seinem Nachwort zu dem Buch *Käufliche Wissenschaft* keine allzu großen Illusionen in dieser Richtung aufkommen lassen: »So notwendig und wertvoll es ist, nach

Maßstäben für das eigene Handeln zu suchen, Grenzen zu ziehen, Berufsethos auszurufen, die Konsequenzen des eigenen Handelns zu bedenken, die Lebensgrundlagen unserer Enkel zu schützen – so sympathisch die Wissenschaftler sind, die sich damit abgeben –, sie befinden sich wegen der zuvor erwähnten zunehmenden finanziellen Abhängigkeiten unvermeidlich in einem ständigen Prozess des Aussterbens.«[9]

Manche Staaten hoffen inzwischen darauf, von den kostenlosen Geschenken des Klimawandels auch zu profitieren: Das im Schnitt drei bis vier Meter dicke Eis arktischer Gewässer, so zeigen die jüngsten Daten und Messungen, könnte schon in wenigen Jahren weitgehend verschwunden sein. Der Startschuss zum Run auf das arktische Öl und andere kostbare Bodenschätze ist vielleicht schon gefallen. Der Wissenschaftliche Beirat der deutschen Bundesregierung hingegen wird nicht müde, allein auf die durch den Klimawandel drohenden Gefahren zu Hause und ganz besonders in Drittweltländern hinzuweisen. Als Gegenmaßnahme schlägt das Beratergremium in einer Studie, die im Frühsommer 2007 in Berlin vorgestellt wurde, eine Art neuen KSZE-Prozess vor. Denn die befürchteten »innerstaatlichen Zerfalls- und Destabilisierungsprozesse mit diffusen Konfliktstrukturen« seien mit der klassischen Sicherheitspolitik künftig nicht mehr zu bewältigen. Schon heute lebten 1,1 Milliarden Menschen ohne sicheren Zugang zu ausreichend Trinkwasser, 850 Millionen seien unterernährt. Vom Klimawandel sei, so heißt es unisono, eine Verschlimmerung der Weltlage zu erwarten: Schwankungen bei Niederschlägen, steigende Meeresspiegel und die wachsende Gefahr von Unwettern brächten laufend neue Risiken. Die Folge könnten Verteilungskonflikte und Wanderungsbewegungen armer Völkerschaften sein. Besonders das südliche Afrika und die Ballungszentren im Gangesdelta seien hochgradig gefährdet. Auch ein etwaiger Kollaps des Regenwaldes hätte aus Sicht der Ratswissenschaftler unabsehbare Folgen. Gefährdet seien aber ebenso die wirtschaftlich aufstrebenden Regionen wie etwa die dicht besiedelte Ostküste Chinas. Sie sei von Stürmen und Fluten bedroht – mit dramatischen wirtschaftlichen und gesellschaftlichen Folgen. Für den Klima-Chefberater der Bundeskanzlerin, Professor Dr. Hans-Joachim Schellnhuber, ebenfalls Mitglied im Wissenschaftlichen Beirat, scheinen diese Horrorszenarien noch nicht weit genug zu gehen. Rein vorsorglich macht er schon mal an anderer Stelle darauf aufmerksam, dass beispielsweise die EU-Partnerländer Holland und Spanien aus klimatischen Gesichtspunkten »nicht mehr zu halten« seien – so schnell kann's also gehen mit dem gesenkten Daumen in der internationalen Klimaarena. Demnach sollten wir auch Bangladesch vergessen. Steigt das Meer wie befürchtet, müssen viele Millionen Einwohner umgesiedelt werden. Und geben wir gleich noch den Urwald am Amazonas auf. Schreitet der Rodungs- und Austrocknungsprozess weiter voran, wird dort im Jahre 2100 nichts als »leere Steppe« sein – sagt ebenfalls der Chefberater von Angela Merkel voraus.

Damit sich das Klima nicht wandelt, müssen sich also die Menschen wandeln. Aber was, wenn mit den sattsam bekannten, vermutlich jedoch völlig unzureichenden Patentrezepten zum Klimaschutz – die Treibhausgasemissionen müssten bis 2050 im Vergleich zu 1990 mindestens halbiert werden – die Erde am Ende vielleicht gar nicht gerettet werden kann? Die Beseitigung menschlicher Fehlerhaftigkeit ist erfahrungsgemäß ein mühsames und zudem recht unbefriedigendes Geschäft. Weitaus mehr Möglichkeiten würde zweifellos die aktive Förderung menschlicher Kompetenzen und Fähigkeiten eröffnen. Von phantasievollen Managementstrukturen zwecks Ausschöpfung völlig neuer Chancenpotenziale, die der Menschheit aus dem Klimawandel in mindestens ebenso großer Zahl erwachsen wie Weltuntergangskatastrophen, spricht hierzulande aber kaum jemand. Millionen Menschen starren bei der Vokabel »Klimawandel« gebannt wie das berühmte Kaninchen auf die Schlange – in der Überzeugung: Machen wir dem verflixten CO_2 den Garaus, wird die Katastrophe an uns vorübergehen. So haben wir womöglich den letzten Euro in Sparlämpchen und Rußfilter investiert, uns vielleicht sogar überreden lassen, mit dem Fahrrad nach Mallorca zu fahren, und am Ende steht uns das Wasser trotzdem bis zum Hals.

Was uns wirklich Probleme bereitet, ist nicht, was wir nicht wissen, sondern das, was wir fälschlich zu wissen glauben. Eines ist jedoch sicher: Auf einen aktiven Schutz zur Abwehr durch nichts zu verhindernder Naturkatastrophen aus Gründen eines natürlichen Klimawandels werden wir von unseren Regierungen jedenfalls nicht vorbereitet. Denn für die heißt Klimaschutz offensichtlich nichts anderes als die Konservierung des klimatischen Istzustandes. Diese Haltung mag einem menschlich durchaus nachvollziehbaren Wunschdenken entspringen; aber wird sich Mutter Erde davon beeindrucken lassen – egal, was wir tun? Hat sie sich in all den Jahrmillionen von dergleichen beeindrucken lassen? Würde es uns heute überhaupt geben, wenn sich der Planet an wessen Wunschvorstellungen auch immer orientiert hätte?

Inzwischen ist die öffentliche Debatte um den Klimawandel »der Wissenschaft enteilt, manchmal auch schon viel zu weit voraus«, erklärte Martin Parry, einer der Berichterstatter des Weltklimarats IPCC, nachdem er im April 2007 die Zusammenfassung des zweiten Teilberichts über die Klimafolgen in Brüssel der versammelten Weltpresse präsentierte. Die Angelegenheit ist den Wissenschaftlern also bereits entglitten? Wenn man bedenkt, mit welchem Fachchinesisch wir nicht selten bombardiert werden, muss diese Erkenntnis zunächst nicht unbedingt etwas Schlechtes bedeuten. Wissenschaftler bevorzugen nämlich selbst dann, wenn es um harte, für den normalen Menschen besonders relevante Fakten geht, nur selten eine klare Sprache. Und Sätze wie »die Bilanz aus positiven und negativen Folgen für die Gesundheit wird von einem Ort zum anderen variieren [tut sie das nicht schon immer? – d. Verf.], und sie wird sich noch mit der Zeit ändern, wenn die Temperaturen steigen«, der aus dem von Parry vorgestellten Klimabericht stammt, belegen das überdeutlich. Solche sensationellen Botschaften wirken auf ihre Weise demoralisierend. Aber genau an solcher Art Sprachhygiene war dem Klimaforscher, als er in Brüssel vor die Weltöffentlichkeit trat, ganz offenbar gelegen. Woran er sich stattdessen sattgehört zu haben schien – und, wie die an Hysterie grenzende Klimadebatte zuletzt gezeigt hat, viele Menschen auf der Welt mit ihm –, waren Wortschöpfungen wie »Klimakollaps«, »Klimadesaster« oder »Klimakatastrophe«. Die Angst, der Dramatisierung und maßlosen Übertreibung bezichtigt zu werden, kommentierte Joachim Müller-Jung in der *Frankfurter Allgemeinen Zeitung*, »stand Parry in Brüssel ins Gesicht geschrieben«.[10] Dabei ist das doch genau die entscheidende Frage: Stimmen die Maßstäbe noch? Und in welche apokalyptischen Szenarien kann man sich noch steigern, wenn das IPCC in der nächsten Zeit mit neuen schrecklichen Klimagutachten die Welt erschüttert? Mit anderen Worten: Wie schockierend und katastrophal, um ein paar der häufig von offizieller Seite verwendeten Umschreibungen zu benutzen, wird der Klimawandel wirklich?

Die Wirklichkeit unserer Welt von heute ist womöglich viel schockierender als das dunkel beschworene Klimainferno von morgen. Mehr als die Hälfte der gesamten Menschheit leidet schon seit Jahrzehnten an Hunger und Durst. Mehrere tausend Kinder sterben jeden Tag, weil sie weder zu essen noch zu trinken haben. Mindestens ein Drittel aller Tier- und Pflanzenarten, so die alarmierende Botschaft der Weltnaturschutzunion, sind schon heute weltweit vom Aussterben bedroht. Und die allerwenigsten Orchideen, Großkatzen, Schmetterlinge oder Wale sterben aufgrund irgendwelcher witterungsbedingter Veränderungen aus, sondern häufig durch ganz andere, vom Klima völlig unabhängige Fehlentwicklungen unserer Zivilisation: beispielsweise durch die Vergiftung der Ozeane, Abholzung der Regenwälder, Versiegelung der Natur, durch das brutale Erschlagen von Millionen völlig wehrloser Seehundbabys, durch die Zerstörung der Korallenriffe, Überfischung der Meere, und vor allem aufgrund jener penetranten Gleichgültigkeit politischer und wirtschaftlicher Institutionen, wenn es um die Bewahrung der Schöpfung geht. Über siebzig Millionen Menschen, das sind beinahe so viele, wie derzeit in Deutschland wohnen, sind mit Bakterien der Art *Chlamydia trachomatis* infiziert, drei Millionen sind deswegen bereits erblindet, und zwar nur deshalb, weil sie zum Waschen kein frisches Wasser haben, sondern sich aus der verkeimten Brühe vor ihrer Wellblechhütte bedienen müssen. Mit ein paar Eimern sauberen Wassers oder einem Brunnen könnten die reicheren Nationen täglich Millionen kleine Wunder bewirken und wirklich menschenwürdige Hilfe leisten – und zwar heute, nicht erst morgen oder in hundert Jahren! Fast jeder zweite Erdenbürger lebt auch heute noch ohne Toilette mit Wasserspülung. Das UN-Kinderhilfswerk beziffert die Zahl der Menschen, die auf infektionsträchtige Alternativen angewiesen sind, auf 2,6 Milliarden. Gefährdet durch die mangelnde Hygiene seien vor allem die 980 Millionen Kinder unter ihnen, beklagt UNICEF in New York. »Jedes Jahr sterben schätzungsweise – genaue Zahlen gibt es nicht – mehr als 1,5 Millionen Kinder im Alter unter fünf Jahren durch mit Krankheitskeimen infizierten Toiletten, mangelnde Hygiene und unsauberes Wasser«, sagt UNICEF-Direktorin Ann Veneman. Das Kinderhilfswerk geht davon aus, dass modernere Toiletten allein die Zahl der Kinder, die infolge Durchfalls sterben, um ein Drittel reduzieren könnten. Wenn alle Kinder weltweit außerdem fließendes Wasser zum Händewaschen hätten, würde die Zahl der Diarrhöetoten unter fünf Jahren sogar um zwei Drittel sinken. Die Vereinten Nationen wollen im Oktober das internationale

Jahr der Hygiene ausrufen; damit sind wir alle aufgefordert, und zwar heute – nicht erst morgen oder in hundert Jahren!

Regierungsberater aber sehen die Weltordnung »durch den Aufstieg neuer Mächte wie China und Indien« gefährdet. Dirk Messner vom Wissenschaftlichen Beirat für Globale Umweltveränderungen befürchtet, dass die internationale Politik die künftigen Probleme nicht bewältigen kann. Warum sagt dem guten Mann niemand, dass die Politik ja noch nicht einmal die brennendsten Probleme von heute zu lösen in der Lage ist? Die Folgen eines ungebremsten Klimawandels seien nicht Kriege im klassischen Sinn, so Messner. Vielmehr könnten künftig ganze Regionen destabilisiert werden und zerfallen. Bereits von 2025 an könnten sich Dürren, Hungersnöte und Wasserknappheit einstellen, sodass Konflikte und Massenfluchten zu befürchten wären. Der Klimawandel biete dem Wissenschaftlichen Beirat der Bundesregierung zufolge die Chance, die Staaten der Welt zu einen, um gegen »klimabedingte Konflikte« gemeinsam vorgehen zu können. Sollte es wirklich erst »klimabedingter Konflikte« bedürfen, um gegen die himmelschreiende Armut in unserer Welt entscheidende Schritte zu unternehmen?

Wenn es darum geht, den Treibhauseffekt zwecks Rettung des Weltklimas abzuwenden, geht Bundeskanzlerin Angela Merkel gern mit gutem Beispiel voran. In ihrer Berliner Altbauwohnung achtet die Klimakanzlerin nach eigenem Bekunden streng darauf, Elektrogeräte mit Stand-by-Betrieb komplett auszuschalten. Die Abende verbringt sie nicht selten im matten Schein von Energiesparlampen. So wie sie sollten es möglichst alle Bürger halten, findet die Kanzlerin. Ihr erklärtes Ziel ist es, Deutschland zum Musterland in Sachen Energiesparen und damit Klimaschutz zu machen. Die promovierte Physikerin weiß natürlich, dass es mit ein paar Energiesparlämpchen in der Wohnung und einem Rußfilter für ältere PKWs nicht getan ist, um den Klimawandel aufzuhalten. Als Naturwissenschaftlerin weiß sie, dass Klimaänderungen für den Planeten Erde seit Jahrmillionen völlig normal und durch menschliche Eingriffe niemals aufzuhalten sind. Was berechtigt die Kanzlerin also, so zu tun, als machten ihre privaten Abende im Dämmerlicht irgendeinen tieferen Sinn? In einer noch unter Verschluss gehaltenen Expertise haben ökologisch orientierte Ökonomen analysiert, welche Kosten auf Wirtschaft und Verbraucher zukommen, wenn die Regierung mit dem Klimaschutz wirklich einmal ernst machen sollte; noch gehört nämlich der CO_2-Vorkämpfer Deutschland zu den europäischen Schlusslichtern im Kohlendioxid-Ranking. Diese Tatsache lässt die Kanzlerin jedoch unbeeindruckt; die eiserne Lady der Bundesrepublik hält an ihrem Traumziel fest: 50 Prozent müssen beim Ausstoß von CO_2 eingespart werden. Das bedeutet für Wirtschaft und Industrie, aber auch für den Alltag und die Lebensgewohnheiten der Bundesbürger milliardenschwere Belastungen: 18 Milliarden Euro blechen wir bereits für die sogenannte Ökosteuer, für Windräder und Solardächer mussten wir im vergangenen Jahr schon mehr als drei Milliarden Euro auf die Stromrechnung drauflegen. Dazu kommen künftig noch wesentlich höhere Steueraufschläge, empfindliche Streichungen beim subventionierten Wohnungsbau, saftige Preisaufschläge beim Fliegen und beim Autofahren, um nur einige Posten des staatlichen Abkassierens zu nennen. Ein gigantischer Kraftakt, der in fataler Weise an mittelalterliche Ablassgepflogenheiten der katholischen Kirche erinnert – aber wofür?

Die geplanten, überaus schmerzhaften Eingriffe durch den Fiskus lassen in Abwandlung des Titels eines bekannten Medizinbestsellers womöglich ebenso geniale Steuererfinder vermuten. In der Tat könnte der Steuermoloch im Gegensatz zu dem inzwischen außer Rand und Band geratenen Medizinbetrieb in noch weit lukrativere Jagdgründe vorstoßen. Vorbildszenarien für die Entdeckung innovativer Finanzquellen finden sich im aktuellen Gesetzentwurf zur Gesundheitsreform gleich dutzendweise. Dort sollen die Versicherten gegenüber der Versichertengemeinschaft zu »gesundheitsbewusstem« Verhalten zwangsverpflichtet werden: Bürger, die chronisch erkranken und nicht an Vorsorge- beziehungsweise Früherkennungsuntersuchungen teilgenommen haben, sollen von der reduzierten Zuzahlungs-Belastungsgrenze ausgenommen werden. Wer weiterhin von der bestehenden Chronikerregelung profitieren möchte, muss sich entsprechend »therapiegerecht« verhalten. Recht so, werden viele sagen. Der Enthusiasmus für den geplanten Vorsorgezwang beruht allerdings auf der irrigen Annahme, dass Vorsorge immer gut ist und billiger als Therapie. Es wird dabei jedoch oft übersehen, dass das sogenannte Screening häufig keine Vorsorge ist, sondern Früherkennung, bei der eine Erkrankung nicht verhindert, sondern der Zeitpunkt ihrer Diagnose lediglich vorverlegt wird. Nur wenige Menschen haben einen Nutzen von diesen Vorsorgeprogrammen, sehr viel mehr erleiden jedoch Schaden durch falsche Befunde, Überdiagnosen und Übertherapien. Die Krebssterblichkeit insgesamt und auch die Gesamtsterblichkeit nehmen durch solche kostspieligen Maßnahmen jedoch keineswegs ab.

Nach den Vorstellungen von Bundeskanzlerin Merkel soll es den Bundesbürgern, ähnlich wie in Gesundheitsangelegenheiten, zur Pflicht gemacht werden, sich für den Klimaschutz via höhere gesetzliche Abgaben immer mehr zu engagieren. Frau Merkel hat an anderer Stelle ausgeführt, diese Pflicht sei keine, die sich der Staat zwecks Eröffnung neuer Geldquellen ausdenke; Steuerpflichten in Sachen Klimaschutz halte sie für eine Bürgerpflicht im eigentlichen Sinne. Die Behauptung, es gebe für jeden Bürger gewissermaßen eine moralisch-sittlich begründete Pflicht, ist im konkreten Fall Klimaschutz für eine ausgewiesene Naturwissenschaftlerin erstaunlich, in jedem Fall aber begründungsbedürftig. Fragwürdig ist sie schon allein aufgrund der Tatsache, dass es bis heute keinen wissenschaftlichen Beweis für einen durch den Menschen verursachten Klimawandel gibt, und darüber hinaus auch kein wissenschaftlicher Beweis für die Schuld von CO_2 als »Klimakiller« vorliegt.

Die Erklärungen der deutschen Regierungschefin und einiger ihrer Bundesminister zum Klimaschutz stellen den Versuch dar, nicht nur den deutschen Bürgern ein schlechtes Gewissen zu machen. Den Bürgern, die sich gegen die Deklaration eines menschengemachten Klimawandels verwahren und ihre Zustimmung für die geplanten Steuergesetze verwehren, soll eine Verantwortung eingeredet werden, die sie so keinesfalls haben. Für Krankheit und Lebensgefahr, die einen Menschen im Allgemeinen und aufgrund eines natürlichen Klimawandels im Besonderen treffen, sind andere Menschen in der Regel nicht verantwortlich, es sei denn, sie hätten durch ihr Verhalten nachweislich eine Ursache für Krankheit oder den Eintritt der Lebensgefahr gesetzt. Das hat mit Drückebergerei und unsolidarischem Verhalten nichts zu tun. Man tut mit Sicherheit gut daran, sich durch Ausführungen wie die der Bundeskanzlerin und eines Teils ihrer Kabinettsmitglieder kein schlechtes Gewissen machen zu lassen. Es verwundert, dass Angela Merkel im Hinblick auf den Klimaschutz einer Vergesellschaftung bürgerlicher Rechte das Wort redet. Dieselben Regierungsmitglieder würden bei einem entsprechenden Versuch der Vergesellschaftung großer Vermögen vermutlich erbitterten Widerstand leisten.

Der US-Publizist Paul Berman definierte den Totalitarismus als »Politik der Massenmobilisierung für unerreichbare Ziele«, die am Ende ins Elend führt. Um eine Massenmobilisierung für die Lösung unlösbarer Probleme geht es auch bei der gegenwärtigen Klimapolitik nach Kyoto-Muster. Dieses Abkommen geht davon aus, der unbestreitbare Klimawandel werde durch Kohlendioxid verursacht. Wissenschaftliche Belege für einen solchen Zusammenhang stehen nicht nur aus, wissenschaftliche Belege im vorliegenden Buch führen einen solchen Zusammenhang weitgehend ad absurdum. Und selbst wenn der Klimawandel, den kein seriöser Wissenschaftler bestreitet, tatsächlich die Ursachen hätte, die ihm der UN-Klimarat und zahlreiche politische Institutionen in der ganzen Welt zuschreiben, wäre ihm mit den derzeitigen Rezepten nie und nimmer beizukommen. Das Kyoto-Protokoll verfolgt das reichlich naive Ziel, die CO_2-Emissionen der Vertragsstaaten – die »Weltmarktführer« in Sachen CO_2-Produktion sind dem Abkommen erst gar nicht beigetreten – unter das Niveau von vor knapp zwanzig Jahren zu drücken; aber in den meisten Fällen hat sich nicht einmal dieses bescheidene Vorhaben realisieren lassen. Selbst die Bundesrepublik Deutschland unter Führung von Angela Merkel hat im Jahre 2006 nicht, wie geplant, fünf Prozent weniger CO_2-Ausstoß erzeugt, sondern 0,7 Prozent mehr! Wer vom Weltuntergang durch CO_2 überzeugt ist und als Politiker trotzdem die Zügel schleifen lässt, sollte in jedem Fall auch damit rechnen, sich irgendwann – und zwar auch unter Umständen noch *nach* seinem Ausscheiden aus politischen Spitzenämtern – für seine Unentschlossenheit und Laxheit juristisch verantworten zu müssen. Aber gerade weil zumindest naturwissenschaftlich vorgebildete Politiker wissen, dass sie gegenwärtig lediglich aus macht- und wirtschaftspolitischem Kalkül einem Phantom namens Kohlendioxid nachjagen, ist ihre innere Gelassenheit nachvollziehbar. Doch auch die könnte bald in Unordnung geraten, wenn sich der Verdacht leichtfertiger Wichtigtuerei erhärten sollte.

Eigentlich, so schreibt Edgar Gärtner in der Tageszeitung *Die Welt*, hätte die mögliche Rolle von Kohlenstoffdioxid im Wettergeschehen seit über einem halben Jahrhundert geklärt sein können. Schon 1951 habe das »Compendium of Meteorology« der U.S. Meteorological Society festgestellt, dieses »Treibhausgas« könne prinzipiell keine große Rolle spielen, weil fast alles, wozu es imstande sei, schon vom Wasserdampf getan wird, der in der Atmosphäre ohnehin vorhanden ist.

»Gab es jemals ein Experiment, das diese Einschätzung widerlegen konnte?«[11] Sollten nicht nur durch Beobachtungen in der Natur und aufgrund wissenschaftlicher Experimente erhärtete Hypothesen über die Ursachen des Klimawandels als Entscheidungsgrundlage einer weltweiten Klimapolitik akzeptiert werden? Am europäischen Kernforschungszentrum CERN in Genf wird gegenwärtig das Experiment »Cloud« vorbereitet, bei dem es sich genau genommen um die Wiederholung eines von dänischen Atmosphärenphysikern durchgeführten Versuchs handelt, dessen Ergebnisse im Oktober 2006 in den »Proceedings of the Royal Society A« veröffentlicht wurden. Henrik Svensmark und seine Mitarbeiter berichten dort, dass ihnen der Nachweis gelungen sei, wie bereits geringfügige Schwankungen der Sonnenfleckenzahl und damit einhergehende Veränderungen des solaren Magnetfeldes die Durchschnittstemperatur des Planeten Erde nachhaltig beeinflussen können: Ist das Magnetfeld der Sonne stark genug, schirmt es die Erdatmosphäre vor eindringenden kosmischen Partikeln ab, und es wird wärmer. Sinkt die Sonnenaktivität hingegen, fördert in der irdischen Atmosphäre eintreffender Sternenstaub die Bildung kühlender und Regen bringender Wolken. Da die Sonnenaktivität in den letzten Jahrzehnten erheblich stärker geworden ist, könnte das vermutlich die im gleichen Zeitraum gemessene Erderwärmung im Wesentlichen erklären. Für die nächsten Jahrzehnte erwarten russische Astrophysiker eine Abnahme der Sonnenfleckenzahl, was kostspielige Klimapolitik unter Umständen überflüssig machen würde. »Sollte das ›Cloud‹-Experiment bestätigen, was die Dänen behaupten, müsste die Agenda der Klimaforschung und der Politik umgeschrieben werden«, so Edgar Gärtner, der das Umweltforum des liberalen Centre for the New Europe in Brüssel leitet. »Es könnte sich zeigen, dass wir doch in einer offenen Welt leben und nicht in einem Treibhaus, in dem eine Bürokratie Emissionsquoten zuteilen muss.«[12]

Für Historiker, Philosophen und die politischen Wissenschaften dürfte die Treibhauslegende eines Tages zum Lehrbeispiel für die Frage werden, wie und wodurch die Wissenschaft auf Abwege geraten konnte. »Es geschieht oft«, hatte bereits im 19. Jahrhundert der englische Philosoph und praktizierende Volkswirt John Stuart Mill (1806–1873) erkannt, »dass ein universeller Glaube, ein Glaube, von dem niemand frei war oder von dem sich niemand ohne eine außergewöhnliche Anstrengung von Vorstellungskraft oder Mut befreien konnte, in einem späteren Zeitalter so greifbar zur Absurdität wird, dass die einzige Schwierigkeit darin besteht, zu verstehen, wie eine solche Idee jemals glaubwürdig erscheinen konnte.« Natürlich, keine große wissenschaftliche Arbeit ist je fehlerfrei gewesen: Jede umfangreiche oder revolutionäre Großtat der Wissenschaft enthielt Irrtümer. Intellektueller Fortschritt ist ein komplexes Netz aus Fehlstarts und neuen Versuchen. Im normalen Diskurs würde niemand auf der Welt den CO_2-Fanatikern ihre Fehler vorwerfen. Selbst Galilei und Newton machten große Fehler. Wissenschaft lebt davon, dass Hypothesen eifrig verfolgt werden, um zu sehen, wohin sie führen. Das Übel beginnt ja erst, wenn die Wissenschaft fachfremden Autoritäten ihr Ohr leiht – das ist unwissenschaftlich. Und genau das gilt auch für die These vom menschengemachten Klimawandel. Eine solche These muss nicht von Anfang an falsch sein – in der Tat können wir bei Spekulationen im Hinblick auf unsere Zukunft auch heute noch keine definitive Entscheidung treffen, wie wir ja bereits in einem früheren Kapitel an einem verblüffenden Beispiel demonstriert haben. Wichtig wäre es aber, wie Machiavelli sagte, den Anschein der Albernheit zu vermeiden.

Wissenschaftler und Politiker müssen vor allem wieder neu begreifen, dass Konsens kein für die Wissenschaft taugliches Konzept ist. Als Nazi-Wissenschaftler ihre Solidarität gegen die jüdische Relativitätstheorie in dem Buch *Hundert gegen*

Einstein bezeugten, murmelte der grauhaarige Wissenschaftler, einer würde schon genügen. Er meinte: Ein einziger Gegenbeweis, den nur einer der politisch angepassten Solidarischen aus der Natur beschaffen würde, könnte die Theorie schon zerstören, an die aber, wie wir heute wissen, keine noch so große Prahlerei heranreichte. Daher sind Politiker und Forschungsbürokraten allemal schlecht beraten, wenn sie von Wissenschaftlern in einer Situation allgemeiner Unsicherheit auf Biegen und Brechen bestimmte Ergebnisse erzwingen wollen. Das ist etwa so, als wollte man die natürliche Schöpfung unter den Willen eines Liliputaners beugen. Wenn sich der Planet spröde stellt und seriöse Wissenschaftler sagen, sie brauchen mehr Zeit, dann meinen sie es auch so. Kein quälendes Mobbing oder Winken mit Geldscheinbündeln kann zu sinnvollen und belastbaren Ergebnissen führen, bevor die Arbeit vollbracht ist. Um politischer Ziele willen unausgegorene Informationen in der Öffentlichkeit als harte Fakten zu verbreiten hat die Qualität von Seifenblasen. In Augenblicken, in denen die Natur ihre Botschaften flüstert, muss die Wissenschaft für politische Versuchungen und Vorurteile taub sein.

Ein amerikanischer Comic zeigt einen jungen Klimaforscher, der seinem schon etwas betagteren Professor an einer Tafel eine komplizierte mathematische Computersimulation vorführt. Zwischen Schritt eins und Schritt drei seiner Modellrechnung steht: »Hier geschieht ein Wunder.« Skeptisch sieht sich der Professor die Formeln an. Dann sagt er: »Ich denke, junger Mann, bei Schritt zwei sollten Sie etwas genauer sein.« – Eines macht der Comic deutlich: Die Behauptung, ein Wunder geschehe, ersetzt weder in der Klimaforschung noch in der Politik die wissenschaftliche Erklärung. Sie verweist lediglich auf eine eklatante Wissenslücke.

Die heutigen Klimatheorien mögen sich eines gar nicht allzu fernen Tages als richtig oder falsch erweisen. Wer eine Theorie aber heute schon gegen Kritik abschottet – egal, von welcher Seite –, verhält sich nicht wie ein Wissenschaftler, sondern wie ein Ideologe. Und als solcher sollte er nicht länger auf Kosten der Steuerzahler sein beschränktes Handwerk betreiben dürfen. Wissenschaftler, die an der Rolle des Menschen bei der globalen Erwärmung ihre berechtigten Zweifel zum Ausdruck bringen, werden neuerdings gezielt als »Klimaleugner« diffamiert – wobei vermutlich eine Nähe zum »Holocaust-Leugner« billigend in Kauf genommen wird. Die deutschen und internationalen »Temperaturbehörden«, insbesondere auch die der Vereinten Nationen, gebärden sich dabei wie eine Zuchtanstalt für »Gleichschaltung des Wissens«[13]. Auf der Flucht vor diesem speziell »deutschen Paradoxon«[14] befindet sich gegenwärtig auch der Leibniz-Preisträger Gerald Haug (der Leibniz-Preis ist mit zweieinhalb Millionen Euro der höchstdotierte Wissenschaftspreis in Deutschland). Haugs Arbeiten zur Klimadynamik in den letzten großen Warm- und Eiszeiten wurden zwar allesamt auch hierzulande hoch gelobt und weltweit zitiert, aber was dem Paläoklimatologen nach Forschungsaufenthalten in den USA und der Schweiz im Geo-Forschungszentrum auf dem Potsdamer Telegrafenberg alles widerfahren ist, hat ihn nun veranlasst, dem vermeintlichen Forscherparadies Deutschland den Rücken zu kehren. Genügend Geld zu bekommen, um Geräte und Mitarbeiter zu bezahlen, sei das eine, noch wichtiger sei es aber, nicht ständig »in einer irrwitzigen Relevanzdebatte gegängelt zu werden«. »Typisch deutschen Dirigismus«, erklärte der Klimawissenschaftler in einem *FAZ*-Interview[15], habe er hier fast jeden Tag erlebt. »Um wirklich als Grundlagenforscher gut arbeiten zu können, braucht man viel Freiheit«, sagt der 38-jährige Professor. Ein Preisträger, der auswandert, sei verständlicherweise für alle Beteiligten etwas Ungewöhnliches; aber die Eidgenössische Technische Hochschule (ETH) in Zürich habe ihm ein so lukratives Angebot gemacht, dass er sogar einen Ruf an die elitäre amerikanische Columbia-Universität samt Dienstwohnung am Central

Park ausgeschlagen habe. Seit die deutschen Helmholtz-Forschungszentren, so Haug weiter, »programmorientierte Forschung« für den Staat betreiben sollen, stehen sie unter einer verschärften ministeriellen Aufsicht, die nach seiner Erfahrung inzwischen bizarre Züge angenommen habe und die Kreativität der Wissenschaftler aushöhle. »Ich habe mich bewusst für Europa entschieden«, sagt Haug, einer der ganz wenigen international vorzeigbaren Klimaforscher unseres Landes, »aber nicht gegen Deutschland – nur gegen einige deutsche Zustände.«[16]

6 Zeitbomben im Ozean

Bei strahlendem Sonnenschein brachen am 5. Dezember 1945 fünf Torpedobomber der U.S. Navy von Fort Lauderdale in Florida zu einem Übungsflug in Richtung Bahamas auf. Eine halbe Stunde vor der erwarteten Rückkehr empfängt der Tower rätselhafte Funksprüche: Der Staffelführer berichtet über unerklärliche Kompassabweichungen und seltsame Lichterscheinungen. Kurz darauf bricht der Funkkontakt ab. Weder von den fünf Flugzeugen noch von den Besatzungen wird irgendetwas gefunden. Wenig später fehlt auch von einem ausgesandten Suchflugzeug jede Spur. Die betroffenen Soldaten und ihre sechs Militärmaschinen sind bis auf den heutigen Tag verschollen geblieben.

Eine Untersuchungskommission wurde eingesetzt, um das rätselhafte Schicksal der vermissten Flugzeuge aufzuklären. Dabei stieß man auf eine ganze Reihe anderer geheimnisvoller Zwischenfälle, die sich in diesem Seengebiet rund um die Bermuda-Inseln zugetragen hatten. Bei der statistischen Erfassung der jeweiligen Begleitumstände stellte sich heraus, dass das Schicksal der spurlos verschwundenen Maschinen nicht nur von vielen anderen Flugzeugen geteilt wurde, sondern auch von zahlreichen Schiffen, die in diesem Gebiet des Atlantischen Ozeans unterwegs waren. In den folgenden drei Jahrzehnten, zwischen 1945 und 1975, standen 37 Flugzeuge, 1 Freiballon und 38 Schiffe der verschiedensten Art und Größe bis hin zum Atom-U-Boot auf der Verlustliste. Bis heute sind in der Region des so genannten Bermuda-Dreiecks, genauer gesagt zwischen Florida, San Juan und Puerto Rico, mehr als 60 Flugzeuge und über 100 Schiffe spurlos verschwunden. Dazu kommen weitere 12 Schiffe – vom Motorboot über die Segeljacht bis zum Fischkutter und Schoner –, die, völlig intakt, aber von ihren Mannschaften verlassen, im Meer treibend aufgefunden wurden. Kaum ein Schiff oder Flugzeug hatte vor dem plötzlichen Verschwinden SOS gefunkt. Im Gegenteil: Oft meldete der Bordfunker noch »alles o. k.« oder »ideales Wetter«, bis dann jedes Mal abrupt Funkstille eintrat. Etliche Male, jeweils kurz bevor die Verbindung abriss, wurden seltsam erscheinende Funksprüche aufgezeichnet: »Wir kommen in weißes Wasser« oder »Unsere Bordinstrumente spielen verrückt, wir haben völlig die Orientierung verloren«.

Von einigen Schiffen und Flugzeugen, die eine Beinahe-Katastrophe unbeschadet überstanden haben, gibt es sehr merkwürdige Hinweise. Ihren Mannschaften verdanken wir zwar konkretere, aber immer noch reichlich dubios klingende Berichte. Die Schilderungen reichen von »weißem und leuchtendem Wasser« über »lichtdurchflutete, farbige Nebel« bis hin zu »blitzenden Kugeln, die sich unter der Wasseroberfläche oder in der Luft bewegten« und direkt auf das Schiff oder Flugzeug zurasten. Fast immer war von »diffus schillernden Lichterscheinungen« die Rede, oder man hatte ein »Verschwinden des Horizonts« beobachtet. Einmal wurde von einem »gigantischen, plötzlich aus der See sich aufwölbenden Wasserdom von über zwei Kilometer Durchmesser und 100 Meter Höhe« berichtet oder von »einer plötzlichen Hellgrünfärbung des Wassers«, aus dem »10 bis 20 Meter hohe Fontänen« schossen. Felix R. Paturi weist darauf hin, dass sich diese geheimnisvollen Szenarien keineswegs auf das Bermuda-Dreieck beschränken. Die »Teufelssee«, ein Meeresgebiet zwischen Japan und den Bonin-Inseln, wurde 1955 von der japanischen Regierung zur Gefahrenzone erklärt, nachdem sich in diesem Gebiet ähnliche Ereignisse gehäuft hatten. Ein besonders mysteriöses Schiffsunglück hat sich, so Paturi, rund 150 Kilometer nördlich der schottischen Industriestadt Aberdeen am »Witch Ground« (Hexengrund), einem Offshore-Ölfeld, wo der Meeresboden ziemlich genau kartografiert ist, zugetragen: »Bei Vermessungen in den 1970er-Jahren fielen zahlreiche ungewöhnliche Löcher im Untergrund auf, die wie riesige Pockennarben wirkten. Man hielt sie zunächst für Ausbruchstellen von Erdgas, denn andere Ursachen schienen nicht infrage zu kommen. Als 2002 der Meeresbiologe Alan Judd von der University of Sunderland mit einem Expertenteam den örtlichen Meeresgrund genauer unter die Lupe nahm, entdeckte ein ferngesteuertes Forschungs-U-Boot in der Mitte des Witch Ground, dem ›Witch Hole‹ (Hexenloch), ein eigentümliches Schiffswrack: einen Kutter, der offensichtlich nicht gekentert war, sondern völlig unversehrt und ohne jegliches Leck in 150 Meter Wassertiefe kielunten im Hexenloch stand. Marinehistoriker identifizierten den Fund als stählernes Schiff aus der Zeit zwischen 1880 und 1930. Der Kutter musste in voller Fahrt ganz plötzlich und ohne Vorwarnung wie ein Fahrstuhl geradewegs auf den Meeresgrund gesunken sein.«[1]

Wen würde es heute noch wundern, wenn auch solche bislang völlig unerklärlichen Phänomene und Schicksale mit dem Klimawandel in Verbindung gebracht würden? Und in der Tat ist dies so. Um diese Zusammenhänge aber besser verstehen zu können, ist es erforderlich, etwas tiefer in die Erdgeschichte hinunterzusteigen. Das Klima geriet, wie wir mittlerweile genau wissen, schon viele Male aus dem Tritt – auch vor rund 55 Millionen Jahren, etwa 10 Millionen Jahre nach der Dinosaurier-Ära. Damals, in der Epoche des sogenannten Paläozäns, ereignete sich eine unvergleichlich größere Katastrophe als der Absturz einiger Flugzeuge oder der Untergang einiger Schiffe. Die Temperaturen stiegen auf dem gesamten Planeten aus noch unbekannter Ursache in kürzester Zeit um mehr als 7 °C, während sich das Wasser der Ozeane um bis zu 15 °C erwärmte. Wie Bohrkerne verraten, starben im Meer ganze Arten aus, vor allem Mikroorganismen, unter anderen etwa drei Viertel aller einzelligen Urtierchen wie beispielsweise die Foraminiferen – die gesamte Tiefsee verwandelte sich gleichsam in eine Todeszone. Auf den Landmassen machten sich aufgrund der relativ angenehmen Temperaturen explosionsartig die Vorfahren der heutigen Säugetiere breit und verdrängten die bis dahin die Erde beherrschenden Eier legenden Säugetiere. In den Subtropen war es so heiß geworden, dass große Tierherden in die arktischen Gegenden Nordamerikas und Eurasiens auswanderten, wo die Temperaturen etwas erträglicher waren; in der Arktis lebten jetzt sogar Krokodile.

Seit Kurzem kennen die Forscher die Ursache für diese plötzliche globale Hitzewelle und den damit verbundenen tief greifenden biologischen Wandel auf allen Kontinenten: Riesige Mengen von Methanhydrat, einer festen Verbindung aus Wasser (H_2O) und Methan (CH_4), hatten sich in den Meeren und Dauerfrostregionen aufgelöst. Davon zeugen weltweit viele Indizien. So ist in den Kalkschalen winzig kleiner Meereslebewesen und in den Zähnen von fossilierten Säugetieren aus dieser Zeit sehr viel »leichter« Kohlenstoff (C_{12}) eingebaut, wie er in Methanhydrat vorkommt. Die meisten Forscher sind überzeugt: Das Treibhausgas Methan, etwa 30-mal wirksamer als Kohlendioxid, perlte damals urplötzlich in riesigen dichten Blasenschleiern aus den Meeresböden. Auf seinem Weg durch das Ozeanwasser wurde es dabei größtenteils in Kohlendioxid umgewandelt. Beide Gase gelangten in die Atmosphäre und heizten zusammen mit dem aus den warmen Meeren entweichenden Wasserdampf das Klima zusätzlich auf, dadurch wurde noch mehr Methan freigesetzt – eine tödliche Spirale war in Gang gekommen.

Dieses gigantische Klimadesaster der Vorzeit ist für uns beängstigend aktuell. Denn auch heute durchsetzt Methanhydrat – das sogenannte Methaneis – die obersten 250 bis

1500 Meter des Meeresbodens, der sich vor den verhältnismäßig flachen Schelfküsten der meisten Kontinente ausbreitet, bevor er über die steilen Kontinentalabhänge in die Tiefen der Ozeane abfällt. An den Kontinentalhängen durchsetzt Methanhydrat die Sedimente einige hundert Meter tief, bis in jene Bereiche, in denen aus dem Erdinneren emporsteigende Wärme die Hydratbildung wiederum verhindert. Vom Küstenrand bis 250 Meter Wassertiefe ist die Temperatur weder tief noch der Druck des Wassers hoch genug. Auch in den arktischen Permafrostgebieten ist der explosive, weil leicht brennbare Stoff in ungeheuren Mengen verborgen, wie seismische Messungen und Bohrungen ergeben haben. Nach gängigen Schätzungen von Wissenschaftlern sind weltweit insgesamt 10000 bis 15000 Gigatonnen – 1 Gigatonne ist 1 Milliarde Tonnen – Kohlenstoff als Methanhydrat gespeichert. Diese Zahl ergibt sich, wenn man die Daten aus Bohrungen und seismischen Messungen auf alle Regionen der Welt hochrechnet, in denen die Bedingungen für Methaneis günstig sind.

Niemand weiß, wie diese riesigen Mengen auf die vermuteten Temperaturerhöhungen der kommenden Jahre reagieren werden: Der steigende Meeresspiegel der nächsten Jahrzehnte sollte das Eis eigentlich durch den erhöhten Druck stabilisieren. Falls wir also um höhere Temperaturen, wie viele Wissenschaftler meinen, nicht herumkommen, sollten wir, wie wir noch im Einzelnen darlegen werden, über steigende Meeresspiegel froh sein. *Nur* höhere Temperaturen ohne einen Anstieg des Meeresspiegels würden vermutlich ziemlich rasch in die Katastrophe führen. Auch das umgekehrte Szenario, wie es der PIK-Professor Rahmstorf bei einem schwächer werdenden Golfstrom prophezeit, ist mit einem hohen Gefährdungspotenzial gekoppelt: Eine neue Eiszeit bedeutet ein Absinken der Meere um etliche Meter – vor dem Ende der letzten Eiszeit war der Meeresspiegel weltweit um etwa 130 Meter gefallen und die Nordsee zwischen den Britischen Inseln und Skandinavien weitgehend begehbar. Wird aber der Wasserdruck, der jetzt auf dem untermeerischen Methaneis lastet, verringert, muss unter Umständen ebenfalls mit Katastrophen unvorstellbaren Ausmaßes gerechnet werden.

Hier ist, wie im Folgenden noch deutlich werden wird, eine vornehme Zurückhaltung bei der Beschreibung möglicher Naturkatastrophen unangebracht. Merkwürdigerweise wird von dieser potenziell größten Klimagefahr weltweit überhaupt nicht gesprochen. Falls der Kreislauf der Meeresströmungen, insbesondere also des Golfstroms im Nordatlantik, ins Stocken gerät oder gar vollends versiegen sollte, könnte auch auf diesem Wege warmes Wasser in die tieferen Zonen der Meere vordringen und das Methaneis schmelzen – wie damals im Paläozän vor 55 Millionen Jahren.

Auslöser für diese Katastrophe in der Urzeit unserer Erde könnten nach Meinung von Santo Bains von der britischen Oxford University Erdbeben oder Vulkanausbrüche gewesen sein. Da das Methaneis nur bei dem hohen Druck in mehr als 250 Meter Wassertiefe und bei Temperaturen nahe des Gefrierpunktes wirklich stabil ist, könnten heftige Erschütterungen oder die Hitze eines Vulkanausbruchs ausgereicht haben, um ein untermeerisches Methanhydratlager aufzulösen. Experten vermuten zudem, so berichtet die Geophysikerin Ute Kehse, dass es unter der obersten Methaneisschicht freies Methangas gab, das durch Erschütterungen bis zum Wasser gelangt sein könnte. »Was auch immer den Methanrülpser vor 55 Millionen Jahren ausgelöst hat: Danach kam es zu einer Kettenreaktion. Die erste Erwärmung brachte die Meeresströmungen durcheinander und heizte das Tiefenwasser auf. Darauf lösten sich immer mehr Hydratspeicher auf, was den Treibhauseffekt weiter verstärkte. Eine Katastrophe, die sich demnächst wiederholen wird?«[2]

Bevor wir uns erneut der Ursachenanalyse im Hinblick auf das spurlose Verschwinden von Flugzeugen und Schiffen in bestimmten Regionen der Weltmeere zuwenden, vielleicht noch ein paar allgemeine Hinweise vorweg: Vor elf Jahren kreuzte das Kieler Forschungsschiff »GEOMAR«, das routinemäßig Sedimentproben vom Meeresboden einsammelte, in den Gewässern des Nordatlantiks. Einer der Wissenschaftler, Professor Gerhard Bohrmann, stand an der Reling und entdeckte plötzlich einen koffergroßen eisähnlichen Brocken sprudelnd und leise zischend im Wasser schwimmen. Da in diesen Breiten mit Eis weit und breit nicht zu rechnen war, wurde die Mannschaft stutzig und hievte den geheimnisvollen Klotz an Bord: Seine Farbe war schmutzig weiß, er wog etwa einen Zentner, entwickelte an seiner Oberfläche ständig kleine Blasen, die rasch zerplatzten – und roch ein bisschen nach faulen Eiern. Das Verblüffendste an dem seltsamen Ding aus dem Meer war jedoch etwas anderes: Es ließ sich anzünden und verbrannte mit gelblich blauer, manchmal rötlicher Flamme – »brennendes Eis« nannte es die Crew. Doch schon nach weniger als einer Stunde hatte sich das fremdartige Objekt buchstäblich in Luft aufgelöst, lediglich eine kleine Wasserpfütze zeugte von dem spukhaften Intermezzo. Niemand von den Wissenschaftlern wusste, was sie da vor sich hatten, denn bis 1996 war diese Substanz in der freien Natur, gar mutterseelenallein im Meer schwimmend, völlig unbekannt. In den 1930er-Jahren war es von russischen Ingenieuren als Ursache von Verstopfungen in sibirischen Erdgaspipelines entlarvt worden. Obwohl in diesen Leitungen kein hoher Druck herrscht, kann sich Methanhydrat, Hauptbestandteil des Erdgases, wegen der tiefen Wintertemperaturen bilden.

Inzwischen ist sich die Wissenschaft fast sicher, dass dieses mysteriöse Eis aus den Tiefen der Ozeane der Schlüssel zur Erklärung vieler Katastrophen in der Erdgeschichte sein könnte – vielleicht auch die Erklärung für so manches Klimageschehen in der jüngeren Vergangenheit. Es ist nicht völlig von der Hand zu weisen, dass sogar das Ende der letzten Eiszeit vor

12000 bis 15000 Jahren und das Aufblühen jenes in der Bibel beschriebenen Paradieses nichts anderem zu verdanken war als einer globalen Methaneiskatastrophe.

Genauere Analysen ergaben, dass es sich bei dem »brennenden Eis« um eine ganz gewöhnliche Methan-Wasser-Verbindung handelt, eine chemische Verbindung, die normalerweise gasförmig ist und unter Ausschluss von Sauerstoff beim Verwesen organischen Materials entsteht. Auf den Grund des Meeres gesunkene tote Wassertiere oder in den Ozeanen wachsende Pflanzen wie beispielsweise die riesigen Algenteppiche können ebenso Quellen von Methan sein wie etwa ein kräftiger Rülpser aus einem Rindermagen. Doch während ein Kuhrülpser ungehindert in die Atmosphäre entweicht, geht das Methan im Meer ab einer Wassertiefe von rund 250 Metern und bei Temperaturen um den Gefrierpunkt eine eisartige Verbindung mit dem Wasser ein. Das »Methaneis« selbst, auch »Methanhydrat« oder »Methanclathrat« genannt, ist keine neue chemische Verbindung, sondern ein Gebilde aus käfigförmig vernetzten und natürlich nur unter einem sehr starken Mikroskop erkennbaren Wassermolekülen, die in ihrem Zentrum jeweils ein Methanmolekül eingesperrt haben, sodass es nicht ohne Weiteres entweichen kann. Da es sich bei diesen Hydratkristallen nicht um wirklich innig verbundene Molekularstrukturen handelt, sind die Methanclathrate verhältnismäßig instabil – beim Schmelzen des Eises wird das Gas ganz plötzlich frei und dehnt sich schlagartig um fast das 200-fache Volumen aus! Methaneis ist nur bei tiefen Minustemperaturen und/oder hohem Druck (250 Tonnen pro Quadratmeter) haltbar. Es zerfällt spontan in Wasser und Methangas, wenn die Temperatur 1 bis 2 °C über null steigt oder der Wasserspiegel um ein paar Meter sinkt und damit der hohe Druck etwas verringert wird. Am sichersten scheint das Methaneis dann zu sein, wenn der Druck (also der Meeresspiegel) hoch und die Temperaturen niedrig sind – eine Situation, die auf der Erde aus rein physikalischen Gründen nur relativ selten vorkommt. Ein Horrorszenario wird von manchen Wissenschaftlern für den Fall befürchtet, dass aufgrund des Klimawandels an der Oberfläche erwärmtes Meerwasser in tiefer gelegene Zonen vordringt und dabei den labilen Gasspeicher im Ozean schlagartig zersetzen könnte.

Für das rätselhafte Verschwinden von Flugzeugen und Schiffen vor der Küste Floridas und in einigen anderen Teilen der Welt hat nun der Geochemiker Richard McIver eine verwegene Theorie entwickelt: gewaltige Methaneisrutschungen am Grund der Ozeane. Tatsache ist, dass das Eis im Porenraum des schlammigen Meeresbodens wie Zement wirkt – besonders an den Kontinentalhängen oder an den Flanken erloschener untermeerischer Vulkankegel, wo der Meeresboden steil zur Tiefsee abfällt. Das Bermuda-Dreieck mit seinen drei Spitzen in Florida, Puerto Rico und vor den Bermuda-Inseln überdeckt genau den Kontinentalhang des amerikanischen Festlandsockels. Löst sich dort Methaneis auf, kann es zu gewaltigen Rutschungen kommen. Beweise für solche Überlegungen fanden Wissenschaftler in einem Bohrkern aus dem Westatlantik. Gleichzeitig mit dem Verschwinden der Mikroorganismen lagerte sich eine 20 Zentimeter dicke Schlammschicht ab, die Miriam Katz und ihre Kollegen an der Rutgers University in New Jersey kürzlich untersuchten. Der Meeresschlamm enthält Brocken des gleichen Materials, wie man es hangabwärts von einem Methanausbruch erwarten dürfte. Eine solche Rutschung kann auf jeden Fall Tsunamis auslösen: haushohe Flutellen, die vor allem nach schweren Seebeben gefürchtet sind. Aber kann sie auch ganze Schiffe in die Meerestiefe, gar Flugzeuge vom Himmel reißen?

Nach der Entdeckung des ersten Methaneisklumpens im Jahre 1996 setzten weltweit fieberhafte Forschungsaktivitäten ein, und heute stellt die Suche nach untermeerischen Methaneislagern das bei Weitem wichtigste Gebiet der aktuellen Meeresforschung dar. Das entspringt aber keineswegs nur wissenschaftlicher Neugier: Methaneis könnte unter Umständen den Energiehunger der Menschheit auf 1000 und mehr Jahre zu 100 Prozent allein stillen. Alle bekannten Kohle-, Erdöl- und Erdgasvorräte, die zusammen weniger als ein Drittel des Methanhydrats ausmachen, könnten im Hinblick auf die Mächtigkeit der weltweiten Methaneisvorräte für künftige und vor allem sinnvollere Verwendungszwecke gespart werden. Allerdings könnte sich das Methaneis auch als globaler Klimakiller – hier wäre die Bezeichnung vermutlich sinnvoller als beim CO_2! – von unglaublicher Brisanz entpuppen, wodurch die Erde in kürzester Zeit für die meisten heute existierenden Tier- und Pflanzenarten auf lange Zeit unbewohnbar gemacht würde, wie dies vermutlich schon etliche Male in der Erdgeschichte geschehen ist.

Methaneisbrocken hat man inzwischen nicht nur vor Florida, sondern auch vor Australien, Alaska, Japan, den Britischen Inseln und Norwegen, schließlich sogar tief in den Permafrostböden der Nordhalbkugel entdeckt. Auf den Meeresböden liegen also, das bleibt festzuhalten, gewaltige Energiespeicher, die – das entsprechende technische Know-how vorausgesetzt – vielleicht eines Tages wirtschaftlich nutzbar gemacht werden könnten. Dazu bemerkt Felix R. Paturi: »Erste ernsthafte Überlegungen, diese Vorkommen abzubauen, werden heute in vielen Ländern der Erde angestellt. Das Ganze gestaltet sich aber schwieriger, als auf den ersten Blick zu erwarten ist. Das Methaneis liegt nämlich nicht in dicken Paketen auf dem Meeresboden, sondern in dünnen Schichten, die in taube Sedimente eingelagert sind. Die Sedimentschichten, die bis zu 250 Meter mächtig sein können, enthalten oft nicht mehr als etwa zwei Prozent Methaneis. Noch problematischer ist, dass man das Methanclathrat nicht einfach an die Wasseroberfläche transportieren kann: Weil der Druck dort zu gering ist, zerfällt es ziemlich rasch. Aus einem Kilogramm Eis strömen dann nicht weniger als 164 Liter Methangas, das eingefangen werden muss, damit nichts davon als Treibhausgas in die Atmosphäre entweicht. Im Grunde müsste man also die gesamte 250 Meter dicke Sedimentschicht rasch an die Wasseroberfläche heben, das entweichende Gas auffangen und die restliche Masse so schnell wie möglich wieder absenken, damit das Restmethan gleich wieder hydriert. Das gewonnene Methangas lässt sich unter Druck und bei niedrigen Temperaturen ebenfalls wieder hydrieren, sodass man es Raum sparend transportieren kann. In Japan, das wenig eigene Ölvorräte, dafür aber reichlich Methanhydratvorkommen besitzt, arbeitet inzwischen eine Pilotanlage, die täglich 600 Kilogramm Methaneiskügelchen erzeugt, ihren Rohstoff aber nicht vom Meeresboden bezieht, sondern landwirtschaftliche Methanabgase verwertet.«[3]

Die Japan National Oil Corporation (JNOC) versucht seit einigen Jahren herauszufinden, ob es sich aufgrund der erforderlichen Sicherheitsvorkehrungen lohnt, Methanhydrat kommerziell zu fördern. Zusammen mit dem Geologischen Dienst von Kanada (GSC) bohrten die Japaner bereits 1998 in den Permafrostboden der kanadischen Arktis im Delta des Mackenzie River. »Bei unserer Testbohrung füllte das Gashydrat bis zu 80 Prozent des Porenraums«, berichtet Scott Dallimore vom GSC. »Untersuchungen in Alaska und Sibirien haben Konzentrationen zwischen 50 und 80 Prozent ergeben. Marine Lagerstätten sind zwar größer, enthalten aber stets weniger als 20 Prozent Gashydrat.«[4] Das sibirische Messoyakha-Gasfeld, ebenfalls im arktischen Permafrost gelegen, ist der einzige Ort der Welt, an dem bereits Erdgas aus Methangashydrat gewonnen wird. Das amerikanische Department of Energy ist überzeugt, dass der Energieverbrauch der USA bis zum Jahr 2020 um mindestens 30 Prozent zunimmt, wobei der Anteil der fossilen Energie vermutlich von 85 auf 90 Prozent klettern dürfte. Der Kongress genehmigte daher 50 Millionen Dollar für ein Programm, das die Erschließung von marinen Gashydraten bis 2015 ermöglichen soll. Inzwischen ist vor der Südostküste der USA ein 26000 Quadratkilometer großes Methanhydratfeld entdeckt worden, in dem Kohlenstoff in einer Menge lagert, die, gemessen am US-Energieverbrauch im Jahre 1996, mehr als 100 Jahre ausreichen würde.

Der weltweite Bedarf an Energieträgern wird gegenwärtig zu fast 90 Prozent von Kohlenwasserstoffen abgedeckt. Hierzu gehören Öl, Gas und Kohle. Nach Prognosen werden angesichts des steigenden weltweiten Energieverbrauches Lagerstätten von Gas und Kohle in vermutlich 100 bis 200 Jahren, die von Öl bereits in 50 Jahren erschöpft sein. Vor diesem Hintergrund scheinen zahlreiche Mineralölunternehmen mit der schier unerschöpflichen Energiequelle Methanhydrat zu liebäugeln. Nur: »Ganz ohne Risiko wäre die Ausbeute der Methanhydratlagerstätten nach heutigem Kenntnisstand jedoch nicht«, heißt es in einem Bericht des Max-Planck-Instituts für Plasmaphysik. »Die Zersetzung großer Mengen Methanhydrat könnte [allein schon beim Versuch eines unterseeischen Abbaus – d. Verf.] zum Abrutschen von Erdmassen und damit zu immensen Flutwellen führen. Die explosionsartige Reaktion beim Übergang von festem zu gasförmigem Methan rührt von einer annähernd 200-fachen Volumenvergrößerung her. Methanhydrate werden immer häufiger für submarine Rutschungen verantwortlich gemacht, und auch für das Verschwinden von Schiffen im Bermuda-Dreieck könnten Methanhydratfreisetzungen die Ursache sein.«[5]

Aber bis heute tappen die Ingenieure noch weitgehend im Dunkeln, wie sich Methanhydrat sicher abbauen lassen könnte. Als Wissenschaftler bei einer Testbohrung in der kanadischen Arktis in knapp 900 Meter Tiefe auf Methanhydrat stießen und sie den bröselnden, von grauen und weißen Eisklümpchen durchsetzten Bohrkern an die Erdoberfläche holten, legten sie die Eisbröckchen in eine Schüssel mit Wasser: Das energiereiche Gas Methan – Hauptbestandteil von Erdgas – sprudelte heftig wie in einem Whirlpool. Gerät ein Schiff in eine solch heftig sprudelnde und gischtende Methangasblase, hat es unter Umständen nicht mehr genügend Auftrieb und wird ohne Vorwarnung in die Tiefe gezogen. Wasser, das zu einem hohen Prozentsatz von Gasblasen durchsetzt ist, ist wesentlich leichter als gasfreies Wasser. Und zwar so leicht, dass es durchaus auch große Schiffe nicht mehr zu tragen vermag: Sie sinken blitzartig ohne jedes Leck. Das wurde inzwischen in vielen Modellversuchen im Labormaßstab nachgewiesen: »Ein Schiffsmodell schwimmt in einem Becken, an dessen Boden löchrige Schläuche verlaufen. Pumpt man Luft in diese Schläuche, die dann durch die Löcher in unzähligen kleinen Blasen ausströmt, geht das Schiffsmodell unter. Sogar schwimmende Enten versinken dann. Aber noch weitere Mechanismen sind möglich. Modellrechnungen einer australischen Forschergruppe um David May und Joseph Monaghan haben gezeigt, dass sogar eine einzige riesige Gasblase ein Schiff in die Tiefe reißen kann. Das geschieht in mehreren Phasen: Kurz vor ihrem Durchbruch wölbt die Gasblase die Wasseroberfläche beulenartig auf. Ein direkt über ihr schwimmendes Schiff rutscht auf der Beulenflanke zusammen mit dem ablaufenden Wasser steil nach unten und wird in einen Wasserwirbel gezogen, der um die Wasserbeule herum entsteht. Zerreißt die Blase schließlich an der Wasseroberfläche, setzen starke Abwärtsströmungen ein, die das Schiff weiter in die Tiefe ziehen.«[6]

Thomas Gold, Geowissenschaftler an der Cornell University, macht Methangasausbrüche gleich für vier Flugzeugabstürze vor der US-Nordostküste in den letzten zwölf Jahren verantwortlich. Sowohl beim Absturz der TW 800 im Juli 1996 als auch bei den Unfällen der Swissair 111 im September 1998, des Flugzeugs von John F. Kennedy jr. und der EgyptAir 990 im Oktober 1999 gibt es laut Gold keine »normale« Erklärung für die Flugzeugkatastrophen. In allen vier Fällen müsse ein plötzliches Ereignis den Absturz verursacht haben, das es dem Piloten unmöglich machte, vorher noch irgendwelche Details zu funken. Auch wenn Gold, so ein Kommentar in *Bild der Wissenschaft*, in Fachkreisen umstritten sei: »Es wurden in der Tat vor und nach dem TW 800-Absturz und dem EgyptAir-Crash Gasflammen und Feuerbälle in der Nähe der Küste beobachtet – möglicherweise brennendes Methangas.«[7] Geologe Gold vermutet jedenfalls, dass leichte Erdbeben das Methan aus dem Untergrund losgetreten haben. Methaneiseruptionen könnten komprimierte Gaspakete in die Atmosphäre katapultiert und die Flugzeugmotoren in Brand gesetzt haben.

Einige US-Wissenschaftler haben dem Methanhydrat sogar am Aussterben der Dinosaurier vor 65 Millionen Jahren einen wesentlichen Anteil zugeschrieben. Nach dem Szenario der Forscher rasten beim Einschlag eines riesigen Meteoriten, dessen Folgen die damaligen Herrscher der Erde zusammen mit vielen anderen Tier- und Pflanzenarten exterminierten, Schockwellen um die Erde und brachten gewaltige Mengen Methanhydrat zum Schmelzen. Blitze entzündeten das in die Atmosphäre verströmte Gas und setzten ganze Kontinente in Flammen. Manche Wissenschaftler sind zwar noch immer skeptisch, wie das freie Methangas durch eine 500 Meter dicke Eisschicht und einige hundert Meter Wasser in die Atmosphäre gelangen soll, doch für kleinere Gasausbrüche am Meeresboden gibt es durchaus Hinweise: Geologen der Bundesanstalt für Geowissenschaften und Rohstoffe in Hannover fanden auf Expeditionen in der arktischen Laptewsee und vor Pakistan – beides Gebiete, in denen reichlich Methanhydrat vorkommt – am Meeresboden sogenannte Pockmarks: Krater von 20 bis 30 Metern Durchmesser, die offenbar durch Gasausbrüche entstanden sind. Auf einer Expedition des deutschen Forschungsschiffes »FS Sonne« 1999 beobachteten Forscher vom Zentrum für Marine Geowissenschaften (GEOMAR) in Kiel, wie Methanblasen das Meerwasser zum Sprudeln brachten: Vor der Küste des US-Bundesstaates Oregon untersuchten deutsche und amerikanische Forscher den »Hydratrücken«, ein Unterwassergebirge von der Größe des Harzes, das besonders reich an Methaneis ist. Bei Tauchgängen unter Leitung des Kieler Geologen Bohrmann mit dem Forschungs-U-Boot »Alvin« entdeckten die Wissenschaftler mehrere Schlote, aus denen Gasblasen entwichen. Bohrmann vermutet, dass das Gas aus Bereichen unterhalb der Methanhydratschicht stammt, die hier 140 Meter dick ist, wie seismische Messungen gezeigt haben. »Das Methan muss schlagartig durch die Hydratzone schießen – sonst würde es sofort gefrieren«, ist Bohrmann überzeugt.[8]

Trendwissenschaftler behaupten immer wieder, die Zukunft der Menschheit liege im Meer – über das Für und Wider solcher Prognosen lässt sich trefflich streiten. Worin hingegen zahlreiche Geologen und Meeresforscher übereinstimmen, lässt sich am ehesten mit einem gegenteiligen Szenario beschreiben: Die größte Gefahr droht uns von den Methaneiszeitbomben in den Tiefen der Ozeane. Nimmt die Erderwärmung – aus welchen Gründen auch immer – zu, explodieren in den Weltmeeren die Gashydrate und bringen an den unterseeischen Kontinentalhängen unvorstellbar gigantische Erdmassen ins Rutschen. Die Folge sind turmhohe Tsunamis, die rund um den Globus rasen und die küstennahen Metropolen und Landstriche verschlingen. Bleibt die Erderwärmung aus und steht uns stattdessen eine neue Eiszeit ins Haus, passiert aufgrund sinkender Meeresspiegel genau das Gleiche. Wie realistisch ist dieses Weltuntergangsszenario wirklich? Was können wir, wenn überhaupt, dagegen tun? Die bisherige Klimaschutzdebatte, dies zumindest dürfte jetzt schon feststehen, nimmt vor einem solchen Hintergrund fast den Charakter eines Glasperlenspiels an.

Am 21. Juni 2005 trafen sich wissenschaftliche Experten und Berliner Bundespolitiker diskret zu einer Konferenz, die anlässlich einer Gesprächsrunde im Bundeskanzleramt kurze Zeit vorher verabredet worden war. Thema der Tagung: Sind Deutschlands Küstenregionen vor einem Tsunami, wie er beispielsweise am 26. Dezember 2004 in den Anrainerstaaten des Indischen Ozeans mehr als 230 000 Menschen das Leben kostete – darunter 463 deutsche Urlauber –, sicher? Erste Modellversuche schienen Entwarnung zu geben: Sie zeigten, dass eine Flutwelle in der Nordsee sich erheblich langsamer ausbreiten würde und zudem die Vorwarnzeiten mit viereinhalb bis sechseinhalb Stunden genügend Spielraum für Rettungsmaßnahmen ließen. Da die im Modell vermutete Tsunami-Welle mit etwa einem Meter Höhe auch nicht geeignet war, die Alarmglocken schrillen zu lassen, ist man, wie aus »gut unterrichteten Kreisen« anschließend zu erfahren war, ohne weiteres Aufsehen zu erregen, zur Tagesordnung übergegangen. Da in der Vergangenheit im Atlantischen Ozean glücklicherweise nur höchst selten zerstörerische Erdbeben, die in der Regel als Auslöser von Tsunamis gelten, registriert wurden, wäre es nach Meinung von Konferenzteilnehmern reinste Panikmache gewesen, Deutschland und andere Anrainerstaaten der Nordsee mit einem entsprechenden Krisenszenario zu konfrontieren. So weit, so gut.

Dies ist jedoch nur die halbe Wahrheit. Vor 8000 Jahren, als das Paradies auf Erden seinem Höhepunkt zustrebte, wurde die Nordsee in einen wahren Hexenkessel verwandelt. Die Britischen Inseln wurden, wie Geologen vermuten, durch einen Tsunami von etwa 25 Meter Höhe vom europäischen Festland getrennt, der Ärmelkanal ist vermutlich auf diese Weise entstanden. Die wenigen Steinzeitmenschen, die seinerzeit als Jäger, Sammler und Urfarmer die Küstenregionen bewohnten, wurden überflutet – falls sie sich nicht, wovon einige Wissenschaftler heute allerdings ausgehen, aufgrund biologischer Frühwarnsysteme rechtzeitig in Sicherheit zu bringen wussten. Würde es heute zu einer vergleichbaren Katastrophe kommen, würden anschließend küstennahe Ballungsgebiete in Deutschland, den Niederlanden, Großbritannien, Dänemark und einigen anderen Staaten vermutlich als tote Landstriche zu gelten haben. An dieser Stelle mit weiteren Details zu operieren, würde bedeuten, sich an großen Zahlen abreagieren zu wollen; aus diesem und noch einem anderen Grund wollen wir hier darauf verzichten. Der andere Grund besteht schlicht darin: Wir müssen heute – nicht erst morgen oder gar, wie das heute üblich geworden ist, in 100 Jahren – mit einer ähnlichen Katastrophe rechnen. Allerdings mit einer Katastrophe, die – wenn die gründlichen wissenschaftlichen Studien der letzten Jahre als einigermaßen richtig unterstellt werden dürfen – wahrscheinlich noch wesentlich verheerender sein könnte als jene vor 8000 Jahren.

Werfen wir kurz einen Blick zurück in jene Zeit, als lange nach dem Ende der letzten Eiszeit auch Europa weitgehend von Gletschern befreit war und die Zivilisation weltweit ihren Anfang nahm. Der Nordatlantik, einschließlich des Golfstroms, war wohl in etwa so warm wie heute, lediglich die Lufttemperaturen mochten im Mittel noch 1 bis 2 °C höher gelegen haben. Da rutschten vor der Küste Norwegens, zwischen Bergen und Trondheim, unterseeische Erdmassen von der Größe des Saarlands – und, der besseren Vorstellung wegen, zwei Kilometer hoch mit Geröll bedeckt – vom Flachwasser in die Tiefsee. In der Schelfzone des Westteils von Skandinavien, ab einer Tiefe von etwa 250 Metern, war infolge des verhältnismäßig warmen Ozeanwassers Methanhydrat aufgetaut und mit rund 5600 Kubikkilometern Sedimentgestein in die Tiefen des Nordatlantiks gestürzt. Wie ein handygroßer Steinbrocken, der versehentlich in den Gartenteich fällt, löste die aus Geröll und Methaneis bestehende Lawine Wellen aus, die sich mit dem Tempo eines ICE in alle Richtungen ausbreiteten. Nach wenigen Stunden rasten Riesenbrecher auf alle umliegenden Küsten zu und verwandelten das Land in eine Wasserwüste.

Der Tsunami überrannte im Osten Schottlands, unweit des heutigen Inverness, auch einen steinzeitlichen Lagerplatz. Erst kürzlich entdeckten Archäologen die verwüstete, etwa 8000 Jahre alte Siedlungsstätte der schottischen Ureinwohner, bedeckt von einer 23 Zentimeter dicken Sandschicht, die der Tsunami angespült haben musste. Mittlerweile konnten Forscher ähnliche Ablagerungen an anderen Küsten nachweisen und die Höhe der Monsterwelle bestimmen. Die Überreste des schottischen Steinzeitlagers befinden sich knapp unterhalb des Meeresspiegels, der heute etwa 10 bis 15 Meter höher liegt als damals. Die Steinzeitmenschen wurden also auf einer etwa 10 Meter über dem Meer gelegenen Anhöhe vom Tsunami überrollt – falls sie nicht von den Tieren in ihrer Umgebung rechtzeitig vorher gewarnt wurden und, was noch wichtiger erscheint, sie diese Alarmzeichen auch zu deuten wussten.

Wie norwegische und britische Wissenschaftler im Fachmagazin *Eos*[9] berichteten, verwüsteten die Riesenwellen in anderen Regionen – beispielsweise auf den Färöer-Inseln – sogar noch deutlich höher gelegene Stellen. Auf den Shetland-Inseln liegen die Spuren dieser steinzeitlichen Tragödie mehr als 20 Meter über dem damaligen Meeresspiegel. Axel Bojanowski bemerkt dazu: »Dass es sich tatsächlich um die Spuren eines Tsunamis handelt, schließen die Wissenschaftler aus Ablagerungen, die sich deutlich von den darüber und darunter liegenden Erdschichten abheben: Sand und Kiesel, gemischt mit Pflanzenresten und Torfstücken, dokumentieren einen Wasserstrom, der alles, was ihm in den Weg kam, mitgerissen und schließlich abgelagert hat. Seeigelreste, Meeresmuscheln und Algen beweisen, dass das Wasser aus dem Meer gekommen sein muss. Die Altersbestimmung von Atomen in sämtlichen Ablagerungen in Norwegen, Schottland, den Shetland- und den Färöer-Inseln ergab übereinstimmend ein Alter von etwa 8000 Jahren. Es muss sich mithin um die Spuren ein und derselben Monsterwelle handeln.«[10]

Die Katastrophe ist aber nicht nur auf den Britischen Inseln, sondern auch in norwegischen Fjorden gut dokumentiert. Ablagerungen dieser Flutwelle – Geologen nennen sie heute die Storegga-Rutschung – wurden von Wissenschaftlern aus der ganzen Welt bestätigt. Jürgen Mienert, Professor für marine Geologie und angewandte Geophysik an der norwegischen Universität Tromsö, ist gemeinsam mit anderen Wissenschaftlern in den beiden Tauchbooten »MIR 1« und »MIR 2« bis zu jenem Teil am Meeresgrund vor der norwegischen Küste vorgedrungen, von wo die antike Storegga-Rutschung ihren Ausgang nahm. Die Forscher wurden unter anderem von dem norwegischen Erdölkonsortium Norsk Hydro unterstützt, das nicht nur am Brennstoff Methan großes Interesse zeigt; mehr noch wollen die Ölfirmen die Gefahren abschätzen, die für sie von den Methanhydraten ausgehen. Denn nur ein geringer Druckabfall oder Temperaturanstieg lässt die Gashydrate schlagartig zerfallen. Mienert und sein Kollege Jörg Polsewang fanden mit ihren Mini-U-Booten zwar kein Methaneis mehr, stattdessen aber ein charakteristisches Überbleibsel: bizarre Röhren, die aus dem Meeresboden ragen. Sie sind Indikatoren für Methanaustritte in der Vergangenheit. Das Methangas hat sich mit Sauerstoff aus dem Wasser zu Karbonat verbunden, aus dem die Röhren bestehen.

Noch, so der Methanexperte Mienert, ist der Nordatlantik gerade kalt genug für die unterseeischen Energiefelder. Was jedoch passiert, wenn sich die Meere weiter erwärmen sollten, hält der Wissenschaftler für »unter Umständen gewaltig«. In dem spannenden Bestseller *Der Schwarm* von Frank Schätzing, der die Steinzeit-Katastrophe zum Hintergrund seiner dramatischen Erzählung machte, ersaufen ganz Norwegen, die gesamten nordeuropäischen Bohrinseln und selbst Teile Norddeutschlands. Aber es ist ja »nur« ein Thriller, bekommt der Autor immer wieder zu hören – früher mögen solche Horrorfluten vielleicht möglich gewesen sein, aber heute kann sich eine Katastrophe solchen Ausmaßes aus dem Meer nicht mehr wiederholen. Oder? »Doch, jederzeit«, sagt Professor Gerhard Bohrmann. Wer den mitreißenden Thriller von Schätzing noch nicht gelesen hat – oder bisher eben lediglich als Nervenkitzel konsumierte –, sollte sich wenigstens die Schilderung der eigentlichen Katastrophe auf keinen Fall entgehen lassen. Es ist zwar richtig, dass es sich bei Schätzings Werk vornehmlich um eine aufregende Fiktion handelt – doch unglücklicherweise beruht sie stärker auf Tatsachen, als der Autor vermutlich preisgeben wollte. Gut vorstellbar, dass sich der ehemalige Bundeskanzler Gerhard Schröder, der vielleicht die Hamburger Konferenz am 21. Juni 2005 mitveranlasst hatte, persönlich von Schätzings Armageddon-Szenario beeindruckt gezeigt hat; doch die vom Hauptdarsteller des Buches, Professor Bohrmann, beabsichtigte Ernsthaftigkeit der Ursachendarstellung jener Steinzeit-Katastrophe mochte sich Schröder während seiner Amtszeit schließlich doch nicht zu eigen machen.

Gerhard Bohrmann, der im *Schwarm* gemeinsam mit seinem Kollegen Professor Erwin Suess unter seinem richtigen Namen auftritt, ist mit Leib und Seele Geologe. Wissenschaftler dieser Disziplin sind häufig Menschen, »die Steine so verzückt streicheln können wie Mädchenbrüste«.[11] Geologen sind aber auch Menschen, die die Tiefen des Meeres oder die Wüstenlandschaft Mexikos manchmal besser kennen als ihr eigenes Wohnzimmer, obwohl sich beide unter Umständen nicht sonderlich voneinander unterscheiden mögen. Da Frank Schätzing sein Buch über das Hauptforschungsfeld der beiden Kieler Geologen schrieb, war es nahe liegend, die unterseeischen, Unheil verheißenden Methanhydratgebirge und seine Bewohner, die Eiswürmer, in den Mittelpunkt seines literarischen Schockers zu stellen; denn die Professoren Bohrmann und Suess vom GEOMAR in Kiel – beide wurden 2001 von der Philip-Morris-Stiftung für die Erforschung von Tiefseegashydraten ausgezeichnet – beschäftigen sich vor allem mit Methanhydrat. Längst haben sie herausgefunden, dass Gashydrate chemosynthetisches Leben antreiben: Muscheln oder Würmer leben in inniger Symbiose mit Bakterien, die sich wiederum von Methan ernähren. »Man kann sagen, dass chemosynthetisches Leben das erste Leben war, das es auf der Erde gab«, sagt Bohrmann, »viele Lebensformen haben sich nicht verändert oder sind noch gar nicht entdeckt worden.«[12] Der Eiswurm zum Beispiel lebt in 550 Meter Tiefe im Golf von Mexiko. Entdeckt wurde er erst vor zehn Jahren – bis dahin fehlte eine Technologie, um das ozeanische Tierchen überhaupt aufzustöbern. Der Eiswurm ist ein possierlich kleiner Kerl, der entfernt mit einer rosa Hausstaubmilbe verwechselt werden könnte. Warum er in Tiefen von 500 Metern unter dem Meeresspiegel ausgerechnet in Bonbonrosa auf sich aufmerksam macht, weiß niemand. Wie die Forscher inzwischen allerdings genau wissen, lebt er in den Methanhydratflächen am Meeresboden und sorgt dort für eine gewisse Porösität – »nur nicht in solchen Mengen, wie es Schätzing in seinem Buch beschreibt«, sagt Bohrmann. Infolge ihrer kariösen Lebensweise entstehen submarine Superrutschungen, die nicht nur das Leben im Ozean auslöschen, sondern das an Land gleich mit dazu. »Aber das hat sich Schätzing nicht ausgedacht«, bemerkt der Geologe ebenso ruhig wie nachdrücklich, »solche Rutschungen sind in der Forschung gut dokumentiert.« Doch eine Katastrophe wie jene vor 8000 Jahren, eine solche Katastrophe ist doch heutzutage nicht mehr zu befürchten? »Doch, jederzeit«, meint Professor Bohrmann, »durch die globale Erwärmung.«[13]

Seit Februar 2006 hat der ehemalige Romanheld Gerhard Bohrmann ein neues Forschungsschiff, die »Maria Sibylla Merian«, ein sogenanntes Eisrandschiff, das mit seiner hochmodernen Hightech-Ausrüstung die Forscher bis an den Rand der Packeiszone bringt und sie von dort aus mit Robotern und Sonden das Meer unter dem Eis erkunden lässt. Damit ist seitens der deutschen Bundesregierung und führender Forschungsinstitutionen weitgehend sichergestellt, dass die Kieler Experten für die aktuelle Bedrohung durch Methaneiskatastrophen weltweit Augen und Ohren offenhalten. Wer aber kümmert sich um die Bedrohung vor unserer eigenen Haustür? Wie wir gesehen haben, wird die Gefahr eines Tsunamis in der Nordsee – trotz ausdrücklicher Warnungen der Kieler Wissenschaftler – derart gering eingeschätzt, dass es offenbar keiner besonderen Aufmerksamkeit durch Methanexperten bedarf. Stattdessen sind wir hier in Deutschland mit der Hetzjagd auf das weitgehend unschuldige CO_2-Molekül so eingespannt, dass kaum noch ein Gedanke an irgendeine andere, vom Klimawandel ausgelöste Gefahr verschwendet wird.

Dazu ein kleines Beispiel: Aus einem winzigen Loch auf dem Grund der Nordsee entweichen als Folge eines Bohrunfalls am 21. November 1990 große Mengen Methan. Mitarbeiter vom Leibniz-Institut für Meereswissenschaften (IFM-GEOMAR) an der Universität Kiel untersuchten mit einem U-Boot den Meeresboden. Dabei stellten sie fest, dass aus dem Bohrloch nun schon seit fast 17 Jahren pro Sekunde mindestens 1000 Liter Methangas strömen.[14] Das Leck war entstanden, als die englische Ölfirma Mobil North Sea Limited bei einer Bohrung auf eine Methangasblase stieß. Der Überdruck der Gasblase entlud sich am Tag ihrer Entdeckung in Form eines sogenannten »Blowouts«, was um Haaresbreite zu einer Explosion der ganzen Bohrinsel geführt hätte. Die Firma stellte ihre Aktivitäten daraufhin sofort ein. Ein Sprecher des Unternehmens sagte der Tageszeitung *Die Welt*, dass es seit jenem Vorfall an dieser Stelle keine weiteren massiven Gasaustritte mehr gegeben habe. Dennoch ist der unterseeische Krater, der inzwischen wieder im Besitz der britischen Regierung ist, auf Seefahrtskarten als Gefahrenstelle eingezeichnet. Selbst an der Oberfläche ist der Gasaustritt durch sprudelnde Blasen zu erkennen. Olaf Pfannkuche vom GEOMAR, Leiter der U-Boot-Expedition, beschrieb im Frühjahr 2007 die Situation vor Ort: »Es ist da unten wie in einem Whirlpool.«[15] Der Sog des ausströmenden Gases sei stark genug gewesen, um das Unterwasserfahrzeug immer wieder zu den Austrittsöffnungen hinzuziehen.

Das Methangas entweicht gegenwärtig mit unterschiedlicher Stärke aus zehn Quellen. Sie alle liegen innerhalb des Explosionskraters von 1990. Die Kieler Forscher vermuten, dass Teile des Bodens nach dem »Blowout« absackten und sich neue Wege für das ausströmende Gas öffneten. Zwei Drittel davon lösen sich im Meerwasser oder werden von Bakterien oxidiert. Der Rest jedoch gelangt an die Meeresoberfläche und damit in die Atmosphäre. Methan ist als Treibhausgas 30-mal so wirksam wie Kohlendioxid. In den Neunzigerjahren des 20. Jahrhunderts, als sich der Unfall ereignete, war Klimaschutz jedoch noch kein so großes Thema. Mehrere Versuche, das Bohrloch zu verschließen, scheiterten, sodass es also seit 17 Jahren offen ist. Eine einfache Rechnung lässt einem die Haare zu Berge stehen: Wenn in 1 Sekunde 1000 Liter Methangas ausströmen, dann sind das nach Adam Riese in einer Minute 60 000 Liter, in 1 Stunde 3 600 000 Liter, nach einem Tag 86 400 000 Liter, nach einem Jahr 31 536 000 000 Liter und nach 17 Jahren, die am 21. November 2007 vollendet sein werden, 536 112 000 000 Liter. Unterstellt, die Wissenschaft hat richtig gerechnet, sodass wir bei Methan von einer rund 30-mal so hohen Treibhausgaswirkung wie beim Kohlendioxid ausgehen müssen, dann produziert das 1990 entstandene – von Politik und Klimaexperten bislang völlig unberücksichtigt gebliebene – Methanleck in der Nordsee rund 16 080 336 000 000 Liter Treibhausgase in CO_2-Qualität (kurz: 16,08 Billionen!). Jetzt werden Kritiker zu Recht einwenden, dass selbst diese Riesenmenge Treibhausgas keine Rolle spielen sollte, wenn dabei der Ansatz dieses Buches unterstellt werde. Dieser Einwand ist jedoch nicht zutreffend, da die Treibhauskompetenz von Methan die von Kohlendioxid – völlig losgelöst vom jeweiligen Volumen – um mehrere Größenordnungen übersteigt. Aber da

Kritiker ja offenbar davon ausgehen, dass Kohlendioxid der große Klimakiller ist, müssen sie sich mit der Tatsache auseinandersetzen: Aus einem einzigen Loch in der Nordsee – Experten schätzen, dass es weltweit 10 000 vergleichbare Lecks in den Ozeanen und in den Permafrostböden geben könnte – wird unsere Atmosphäre zurzeit mit einer Treibhausgasmenge belastet, die dem CO_2-Ausstoß von etwa 32 Millionen Tonnen entspricht. Selbst wenn, man die geschätzte Leck-Zahl von 10 000 um die Hälfte reduziert, dann wird ersichtlich, dass die Erderwärmung unter Umständen allein auf die weltweite Unachtsamkeit der zuständigen Behörden und Experten zurückgeführt werden könnte.

Die Wissenschaftler stehen nun vor der Frage, wann sich im Nordatlantik eine Katastrophe wie in der Steinzeit wiederholen könnte. Immerhin wurden in den letzten 50 Jahren weltweit rund 70 große Tsunamis registriert, deren Ursache zwar häufig unterseeischen Beben zugeschrieben wird, die jedoch im Nordatlantik selten sind. Der in der Nordsee und anderen Meeren auf der nördlichen Halbkugel inzwischen entdeckte Unsicherheitsfaktor in Form von Methaneissedimenten an ozeanischen Kontinentalrücken bedarf nun rasch einer gründlichen Untersuchung. Denn gegen die Urgewalten von Monsterwellen haben Experten keinerlei Rezepte. Den Physikern, Meeresforschern und Geologen blieb es lange ein Rätsel, wie sich Wellenberge überhaupt derart hoch auftürmen können, ganz gleich, worin die Ursache dafür zu suchen ist. Rechnerisch lassen sie sich nur äußerst schwer erfassen.

Erst die letzten Jahre brachten Klarheit. Entscheidend dafür waren Arbeiten von Gunther Clauss an der Technischen Universität Berlin und von den Wasserexperten der Eidgenössischen Technischen Hochschule (ETH) Zürich, die heute über das weltweit führende Modell in der Tsunamiforschung verfügen. Vor allem das Forschungslabor der Versuchsanstalt für Wasserbau, Hydrologie und Glaziologie (VAW) an der ETH

Zürich könnte es mit jedem Aquapark aufnehmen. In einer riesigen Werkhalle voller Glaskästen, Rutschkanäle und Wasserpumpen erforschen Wissenschaftler die Geheimnisse von Flüssen, Seen und Gletschern. Mit komplizierten Messeinrichtungen haben sie ihre Aquarien verkabelt und registrieren Fließgeschwindigkeit, Wasserstand, Turbulenz oder die bei Methaneisrutschungen auftretenden Sedimentbewegungen. Das Team unter der Leitung des Ingenieurs Willi H. Hager simuliert alles nur Wassermögliche und schreckt auch vor Tsunamis nicht zurück. Das Wort »Tsunami« stammt aus dem Japanischen und heißt wörtlich übersetzt »Hafenwelle«. Das hat gute Gründe, denn die monströsen Tsunamis entfalten ihre ganze zerstörerische Gewalt erst, wenn sie in Flachwassergebiete vor den Küsten gelangen. An den Mündungstrichtern von Flüssen, wie beispielsweise Elbe oder Themse, oder an Hafeneinfahrten türmen sie sich besonders hoch auf. Erst wenn sie im Flachwasser bis zum Meeresboden reichen, gewinnen sie durch das Zusammenwirken von Bodenreibung und Vorwärtsbewegung ihre unheilvollen Ausmaße.

Die Konferenz vom 21. Juni 2005 zur Gefährdung durch Tsunamis in der Nordsee, die, wie oben erwähnt, zu dem Ergebnis kam, es würden sich schlimmstenfalls welche von einem Meter Wellenhöhe bilden können, war daher entweder nicht kompetent genug – oder aber man war auf höhere Weisung hin bestrebt, wirklichkeitsnahe beziehungsweise auf realistischen Annahmen basierende Veröffentlichungen in den Medien zu vermeiden, um keine panikartigen Reaktionen der Bevölkerung zu riskieren. Die erste Möglichkeit wäre fatal und wird hier ausdrücklich nicht unterstellt, die zweite Möglichkeit wäre immerhin nachvollziehbar. Rasen Tsunamis über weite, offene Ozeane, fallen sie in der Regel gar nicht auf. Sie bilden dort vergleichsweise harmlose Wasserhügel von kaum mehr als einem bis zwei Meter Höhe und einigen hundert Meter Länge und zeigen noch nicht einmal einen Wellenkamm. Für

Schiffe sind sie völlig ungefährlich, und die Seeleute bemerken sie normalerweise gar nicht. In Japan beispielsweise, das häufig unter Tsunamis zu leiden hat, heißt es deshalb bei der Warnung vor einer Monsterwelle: Leinen los und raus auf die offene See. Dort ist der sicherste Ort. Auch am zweiten Weihnachtsfeiertag 2004 sollen im Indischen Ozean einheimische Fischerboote ausgelaufen sein, als das Wasser seewärts strömte und den Küstensaum trockenlegte; andere Boote und ihre Besatzungen, die Anzeichen eines nahenden Tsunamis bemerkt hatten, blieben auf hoher See und damit – im Gegensatz zu ihren Familien im Küstenbereich – weitgehend von der Katastrophe verschont.

Die verheerenden Wellen können auch dann entstehen, wenn etwa eine steile Uferwand oder ein Vulkanabhang wie zum Beispiel in der Karibik ins Meer stürzt oder Gestein und Geröll nach einem Felssturz in einen See kracht. So starben 1963 im Vaiont-Tal in Italien mehr als 2000 Menschen, als ein Stück Gebirge in einen Stausee rutschte und die über die Staumauer rasende Flutwelle eine ganze Ortschaft dem Erdboden gleichmachte. Während Tsunamis in der Natur normalerweise unvorhersehbar sind – Angehörige von Naturvölkern verfügen noch heute über Frühwarnsysteme aus der Tier- und Pflanzenwelt, die bisweilen mehrere Tage im Voraus auf ein Erdbeben und einen daraus resultierenden Tsunami hinweisen –, gibt es im Zürcher VAW-Labor Flutwellen nach Plan. Elf Meter lang und ein Meter tief ist das künstliche Gewässer, in dem Hager und seine Kollegen eine Flutwelle durch Gebirgssturz simulieren. Am Anfang des Wasserkanals steht eine um 45 Grad geneigte Ebene, die dem »Fels« als Rutsche dient. Die rote Kiste darauf, der Rutschgenerator, lässt sich mit Druckluft auf 40 Kilometer pro Stunde beschleunigen. Sein Inhalt sieht aus wie eine Kieslieferung aus dem Baumarkt und soll das herabdonnernde Gestein darstellen. Die Zürcher »Rekordversuche« im Labor brachten indes erschreckende Ergebnisse. Die Wissenschaftler simulierten einen gigantischen – aber durchaus möglichen – Vulkanausbruch auf der Kanareninsel La Palma. Wenn die halbe »Cumbre Vieja«, ein vulkanisch aktiver Höhenzug, ins Meer stürzen würde, entstünde vor Ort eine 650 Meter hohe und 40 Kilometer breite Flutwelle, die mit über 700 Kilometern pro Stunde auf den offenen Atlantik hinausrasen würde, dort zu einer flachen Welle verkümmern und sich schließlich an der Ostküste der USA wieder zu 45 Meter Höhe aufsteilen würde. New York beispielsweise fiele dieser Welle zum Opfer. Auch an dieser Stelle noch ein kurzer Kommentar zur Tsunamikonferenz vom 21. Juni 2005: Bei einem in der Nordsee entstehenden Tsunami kann aufgrund der Tests in Zürich nicht mit vier bis sechs Stunden Vorwarnzeit gerechnet werden, sondern bestenfalls mit einer Stunde! Auch jene vor 8000 Jahren durch die Nordsee rasende Tsunamiwelle der Storegga-Rutschung zwischen Bergen und Trondheim hatte wahrscheinlich nicht nur ICE-Tempo, sondern vermutlich Flugzeuggeschwindigkeit.

Vor etwa 38 Millionen Jahren setzte im heutigen Nordatlantikbecken, insbesondere im Gebiet um Island, heftige Vulkantätigkeit ein. Island selbst entwickelte sich zusammen mit dem umgebenden Gebirgssockel in einem Umkreis von etwa 1000 Kilometern zu einem der größten aktiven Vulkanzentren der Erde. Bis heute wurden dort mehr als eine Million Kubikkilometer an vulkanischem Material ausgestoßen.[16] Bei rund 150 erloschenen und heute weit unter dem Meeresspiegel verborgenen Vulkanruinen wird seit Jahrmillionen infolge eines dicken Methaneispanzers der normalerweise durch Meerwasser erfolgende Zerfall verhindert. Falls der Golfstrom in den nächsten Jahren zum Erliegen kommen sollte – eine von Professor Rahmstorf vorgetragene Überlegung – und damit eine neue Eiszeit eingeläutet würde, aber genauso bei einer weiteren Erwärmung der Meere von unter Umständen nur einigen Zehntel Grad Celsius bleibt uns keine andere Wahl, als dieses daraus sich ergebende Horrorszenario zumindest einmal zur

Kenntnis zu nehmen. Vermutlich können unsere Ingenieure und Wissenschaftler gegen Methaneisrutschungen dieser Größenordnung, falls auch nur ein Teil der im Augenblick noch ummantelten unterseeischen Vulkankegel bersten sollte, wenig oder gar nichts ausrichten. Aber gleichwohl sollte es gerade in Zeiten einer hitzig geführten Debatte um den Klimawandel möglich sein, der vermutlich größten Herausforderung der modernen Menschheit irgendetwas, woran im Augenblick vielleicht noch niemand zu denken wagt, entgegenzusetzen. Vielleicht haben ja die besten Köpfe unserer Gesellschaft eine Idee, wie man Monsterwellen von vielleicht mehreren hundert Meter Höhe zum Erliegen bringen könnte, bevor sie Tod und Verderben ungeahnten Ausmaßes über ganze Kontinente verbreiten.

ANHANG

Wetterchronik des 20. Jahrhunderts

Eine neue Angst geht um – die Angst vor dem Klimawandel. Viele sprechen schon von Klimahysterie. Aber alle meinen das Gleiche: das ganz normale Wetter. Waldsterben? Ozonloch? Saurer Regen? Alles Schnee von gestern. Das menschliche Gehirn ist zweifellos eine Zauberbox, nur die Erinnerung spielt uns manchmal einen Streich. Seuchenzüge? Weltkriege? Reaktorunfälle? Heute sind es die Klimakatastrophen, die uns fest im Griff halten.

Was soll daran »extrem« oder »verrückt« sein, wenn München mal im Schnee versinkt und Moskau zur gleichen Zeit unter einer Hitzewelle stöhnt? Wenn es in Lappland mal wärmer ist als am selben Tag in Genua? Hagelkörner wie Tennisbälle, vom Sturm hingemähte Wälder, sintflutartige Regenfälle, vertrocknete Flüsse und Seen – alles Klimawahnsinn? Ach was, ganz normales Wetter – wie seit ewigen Zeiten! Als Hannibal im 3. Jahrhundert v. Chr. mit seinen Legionen und 100 Elefanten von Gallien kommend gegen die Römer zog, waren die Alpen frei von Eis und Gletschern – aber Klimakatastrophe? Als Grönland eine grüne, waldreiche Insel in der mediterranen Arktis war – wo waren da die Ahnen von Jungeisbär Knut und seiner Sippe? Richtig. Auch da.

Das Klima war eine Achterbahn, lange bevor es Menschen gab. Das Wetter macht Bocksprünge, na und? Das ist Natur, wie sie immer war. Jahrhundertsturm? Jahrtausendflut? Alles alte Hüte der Natur. Meteorologische Falschmeldungen trotz sündkrachteurer Hightech-Instrumente, wilde Spekulationen von selbst ernannten Klimaexperten, Weltuntergangshorror von falschen Propheten – *das* ist Klimawahnsinn! Klimawandel gleich Klimakatastrophe? Niemand denkt offenbar daran, dass das biblische Paradies die Folge eines Klimawandels war, der Anfang vom Aufstieg der Kulturen.

Die einen lauschen dem melancholischen Regenruf des Buchfinken, andere vertrauen lieber der Wettergöttin Claudia Kleinert. Die einen versuchen das Wetter von morgen aus dem Flug der Schwalben und Mauersegler vorherzusagen, andere hören lieber auf den Wettergott Kachelmann. Die einen halten es mit uralten Bauernregeln, andere lassen nichts über Omas Rheuma kommen. Wer sich die weltweit erste Klimachronik des 20. Jahrhunderts zu Gemüte führt, wird aus dem Staunen wahrscheinlich nicht herauskommen – egal, was er oder sie vom Klima hält. Die Angst vor dem Klimawandel aber dürfte sich nach der Lektüre in Luft aufgelöst haben.

Chronik extremer Wetterereignisse von 1900 bis 1999

Diese Übersicht beansprucht keine Vollständigkeit. Trotzdem gibt sie einen guten Überblick über das weltweite Wettergeschehen eines Jahrhunderts. Sie wurde von Wolfram von Juterczenka zusammengestellt und ist im Internet abrufbar unter http://www.wetterklimafakten.eu/. Die Abkürzung s.B.d.A. bedeutet: seit Beginn der Wetteraufzeichnungen.

1900

Januar
8.1. starke Schneefälle Süddeutschland, Bayrischer Wald bis 3 m
März
30.3. gewaltige Schneestürme in den Alpen
Mai
13.5. Vulkanausbruch Vesuv
Juni
30.6. Regenfälle und schwere Überschwemmungen Spanien, schwere Schäden
September
6.9. einer der schwersten Hurrikane im Golf von Mexiko, Verwüstungen. »Galveston-Sturm«, Stadt völlig zerstört, 6000 Tote
November
9.11. Taifun Hongkong, 1000 Tote
Dezember
4.12. Hochwasser des Tiber in Rom, Zerstörungen

1901

Januar
23.1. Schwerer Sturm Nordeuropa, Überschwemmungen in den norwegischen Küstenstädten, große Schäden
28.1. Norddeutschland: plötzliches Tauwetter, Überschwemmungen und Un-

wetter, besonders betroffen Leer/Ostfriesland

Juni

22.6. Unwetter Virginia/USA, Dammbruch, hunderte Tote

Juli

Osten USA Hitzewelle »bisher unbekannten Ausmaßes«

August

Mitteltemperatur Berlin 18,8°, München 16,9°

September

schwere Überschwemmungen Jangtsekiang/China, 10 Millionen Obdachlose

November

16.11. anhaltend schwere Stürme an der britischen Küste, 30 Schiffe sinken

Dezember

dramatische Kältewelle USA-Nordwesten, bis –40°

1902

ein nasses und sehr kaltes Jahr

Februar

3.2. schwere Unwetter englischer Kanal, Schiffsverkehr kommt zum Erliegen Kärnten: Lawine verschüttet den Ort Bleyberg, viele Tote, Hungersnot in Indien nach langer Trockenheit, viele Unwetter über dem Atlantik, Behinderung vieler Schiffspassagen, Kältewelle Nordeuropa und Norden USA/Kanada bis –30°, Niagarafälle vereist, deutsche Flüsse vereist

März

1.3. schwere Unwetter USA, Hochwasser, Brückeneinstürze, Unterspülungen, viele Tote

April

8.4. Vulkanausbruch Martinique 30 000 Tote

14.4. heftige Unwetter in Norddeutschland, große Schäden, in Berlin sind ganze Straßenzüge überflutet, Wasser in der U-Bahn

Mai

sehr kühl und nass

19.5. viele Tornados Texas, 90 Tote

Juni

12.6. Schneefälle und Temperaturen unter null Norditalien, große Schäden in der Landwirtschaft

August

viele extreme Regenfälle in ganz Mitteleuropa, niedrige Temperaturen, Dauerregen, in Hochlagen Schnee

7.8. schwere Unwetter Westdeutschland, Rheinland, Orkan, Wolkenbrüche

21.8. Hochwasserkatastrophe Tirol, Überschwemmungen, Erdrutsche, viele Tote

September

4.–10.9. tagelang andauernde Wolkenbrüche in Nordspanien, Überschwemmungen,

viele Tote, Unwetter auch in England, Nordfrankreich und Belgien
16.9. heftiger Nordweststurm Nordsee, viele Schiffshavarien
17.9. ausgedehnte Waldbrände Nordwesten USA nach langer Trockenheit
25.9. Wirbelsturm über Sizilien richtet verheerende Verwüstungen an, Felder überflutet, Straßen und Bahndämme zerstört, 400 Tote

Oktober
sehr kühl
2.10. starke Schneefälle und früher Frost führen zu Schäden in der Landwirtschaft in Norddeutschland

November
ab 20.11. früh einsetzender strenger Winter in Nord- und Osteuropa, Hungersnot in Schweden und Finnland (nach dem schon nassen und kalten Sommer)

Dezember
3.12. heftige Stürme über der Nordsee, schwere Schäden an der friesischen Küste, gleichzeitig strenge Kälte weiter östlich, Ostpreußen bis –20°
25.12. während der Weihnachtstage heftige Stürme Nord- und Ostsee, schwere Schäden, Häuser zerstört, Dächer abgedeckt, viele Tote, Gewitter auf Rügen, Deichbruch in Königsberg

1903

Februar
mild und sonnenreich

März
22.3. Vulkanausbruch bei Galera in Kolumbien, viele Tote
31.3. Unwetter mit wolkenbruchartigen Regenfällen im Mississippigebiet, verheerende Überschwemmungen, mehrere 100 Tote

April
April kälter als März

Juni
3.6. Gewitter und Hagelschlag in Tirol, schwere Verwüstungen, viele Tote

Juli
4.–8.7. Dauerregen in Schlesien, großflächige Überschwemmungen, Hochwasser in Osteuropa, Warschau überflutet
11.7. starke Regenfälle Norddeutschland, viele Überschwemmungen, an der Ems viele Überschwemmungen

November
26.11. Heftige Schneestürme im Westen und Südwesten Deutschlands, München 8 Stunden ununterbrochen Schneefall

1904

Februar

21. 2. schwere Überschwemmungen Mittelasien (Russland, China), viele Ortschaften verwüstet, viele Tote

März

22. 3. Wirbelsturm verwüstet die Insel Réunion im Indischen Ozean, gesamte Ernte vernichtet, tausende Obdachlose

Juli

extrem trocken und heiß, Hitzewelle stoppt die Flussschifffahrt, tropische Hitze ganz Mitteleuropa, Berlin 16. 7. 35,5°, Wasserstand Weichsel und Oder tiefster Stand seit 1811, Elbe in Dresden fast ausgetrocknet

August

Trockenheit bis Mitte August, ab 14. 8. beginnen nach ersten Regenfällen die Pegel langsam wieder zu steigen

Oktober

6. 10. schwerer Orkan Nord- und Ostsee, schwere Verwüstungen, 15 Tote

7. 10. heftiger Sturm in Bayern, auf der Oktoberfestwiese in München wird mehr als die Hälfte der Buden und Zelte umgeweht

November

11. 11. erst jetzt kann nach der langen Trockenheit im Sommer die Schifffahrt auf der Elbe wieder aufgenommen werden

Dezember

4. 12. starke Schneefälle in Spanien, erhebliche Behinderungen

31. 12. Nordoststurmflut an der Ostseeküste, Straßen in Kiel und Flensburg unter Wasser, beträchtliche Schäden, Schneefall und Schneeverwehungen

1905

Januar

plötzlich einsetzende Winterkälte und schwere Stürme, viel Schnee

1. 1. langsam abflauender Sturm (vom 31. 12. 1904) in der Ostseeregion, schwerer Sturm an der Adriaküste, Schneeverwehungen, Schneesturm am Schwarzen Meer

8. 1. schwere Sturmflut gesamte Nordseeküste, schwere Schäden.

16. 1. schwerer Orkan über dem Ärmelkanal, zahlreiche Schiffe und Fähren sinken, mehr als 15 Tote

Juni

10. 6. Vulkanausbruch auf Martinique, Zerstörungen

12. 6. schweres Mississippihochwasser, viele Schäden

Hitzewelle Ende Juni »ungeahnten Ausmaßes«, viele Tote
30.6. schwere Unwetter, Windhosen beenden die Hitze, in Berlin steht das Wasser 2 m hoch
Juli
auch Juli warm mit vielen Gewittern
5.7. Wirbelsturm verwüstet die Samoa-Inseln
August
1.8. schwerer Sturm vor der portugiesischen Küste, 28 Fischerboote sinken, mehr als 300 Tote
20.8. sintflutartige Regenfälle vernichten in Japan große Teile der Reisernte
Trockenheit in Südspanien – Hungersnot
Oktober
sehr kalt, extreme winterliche Verhältnisse, Hunger in Deutschland
November
19.11. Schneesturm vor der bretonischen Küste, Schiffe sinken

1906

Februar
8.2. schwerer Sturm in der Straße von Messina, das Dorf Galati wird überflutet, 600 Häuser zerstört
14.2. schwere Überschwemmungen in Ecuador und Kolumbien
März
4.3. Wirbelsturm Tahiti, Hunderte Tote
sehr schwere Stürme über der Nordsee
8.3. GB viele Tote, London steht unter Wasser
13.3. schwere Schäden Niederlande und deutsche Nordseeküste, schwere Regenfälle in Deutschland, Erdrutsche
15.3. heftige Unwetter Rio de Janeiro
Bergstürze, Überschwemmungen in Chile, Tausende Tote
April
7.4. großer Vesuvausbruch
18.4. Erdbeben San Francisco, Feuer zerstört die Stadt
26.4. viele Tornados Texas, viele Tote
Juni
29.6. schweres Gewitter über Berlin, Überschwemmungen und Verwüstungen.
Juli
8.7. schwerer Wirbelsturm über Tunis, hunderte Tote
August
16.8. Erdbeben in Chile, über 10000 Tote
25.8. Gewitter mit schweren Orkanböen über Berlin, viele Schäden
September
sehr trocken, Hitzewelle,

Flüsse mit Niedrigwasser
schwerer Hurrikan Golf von Mexiko, viele Tote

Dezember
kalt und schneereich, viele Schneestürme und Behinderungen, Schneechaos in Berlin Ende Dezember

1907

Januar
20. 1. über Europa sehr plötzliche Kältewelle, Russland –50°, extrem hoher Luftdruck, Schnee am Schwarzen Meer
28. 1. weite Teile Mitteleuropas versinken im Schnee, Berlin 37 cm Neuschnee

Februar
3. 2. Schneestürme in Frankreich, Verwehungen, weiterhin Kälte und Schnee, im Osten Europas viele Tote
21. 2 Orkansturm holländische Nordseeküste, Passagierdampfer »Berlin« wird vor die Mole von Hoek van Holland geworfen, 129 Tote

April
1. 4. sonnige und warme Ostern

Juli
Juli kälter als Juni
sehr kühl und regnerisch, vor allem im Osten, Berlin 230 mm Niederschläge
15. 7. Wolkenbrüche und schwere Überschwemmungen in Schlesien, viele Tote

September
26. 9. Dauerregen und Überschwemmungen in Südspanien, Provinz Malaga mehrere hundert Tote

Oktober
17. 10. sintflutartige Regenfälle in Schottland und England, verheerende Schäden
24. 10. sintflutartiger Regen Norditalien, Dammbruch Tessin
»Menschen haben den Eindruck, dass die Natur aus dem Gleichgewicht ist« (viele Erdbeben 1907)

Dezember
sehr milde Weihnacht: »ungewöhnlich laues Frühlingswetter, auch die Alten erinnern sich an keine Weihnacht mit solchem Frühlingswetter«, milde Luft und Regen bringen Knospen zum Treiben

1908

Januar
Ende Januar Kältewelle Norden USA, New York bis –30°, viele Tote, Hitzewelle Australien, hunderte Tote

Februar
Lawinenunglück in Goppenstein (Schweiz)

April
lang anhaltende Trockenheit

in Brasilien, Hungersnot
20.4. sehr kalte Ostern, Schnee in Paris
24.4. viele Tornados USA Mittelwesten, hunderte Tote, mehrere Städte völlig zerstört

Mai
7.5. Dammbruch nach Dauerregen am Jangtsekiang, China, 5000 Tote
8.5. Tornado Atlanta/USA, Stadtzentrum brennt nieder

Juni
30.6. großer Meteoreinschlag Tunguska, Zentralsibirien

Juli
neue Überschwemmungen nach Dauerregen Jangtsekiang
29.7. verheerendes Unwetter im Zillertal, Tirol, 25 Tote

September
Trockenheit im Westen Nordamerikas, Waldbrände Kanada und Kalifornien
16.9. heftiger Sturm über Berlin

November
18.11. außergewöhnlich starke Regenfälle in Südeuropa, große Schäden und viele Tote vor allem in Spanien und Sizilien

Dezember
28.12. Erdbeben Süditalien, über 100000 Tote

1909

Januar
16.1. lang anhaltende Schneefälle in Deutschland, meterhohe Schneeverwehungen, viele Orte abgeschnitten, Kälte bis –15°

Februar
6.2. plötzlich sehr schnell steigende Temperaturen, Regenfälle, schwere Überschwemmungen ganz Deutschland, innerhalb weniger Stunden reißende Ströme, Wasser meterhoch in Nürnberg, Brücken zerstört, Donau in 3 Stunden um 3 m gestiegen, überall schwere Zerstörungen, dann wieder Kälte

März
3.3. heftige Schneefälle Südtirol, viele Lawinen, viele Tote
6.3. mehrtägige Schneestürme Kärnten, Verkehr bricht völlig zusammen, meterhohe Schneeverwehungen
8.3. Tornado Brinkley, Arkansas/USA, Stadt völlig zerstört
15.3. Schneesturm im Ärmelkanal, viele Schiffshavarien

April
23.3. meterhohe Flutwelle Unterlauf Tejo, Portugal, ausgelöst durch ein Erdbeben, hunderte Tote

Mai
9.5. verheerende Unwetter Norden und Mittlerer Westen

USA, Stürme und Überschwemmungen, hunderte Tote

Juli

kühl und nass, fast überall doppelt so viel Niederschlag wie normal

12.7. Unwetter und lang anhaltende Regenfälle Elsass und Süddeutschland, Überschwemmungen, schwere Schäden

August

lang anhaltende Dürre Westeuropa, Wasserknappheit in Frankreich, Loire fast ausgetrocknet

September

2.9. ausgedehnte Waldbrände Südfrankreich nach der Dürre

4.9. Hurrikan Südmexiko, verheerende Überschwemmungen, tausende obdachlos

Oktober

12.10. Hurrikan Golf von Mexiko, Verwüstungen Kuba und Florida, 1000 Tote

November

2.11. schwere Stürme, anhaltende Regenfälle Spanien, verheerende Schäden, Katalonien von der Außenwelt abgeschnitten, viele Tote

17.11. heftige Schneefälle Deutschland, Bahnverkehr kommt zum Erliegen

18.11. Vulkanausbruch Pik auf Teneriffa

Dezember

4.12. sehr schwere Sturmflut und Stürme Nordsee, schwere Schäden und Verwüstungen England bis Dänemark

25.12. Überschwemmungen Portugal und Westspanien, schwere Schäden, Dörfer überschwemmt, Sturm in der Straße von Gibraltar

1910

Januar

26.1. Regen, Schneeschmelze und Unwetter Frankreich und Deutschland. Hochwasser, Überschwemmungen, Seine in Paris Pegel 8,60 m Rekordstand, ganze Gebiete überschwemmt, viele Städte unter Wasser, tausende Obdachlose, schwere Schäden, Wirbelsturm in Tours, schwere Verwüstungen

Februar

sehr milder Februar, vor allem im Norden (Bremen 4,2°)

März

23.3. Vulkanausbruch Ätna

Mai

25.5. Nach heftigem Regen wird ein Teil des Ortes Montenay (Schweiz) durch einen Erdrutsch völlig zerstört

Juni

14.6. heftige Unwetter Südwestdeutschland, viele Überschwemmungen, Ahrtal be-

sonders schwer betroffen, danach langer Dauerregen
16. 6. Unwetter, Stürme, Wolkenbrüche Ungarn, schwere Verwüstungen, 259 Tote
19. 6. nach den Regenfällen der letzte Woche Rhein- und Neckarhochwasser, Mannheim überflutet

Juli
Juli kühl und nass, kälter als Juni
23. 6. verheerende Unwetter Norditalien, Mailand viele Zerstörungen, 66 Tote, viele Verletzte

August
12. 8. Taifun Japan, Tokio unter Wasser, 300 00 Häuser zerstört, 800 Tote
23. 8. verheerende Waldbrände USA, hunderte Tote

Oktober
15. 10. Hurrikan Kuba, 1000 Tote
24. 10. verheerendes Unwetter Golf von Neapel. Wirbelsturm, Wolkenbrüche, Sturmflut, Schlammlawinen, hunderte Tote

November
6. 11. heftige Stürme im Ärmelkanal, Schiffsstrandungen

Dezember
sehr milder Dezember (Aachen 5,9°)

1911

April
6. 4. Schnee in weiten Teilen Europas, Madrid geschlossene Schneedecke
13. 4. USA Mittlerer Westen viele Tornados, über 100 Tote

Juni
7. 6. Vulkanausbruch Mexiko, 1450 Tote

Juli
Hitzewelle Mitteleuropa, Berlin am 23. 7. 34,6°, Hitzewelle Osten USA, New York 40°, tausende sterben an Hitzschlag

August
anhaltend trocken und heiß, »Jahrhundertsommer«, Schifffahrt auf der Elbe eingestellt, Wassermangel in Nordeuropa

September
Lebensmittelknappheit durch den heißen Sommer
6. 9. Überschwemmungen Jangtsekiang, höchster Stand seit 40 Jahren

Oktober
»Jahrhundertwein«
11. 10. Erdbeben Mexiko, Flutwelle, 700 Tote

November
16. 11. Erdbeben Süddeutschland, Schweiz, Österreich, viele Schäden
23. 11. schwere Stürme Adria, Schiffshavarien, Tote

Dezember
mild und sehr regnerisch, Hochwasser an vielen Flüssen, Straßen- und Eisenbahnverbindungen unterbrochen
Weihnachten bis zum Jahreswechsel heftige Stürme Nordsee, Silvester stürzen Teile der Klippen von Dover ins Meer

1912

Januar
7. 1. nach bisher sehr mildem Winter Wintereinbruch, Schneefälle und Behinderungen
11. 1. nach lang anhaltenden Regenfällen Hochwasser Frankreich, Paris überschwemmt
20. 1. Unwetter und Überschwemmungen Südspanien, Sevilla unter Wasser
Februar
3. 2. erstmals seit 20 Jahren Binnenalster in Hamburg zugefroren, danach wieder deutliche Milderung
März
sehr frühlingshaft
30. 3. Sturm in Berlin und Umgebung, viele Schäden
April
7. 4. verheerende Überschwemmungen Mississippi, »übertrifft alle«
8. 4. Stürme, heftiger Regen und Schnee in Hochlagen zu Ostern
Juni
15. 6. Stürme und Hagel Südfrankreich, schwere Schäden
Juli
16. 7. viele Tornados Süden USA, verheerende Schäden
August
wochenlang anhaltende Regenfälle England, Ernte zerstört
Dezember
27. 12. heftige Stürme, Überschwemmungen Südküste England

1913

Februar
27. 2. starker Frost Südosteuropa
März
13. 3. schwere Unwetter im Süden USA, Verwüstungen, 13 Tote
17. 3. Rheinfall von Schaffhausen niedrigster Wasserstand seit 1880
24. 3. Überschwemmungskatastrophe Ohio/USA 1000 Tote, 75000 Obdachlose
April
11. 4. Berlin Mitteltemperatur –0,6°, kältester Apriltag s. B. d. A. 1848, Mitteleuropa ungewöhnlich kalt, Baumblüte zerstört, Schneestürme Ungarn, Oberitalien, Adria

Ende April extrem warm, bis 30°

Mai

5.–8. 5. erneuter Wintereinbruch in Mitteleuropa, Frost und Schnee überall, Deutsche Bucht Südostorkan, Ostsee schwere Schäden, Stürme England, Südfrankreich schwere Schäden bei Wein und Obst

Juli

Juli teilweise kälter als (der auch kühle) Juni

30. 7. Hagelunwetter Südtirol, teilweise 30 cm Eisschicht, Weinernte zerstört, viele Schäden

September

16. 9. schwere Unwetter ganz Deutschland, gesamte Obsternte und Restgetreideernte vernichtet

Dezember

3. 12. schwere Überschwemmungen Texas, 20 Tote, Millionenschäden

4. 12. schwerer Sturm Norddeutschland

31. 12. anhaltende Unwetter im gesamten Ostseeraum, Überschwemmungen Nordostdeutschland, Berlin versinkt unter Schneemassen

1914

Januar

9. 1. heftige Unwetter an der deutschen Ostseeküste, Sturmflut, Dünen zerstört

Januar kalt, Aachen Mitteltemperatur –1,3°, Bremen 0°

Februar

sehr mild, Aachen 6,9°, Bremen 5,9°

Dezember

mild und feucht, Aachen 5,7°, Bremen 4,8°

1915

(wegen der Kriegsereignisse treten Meldungen über Wetterereignisse in den Hintergrund)

Januar

mehrwöchige, fast ununterbrochene Regenfälle in England, Überschwemmungen, Millionenschäden

13. 1. schweres Erdbeben Mittelitalien, 30000 Tote

Februar

15. 2. Schneesturm und Schneeverwehungen östliche Ostsee, ab

17. 2. sehr schnelles Tauwetter und Regen

März

23. 3. zweitägiger schwerer Sturm Südspanien, 300 Tote

Juni

Hitzewelle Mitteleuropa

10.6. Berlin 35°, höchste Junitemperatur s.B.d.A. vielerorts wärmster Juni seit 1889

Juli

Juli kälter als Juni

August

17.8. Tornado über Dallas/Texas, 100 Tote

Oktober

26.10. Taifun Philippinen, 200 Tote, Reisernte vernichtet

29.10. Berlin hat einen Eistag, kältester Oktobertag s.B.d.A.

November

Monatsende Kältewelle Südosteuropa

30.11. Sofia –25°

Dezember

sehr mild und regenreich, teilweise doppelte Niederschlagsmengen

1916

(wegen der Kriegsereignisse treten Meldungen über Wetterereignisse in den Hintergrund)

Januar

nach Dezember 1915 auch weiterhin sehr mild, am 9.1. werden an der Bergstraße die ersten blühenden Mandelbäume gemeldet, kein Schnee in den Mittelgebirgen

5.1. Windhose in Steinfeld/Bayern und in umliegenden Dörfern, hunderte Häuser zerstört

17.1. sehr schwere Sturmflut in Holland und Niedersachsen, schwerste seit 1825, Orkan wütet mehrere Tage, schwere Schäden

Februar

Februar erheblich kälter als Januar

15.2. schwerer Orkan über Deutschland, Sturmflut Hamburg, schwere Schäden in Süddeutschland

28.2. starke Schneefälle in den Alpen, am Gotthard-Pass 5 m

Mai

erstmals Einführung der Sommerzeit in vielen Ländern (aus Kriegsgründen)

Juni

nach dem heißen Juni 1915 jetzt sehr kühl

11.6. (Pfingsten) Neuschnee oberhalb 1100 m Hochschwarzwald und Alpen

Juli

10. Juli schweres Unwetter bei Wien, erhebliche Schäden

August

schlechte Ernte wegen schlechter Witterung

Dezember

25.12. zu Weihnachten fegen heftige Weststürme mit erst milder, dann nasskalter Luft über Norddeutschland, schwere Schäden in Hamburg und Berlin

1917

(wegen der Kriegsereignisse treten Meldungen über Wetterereignisse in den Hintergrund)

Februar

Kältewelle Mitteleuropa, bis –20°

April

19.4. heftige Schneefälle Süddeutschland

Juni

sehr heißer und trockener Sommer bis Mitte August, Schädlingsplage

Juli

Ende Juli Starkregen, Überschwemmungen Ostfrankreich, Belgien bis Rheinland

Oktober

3.10. Taifun über Japan, Tokio und Osaka schwere Schäden, viele Tote

9.10. in Nordchina ein Gebiet von 30000 km² überschwemmt, Peking von der Außenwelt abgeschnitten, tausende Tote

November

4.11. heftiger Wirbelsturm verwüstet die griechische Insel Naxos

Dezember

nach mildem November sehr kalter Dezember Süddeutschland und Alpen, Zürich –3,9° Mittel

14.12. 60 cm Schneefall im Harz bei –10°

1918

(wegen der Kriegsereignisse treten Meldungen über Wetterereignisse in den Hintergrund)

Januar

erste Dekade strenge Kälte, Dauerfrost bis –15°, Rheinfall von Schaffhausen zugefroren, viel Schnee

16.1. sehr rasch einsetzendes Tauwetter mit ungewöhnlich heftigen Regenfällen, Hochwasser an allen deutschen Flüssen, innerhalb von 24 Stunden um mehrere Meter steigende Pegel, Tausende müssen ihre Häuser verlassen, mindesten 35 Tote

Juni

Juni kälter als Mai

7.6. dichtes Schneetreiben, Temperaturen unter 0° im Ostseebereich, Ernte geschädigt

August

gesamter Sommer sehr kühl, schlechte Ernte

September

23.9. schweres Erdbeben Ägäische Inseln, Tote, viele Schäden

Oktober

lang anhaltende Regenfälle Nordeuropa, Überschwemmungen in Schweden

Dezember

Dezember sehr mild und

regenreich (Basel 5,2°), teilweise mehr als doppelt so viel Niederschlag wie normal

1919

Februar

Februar kälter als Januar

4. 2. erster Schnee des gesamten Winters im Flachland

Mai

1. 5. heftige Regenfälle Frankreich, Überschwemmungen

November

kältester November seit Langem, vor allem in Norddeutschland, am 18. 11. Berlin tief verschneit, Eisgang im Hamburger Hafen

Dezember

Dezember teilweise milder als November, viel Niederschlag, Schnee und Regen, teilweise dreifache Menge gegenüber normal

25. 12. Hochwasser nach Regen und Tauwetter Rhein, Mosel, Saar und Main, Heidelberg und Köln überflutet

1920

Januar

Tauwetter und Regen, Flüsse (schon Dezember 1919 hoch) steigen weiter, besonders Mosel und Saar

16. 1. Rheinhochwasser, Pegel Köln 9,56 m, Überschwemmungen, Altstadt unter Wasser

Februar teilweise extrem mild (Aachen 6,2°)

März

März mild, teilweise sehr trocken (Berlin 8 mm)

Dezember

eines der schwersten Erdbeben aller Zeiten China, Stärke 8,6, 200 000 Tote

Weihnachten stürmisch und nasskalt

1921

Januar

Januar sehr mild – »Winterfrühling«

23. 1. schwere Sturmflut Nordsee, Millionenschäden auf Sylt

Februar

Februar deutlich kälter

Juli

lang anhaltende Hitzewelle Europa, Probleme bei der Wasserversorgung, Einschränkungen im Schiffsverkehr

20. 7. Karlsruhe 39°

August

Hitze hält an

1. 8. Breslau 37°

September

11. 9. Hurrikan Golf von Mexiko, San Antonio komplett zerstört, Überschwemmungen, hunderte Tote

Oktober

23. 10. plötzliche Stürme und

heftige Gewitter beenden die seit Juli andauernde Trockenperiode abrupt, Temperatursturz von 24° auf 3°

November

2. 11. zwei Sturmfluten in Hamburg innerhalb von 10 Stunden, Hochwasser

5. 11. Nordalpen plötzliche Wärme und Schneeschmelze, Hochwasser Süddeutschland

November kalt

Dezember

24. 12. Weihnachten sehr regnerisch

Nordseestürme bis ins neue Jahr

1922

Januar

1. 1. nach tagelangen Stürmen Springflut Nordsee, Verwüstungen auf Sylt, Strand von Westerland weggespült, danach strenges (nach bisher mildem) Winterwetter, bis –20°

März

1. 3. Dammbruch durch Eismassen auf der Oder bei Breslau

April

15. 4. Ostern: nach langer Kälte plötzlicher Wetterumschwung, bis 25°, 2 Tage vorher noch Schneefall, Ostsee noch zugefroren

Mai

1. 5. Deutschland strömender Dauerregen

Juli

nach sonnigem Juni kurze Hitzewelle, 6. 7. Frankfurt/M. 37°, 7. 7. danach Stürme und Unwetter, Temperatursturz, Verwüstungen, Bäume entwurzelt, Notstand in einigen Gebieten, Überschwemmungen, Restsommer kühl und regnerisch, Ernteausfälle

September

19. 9. heftige Regenfälle, Überschwemmungen, besonders in Südostbayern

Oktober

Oktober sehr kalt, frühe Fröste

Dezember

8. 12. heftige Schneefälle Norddeutschland, Verwehungen

Weihnachten regnerisch

27. 12. schwere Stürme Atlantik, englische Küste, Verwüstungen, Tote

1923

Februar

5. 2. Dammbruch nach Hochwasser in Oberschlesien

März

12. 3. ungewöhnlich heftiges Sturmtief Tennessee/USA, Verwüstungen, 20 Tote

Mai

15. 4. Tornados Texas/USA,

erhebliche Schäden,
11 Tote

Juni

Juni extrem kalt, vielerorts kältester s. B. d. A., kälter als Mai, Schweiz kältester Juni seit 100 Jahren, kaum Schneeschmelze

17. 6. Ätnaausbruch, Erdbeben

Juli

Juli dann plötzlich warm

10. 7. sechsstündiges Gewitter London, 14 Häuser zerstört

13. 7. heftige Unwetter und Gewitter in Nordspanien, Überschwemmungskatastrophe Saragossa, viele Schäden

November

(1 Dollar kostet 65 Milliarden Mark)

Dezember

sehr winterlicher Dezember

1. 12. starke Regenfälle Italien, Dammbruch bei Bergamo, 600 Tote

19. 12 heftiger Sturm Norddeutschland

24. 12. weiße Weihnacht überall, Schneestürme in Mitteleuropa, Lawinen, Verwehungen, bis –15°

1924

Januar

Wetter sorgt für Schlagzeilen: »Europa unter dem Ansturm von Naturgewalten«, Hochwasser und schwere Sturmflut in Frankreich, Seine, Loire und Marne Hochwasser nach starken Niederschlägen, gewaltige Überschwemmungen, schwerer Eisgang im Norden Europas, heftige Schneefälle in Mitteleuropa, Ostsee zugefroren, Packeis vor der norwegischen Küste, Hamburger Hafen vereist, Schneesstürme in England, Deutschland überall tief verschneit, Berlin 20 cm

Februar

weiter winterlich, Schneemassen, Eisgang auf allen Flüssen

März

langsame Schneeschmelze verhindert Hochwasser

26. 3. anhaltende schwere Regenfälle in Süditalien, Hochwasser, Zerstörungen, 50 Tote

Juni

8. 6. Gewitterorkan Rheinland, Düsseldorf schwere Verwüstungen, Tote

Juli

15. 7. schwere Überschwemmungskatastrophe China, auch Peking, Verwüstungen in vielen Provinzen, tausende Tote

September

19. 9. Taifun Japan, Tokio 300 Tote

24. 9. schwere Sturmflut östliche Ostsee, Leningrad meterhoch unter Wasser, viele Schäden

November

ab 3. 11. tagelanger Dauerregen, Hochwasserkatastrophe Rhein/Main, Frankreich, Belgien, Köln überflutet

Dezember

12. 12. heftige Stürme Nordsee, viele gesunkene Fischerboote vor Dänemark

1925

Januar

Mitteleuropa sehr mild, Wintersportveranstaltungen fallen aus

3. 1. Frankfurt/M. 13,4°, wärmster je gemessener 3. 1.

schwere Orkanstürme mit heftigen Regenfällen europäische Atlantikküste, schwere Überschwemmungen England, Belgien, Niederlande, Deichbrüche Südküste England, schwere Überschwemmungen, Zerstörungen, seit 1893 nicht mehr so viele und heftige Stürme

2. 1. gewaltiger Schneesturm Osten USA, ungeheure Schneemassen, New York völlig lahmgelegt, danach Kältewelle, Nordosten USA und Kanada erstarren in Eis, viele Tote, Niagarafälle komplett zugefroren

Februar

weiterhin sehr mild, bis in Hochlagen kein Schnee, viele Veranstaltungen müssen ausfallen, erst Mitte Februar leichte Abkühlung und Besserung in den Hochlagen

März

März erheblich kälter als Februar

19. 3. Sturmkatastrophe »ungeheuren Ausmaßes« Mittlerer Westen USA, 1700 Tote, 3000 Verletzte, tausende Häuser zerstört

April

13. 4. nach sehr kühler Periode Ostern sonnig und warm

Juni

Hitzewelle Osten USA seit Mitte Mai, 350 Tote, in den Städten bis 50°, abruptes Ende am 7. 6. mit Temperatursturz um 25°

24. 6. nach ungewöhnlich heftigen Regenfällen schwere Überschwemmungen Mittelitalien, viele Schäden

Juli

2. 7. andauernder heftiger Regen Südosteuropa, »folgenschwere« Überschwemmungen Karpaten

18. 7. Sturmflutkatastrophe Korea, Überschwemmungen, viele Tote

August

10. 8. heftige Unwetter, Gewitter, Wirbelstürme über den Niederlanden, 2 Tote, Millionenschäden

20.8. heftiger Vulkanausbruch Santorin

September

September sehr kühl und nass, teilweise doppelte Regenmengen gegenüber normal

November

25.11. Schneesturm West- und Südwestdeutschland, erhebliche Behinderungen, Köln 20 cm Schnee, Schnee auch in England

Dezember

18.12. starke Schneefälle in Jugoslawien, weite Gebiete von der Außenwelt abgeschnitten

23.12. rasch ansteigende Temperaturen, Schneeschmelze, Hochwasser Rhein/Main

Weihnachten heftige Stürme, Regen, nasskalt, viel Schnee in höheren Lagen

1926

Januar

1.1. nach rascher Schneeschmelze und vielen Niederschlägen seit Weihnachten 1925 großes Rheinhochwasser, Pegel Koblenz 9,30 m, höchster Stand seit 1781, Köln überflutet

2.1. schwere Stürme im Ärmelkanal

5.1. Hochwasser, Überschwemmungen Rumänien, 100 Tote

8.1. schwere Überschwemmungen Westküste Mexiko, hunderte Tote

12.1. schwerer Schneesturm im Osten der USA

Februar

in Süddeutschland sehr mild

März

10.3. Sturmflut Nordsee, Windstärke 12, Elbe und Hamburg betroffen

April

10.4. schwerer Vulkanausbruch Hawaii

18.4. Schneesturm im Osten der USA, Behinderungen, 2 Tote

26.4. nach lang anhaltenden Regenfällen Hochwasser in Moskau

Mai

2.5. leichtes Erdbeben Süddeutschland

17.5. nach Dauerregen und Schneeschmelze Hochwasserkatastrophe in Oberitalien, Po, Etsch, Comer See Hochwasser, Millionenschäden, in Südtirol viele Orte überschwemmt

24.5. Vulkanausbruch auf Hokkaido/Japan, Erdbeben, Tsunamis

Juni

sehr kühl, extrem nass, starke und lang anhaltende Regenfälle in ganz Deutschland, Hochwasser an allen Flüssen und Seen, Bodensee, Neckar, Elbe, an der Oder 2 Dämme gebrochen, Tausende obdachlos

Juli

3.7. weiter Hochwasser, im Riesengebirge wolkenbruchartiger Regen, viele Zerstörungen

dann oft schwül und warm

lange Hitzewelle im Osten der USA, hunderte Tote

18.7. Heuschreckenplage UdSSR, Heuschreckenwolke 6,5 km lang, 4 km breit

24.7. heftige Gewitter in Norddeutschland, schwere Schäden

28.7. Kälteeinbruch, Schneesturm (!) in den Schweizer Alpen

August

28.8. heftige Unwetter in Oberschlesien, schwere Verwüstungen, Dächer abgedeckt, hunderte Bäume umgeknickt

September

7.9. Taifun Japan, schwere Verwüstungen

18.9. Hurrikan Golf von Mexiko, Florida besonders betroffen, 1500 Tote, Miami zum größten Teil zerstört, 200 000 Verletzte, zehntausende obdachlos

Oktober

12.10. sehr schwere Sturmflut Nordsee, Deich auf Norderney gebrochen, Düne auf Helgoland stark beschädigt

21.10. Hurrikan Golf von Mexiko, auf Kuba schwere Verwüstungen

November

sehr mild, bis über 20° Höchsttemperatur

Dezember

24.12. Weihnachten klares Frostwetter, teilweise weiß

29.12. ungewöhnliche Kälte in Spanien, viele Fröste, im Gebiet Valencia Orangenernte vernichtet

1927

Januar

Januar teilweise mild, sehr schneearm

März

1.3. Willi König, Leiter des Deutschen Wetterdienstes, setzt sich in einem Presseartikel mit der Frage auseinander, ob die milden Winter der letzten Jahre auf eine langfristige Klimaveränderung hindeuten, und verneint entschieden

April

April kühl und nass

Mai

5.5. nach schweren Regenfällen Überschwemmungen im Mississippigebiet, 41 000 Quadratmeilen überschwemmt, 300 000 Menschen mussten ihre Häuser verlassen, höchster Wasserstand »seit Menschengedenken«

Juli

8.7. schwere Unwetter Erzgebirge, stundenlange Gewitter, 145 Tote, viele Häuser völlig zerstört, Überschwemmungen, Zerstörungen

September

29.9. Tornado verwüstet St. Louis, 90 Tote, 5000 Gebäude schwer beschädigt

Oktober

1. 10. Meteorologen weisen in der Presse die Vorstellung, dass Rundfunkübertragungen Ursache für das schlechte Wetter der letzten Jahre seien, zurück

Dezember

bis 20. 12. zweiwöchige Kältewelle in Europa, Nürnberg –25°, Südnorwegen bis –45°

23. 12. sehr schnell einsetzende Milderung, extrem deutliches Weihnachtstauwetter, Schwarzwald bei Regen bis +9°

29. 12. schwere Stürme Nordsee und Ärmelkanal, schwerer Südoststurm Adria, Venedig unter Wasser

1928

Januar

7. 1. Oststurmflut Themsemündung bis London, »größte seit Menschengedenken«, weite Landstriche überflutet, London unter Wasser, 15 Tote, 1000 Obdachlose

Juli

3.7. schwere Unwetter Südwestdeutschland, Gewitter, Stürme, Hagel, Verwüstungen

4.7. Unwetterfront zieht nach Osten, schwere Gewitter in Berlin, Schlesien, Stürme, Verletzte, viele Schäden

September

September extrem trocken im Norden und Osten, Berlin 1 mm (!), Bremen 9 mm Niederschlag

13.9. Hurrikan an der Ostküste der USA wütet tagelang, 2500 Tote, zahlreiche Zerstörungen

November

November extrem mild

26. 11. Sturmtief über Mitteleuropa, schwere Sturmflut an der Nordseeküste, schwere Verwüstungen, Sylt – Bahndamm beschädigt, Westerland unter Wasser, Schäden auch auf Helgoland, Norderney und in Rotterdam

27. 11. Unwetter in Südeuropa, schwere Verwüstungen, viele Tote

1929

Januar

3. 1. Sturmkatastrophe Nordwesten Japan, hunderte Tote, Verwüstungen

Februar

Januar, Februar: »Jahrhundertwinter«, Kältewelle in Europa wie seit Jahrzehnten nicht mehr, wochenlange eisige Kälte, alle Flüsse und Seen restlos zugefroren, auch Ostsee, Frost bis zum Mittelmeer, Riviera geschlossene Schneedecke, Italien Schnee bis südlich von Palermo, Schneesturm in der Ägäis, Polen bis –47°, Ostdeutschland bis –40°, Rheinland bis –20°, Rhein zugefroren, Kohlemangel überall, teilweise Wasserknappheit, Eisgang an der Nordseeküste

März

nur langsame Milderung verhindert Hochwasser und Eisbruch

April

auch April kühl

22.4. Orkan über Japan, 3000 Häuser zerstört, Tote

Mai

2.5. Tornados Mittlerer Westen/USA, hunderte Tote

Juni

2.6. Vesuvausbruch

24.6. Durban/Südafrika Hagelschlag, Körner in Taubeneigröße, »noch nie gewesen«, extreme Schäden

Oktober

25.10. »Schwarzer Börsenfreitag«

Dezember

bis 15.12. mild bei 10°, dann viel Schnee, Weihnachten Tauwetter, mild

1930

Januar

im Gegensatz zum vergangenen Jahr mild, im Westen sehr mild, Aachen Mitteltemperatur 6,2°

Kältewelle im Norden Chinas, hunderte Tote

13.1. schwerer Sturm England, viele Tote, Zerstörungen

Kältewelle Mittlerer Westen, Nordwesten/USA, hunderte Tote, Montana bis –55°

Februar

in Süddeutschland winterlich

März

3.3. schwere Hochwasserkatastrophe Südfrankreich nach plötzlicher Schneeschmelze, Pegel um 6 m gestiegen, extrem schnell, ganze Ortschaften abgeschnitten, Perpignan völlig überschwemmt, enorme Verwüstungen, ganze Orte zerstört, 2000 Tote

Mai

3.5. Wirbelsturm im Norden Japans, hunderte Tote

8.5. Temperatursturz in Deutschland, Schwarzwald 10 cm Schnee, bis –5°

Juni
Juni warm und sehr trocken, nur 20 % Niederschlag gegenüber normal
Juli
Juli kälter als Juni, sehr nass
12. Juli Schnee bis auf 1000 m, Jungfraujoch 30 cm Neuschnee, München Höchsttemperatur 12°
Hitzewelle Mittlerer Westen/USA, über 200 Tote, Missouri bis 48°
22. 7. sehr schweres Erdbeben Süditalien 3000 Tote, 6000 Verletzte
August
5. 8. Taifun über Japan, in Tokio 4000 Häuser zerstört
17. 8. schwere Sturmflut Nordsee, Unterelbe schwere Überschwemmungen, Tote, Großteil der Ernte zerstört
Ende August Hitzewelle Nordwesteuropa, London bis 35°, höchste seit 1911, 24 Tote
September
29. 9. in Eifel und Hunsrück fallen 6 cm Schnee
Oktober
7. 10. 10 cm Schnee im Schwarzwald
November
3. 11. Unwetter in Schlesien lösen eine Hochwasserkatastrophe aus, weite Landstriche am Mittellauf der Oder unter Wasser, Dämme brechen, viele Zerstörungen
13. 11. nach heftigen Regenfällen Erdrutsch in Lyon, 20 Mietshäuser verschüttet, 30 Tote
23. 11. schwerer Sturm über ganz Deutschland, schwere Verwüstungen, in Karlsruhe in ganzen Straßenzügen Dächer abgedeckt
Dezember
Weihnachten bis in die Hochlagen ohne Schnee, aber frostig
Kälte in Spanien, bis –8°, mehrere Tote

1931

Februar
Mitteltemperatur Berlin –0,9°, München –2,3°
23. 2. nach 48-stündigen Regenfällen steht Palermo bis zu 2 m unter Wasser, viele Schäden
März
März sehr kalt und winterlich
31. 3. schweres Erdbeben Nicaragua, Managua völlig zerstört
August
26. 8. Hochwasserkatastrophe Jangtsekiang/China, höchster Stand seit 1869, schwere Schäden, 250 000 Tote, zusätzlich Zerstörungen durch einen Taifun
September
26. 9. heftiger Kälteeinbruch,

Schnee in großen Teilen Süddeutschlands, Behinderungen

Dezember
Weihnachten trocken, meist ohne Schnee bei leichtem Frost, in Bayern bis –7°

1932

Januar
6. 1. schwere Wolkenbrüche in Norddeutschland, Hochwasser Elbe, Nordseeküste weite Landstriche überflutet, Millionenschäden

Februar
kalt und sehr trocken (Berlin 6 mm Niederschlag)

März
7. 3. Schwere Schneestürme Michigan/USA, Verkehr bricht zusammen, Ortschaften abgeschnitten
9. 3. schwerste Schneestürme seit Jahrzehnten im Kaukasus, Lawinen, 60 Tote

April
6. 4. schwere Unwetter in Rumänien, Bukarest unter Wasser, viele Schäden
25. 4. viele Tornados USA, Verwüstungen, 8 Tote

Mai
3. 5. Wirbelsturm Yukatan/Mexiko, Zerstörungen, Tote
16. 5. schwerere Wolkenbrüche und Gewitter in Südwestdeutschland, bei Koblenz Überschwemmungen und Erdrutsche, 6 Tote

Juni
6. 6. sintflutartige Regenfälle in Mittel- und Südengland, schwere Überschwemmungen, die Stadt Bentley völlig evakuiert

Juli
16. 7. sintflutartige Regenfälle in Nord- und Mittelitalien, heftige Verwüstungen, Verkehrswege und Ernten vernichtet, viele Orte abgeschnitten

August
Hitzewelle Nordwesteuropa, London am 19. 8. 37,2°
15. 8. schweres Erdbeben Griechenland
25. 8. schwerer Taifun über Taiwan, Verwüstungen, Tote

Oktober
anhaltende Dürre im Westen Indiens, Hungersnot

November
11. 11. Wirbelsturm verwüstet weite Teile Kubas, über 2000 Tote, mehrere Städte völlig zerstört
15. 11. Taifun über Japan, 1000 Tote, 10 000 Obdachlose

Dezember
Dezember sehr trocken, kaum Schnee, Berlin 6 mm Niederschlag
Weihnachten kalt, trocken

1933

Januar
anhaltende Kältewelle in Mitteleuropa, Ostdeutschland unter –30°, Flüsse zugefroren, Rhein teilweise zugefroren

Juni
Juni sehr regnerisch, Hochwasser an einigen Flüssen

September
mehrere Hurrikans im Golf von Mexiko, 1.9. Kuba, 5.9. Texas, schwere Verwüstungen, 25.9. Mexiko, Hafenstadt Tampico völlig zerstört, viele Opfer

Dezember
Dezember sehr kalt, vor allem in Süddeutschland, teilweise kältester s.B.d.A., aber wenig Schnee

1934

Januar
2.2. 24-stündige, wolkenbruchartige Regenfälle in Kalifornien, Los Angeles steht unter Wasser, über 50 Tote
18.1. sehr schweres Erdbeben in Indien, zehntausende Tote
21.1. sehr schweres Erdbeben in China, mehrere tausend Tote

Februar
Presse: »Wetterextreme in der ganzen Welt«
22.2. viele Kanäle Venedigs führen kein Wasser mehr, Trockenheit und ständiger Nordwind als Ursache
26.2. schwere Schneestürme Ostküste USA, tagelanger Schneefall, Verkehr in New York völlig zusammengebrochen, Hudson River vereist, bis –25°, 60 Tote
Unwetter im Süden der USA, schwere Schäden, Tote
schwere Stürme Ostatlantik, Sturmschäden auf den Britischen Inseln
Kaspisches Meer zugefroren

April
5.4. Tauwetter und schwere Regenfälle im Norden, Osten und Südwesten der USA, schwere Überschwemmungen, 50 Tote

Juni
Hitzewelle in Nordwesteuropa, Trockenheit, Wasserknappheit in Frankreich, London am 17.6. 30,5°, Paris 31°, Regen und viele Gewitter im Süden, München 179 mm Niederschlag, Berlin dagegen nur 14 mm

Juli
Presse: »Wetterkatastrophen in allen Teilen der Welt«
»beispiellose« Hitzewelle an der Ostküste der USA, am 5.7. New York 55 °C (!), viele Opfer, Kansas City an 27 Tagen hintereinander über 40°, ver-

dorrte Felder, ausgetrocknete Flüsse, Heuschrecken- und Käferplage
18.7. nach kurzer Hitze schwere Unwetter in Großbritannien, 3 Tote
19.7. schwere Unwetter in Oberitalien, Hagelkörner bis 200 Gramm, gesamte Weinernte vernichtet
schwere Überschwemmungen in China, 200 Tote, tausende obdachlos
21.7. tagelanger ununterbrochener Regen in Polen, Überschwemmungskatastrophe, 150 Tote, 50000 Obdachlose

Oktober
1.10. schwerer Sturm in Neuseeland, Verwüstungen
2.10. schwerer Taifun über Japan, mehrere Städte völlig zerstört, 1700 Tote
16.10. Taifun Philippinen, 55000 Obdachlose

November
2.11. heftiger Wintereinbruch in Mitteleuropa, Schnee in Berlin, Paris, in den Alpen 25 cm, Schneesturm in Nordschweden, Regen, Hagel und Schnee in Großbritannien, teilweise halber Meter Schnee, in London erhebliche Behinderungen, später rasche Milderung

Dezember
Dezember sehr mild, Knospen treibende Bäume und Sträucher, »Frühlingsweihnacht«

1935

Januar
25.1. Überschwemmungen im Oberlauf des Mississippi, 18000 Obdachlose, Dauerregen und Schneeschmelze im Nordwesten der USA, Erdrutsche, Vancouver von der Außenwelt abgeschnitten
28.1. schwere Unwetter in Südeuropa, Schneestürme in Spanien, schwere Überschwemmungen in Griechenland, tausende entwurzelte Bäume nach Sturm in Südfrankreich

Februar
3.2. Schneesturm in Südostdeutschland, Tote, Verschüttete im Riesengebirge
17.2. schwerer Orkan über Nord- und Osteuropa, Millionenschäden

März
Fortsetzung der seit Beginn der Dreißigerjahre andauernden Dürre im Mittleren Westen USA, verheerende und andauernde Sandstürme verwandeln viele Landstriche in Wüsten

Mai
19.5. heftiger Wintereinbruch in West- und Südwesteuropa, Schneefall in Paris, erstmals im Mai seit 960 (!), Schnee in Spanien, Schneestürme in der westlichen Sahara

30.5. schweres Erdbeben in Indien, eine halbe Million Tote

Juni

3.6. Überschwemmungen nach heftigem Regen in Mexiko, 400 Tote

25.6. heftige Unwetter und Gewitter in Großbritannien, Verwüstungen, 4 Tote

27.6. Erdbeben in Süddeutschland, Stärke 5,1, beträchtliche Schäden

28.6. wolkenbruchartige Regenfälle in Kyoto und Osaka/Japan, schwere Überschwemmungen, ganze Stadtteile verwüstet, Brücken weggerissen, 100 Tote, tausende Obdachlose

Juli

8.7. starke Regenfälle im Osten der USA, Hochwasser, viele Schäden, 60 Tote

25.7. schwere Überschwemmungen in China, 70 % der Provinz Hupeh überschwemmt, 200 000 Tote

Hitzewelle im Mittleren Westen/USA setzt die Dürre fort, 150 Tote

August

20.8. schweres Unwetter Süditalien, sintflutartige Regenfälle, schwere Verwüstungen, über 10 Tote

26.8. mitten im Südwinter Hitzewelle in Mittelargentinien, bis 34°

September

3.9. Hurrikan in Florida, 200 Tote, Verwüstungen

Oktober

28.10. schwerer Hurrikan bei Haiti, 2000 Tote, Überschwemmungen, schwere Verwüstungen

November

22.11. schwere Unwetter in Süditalien, Überschwemmungen, Erdrutsche, 100 Tote

Dezember

Weihnachten nasskalt mit viel Regen, Schnee nur in den Hochlagen

1936

Januar

Januar mild und regnerisch

3.1. lang anhaltende Regenperiode in Frankreich und Großbritannien, Überflutung weiter Landstriche. In England Ortschaften bis zu 1 m überflutet, Millionenschäden

9.1. heftiger Sturm über England, zusätzlich zum Hochwasser, 16 Tote, Verwüstungen

Kältewelle USA, bis –49°, Niagarafälle zugefroren, Schneestürme bringen Verkehr völlig zum Erliegen

Februar

5.2. Temperatursprung in Sibirien: von –40° auf +5°

April

17.4. unerwartet heftiger Schneesturm im Schwarzwald, 5 Tote

Juni

Fortdauer der Dürre im Mittleren Westen und Süden der USA, Hitzewelle, über 200 Tote, Weizenernte-Einbußen bis 75%

Oktober

18.10. schwere Sturmflut an der deutschen Nordseeküste, 3 Tote, viele Schäden »wie seit Jahrzehnten nicht mehr«, vor allem Borkum und Norderney, große Schäden an den Uferbefestigungen

November

19.11. nach lang anhaltendem Regen Dammbrüche in Japan, ca. 500 Tote

Dezember

20.12. schweres Erdbeben und Vulkanausbruch in El Salvador

1937

Februar

7.2. lang anhaltende Regenfälle im Südosten der USA, katastrophale Überschwemmungen Mississippi und Ohio River, tausende Tote, 650000 Obdachlose

Juli

erstmals seit 1932 weniger Trockenheit im Mittleren Westen/USA, trotzdem noch Sandstürme in Texas und New Mexico

Dezember

10.12. heftige Stürme mit Schneeverwehungen in Norddeutschland, starke Verkehrsbehinderungen

Weihnachten im Flachland ohne Schnee

zum Jahreswechsel einsetzende Kältewelle

1938

Januar

erste Dekade Kältewelle in Mitteleuropa, Bayern bis –30°, teilweise gebrochene Rekorde, Mailand bis –10°, Rimini 30 cm Schnee, Bulgarien bis –32°, Schneemassen, viele Orte von der Außenwelt abgeschnitten

Kälte auch im Norden der USA, Eismassen zerstören eine Brücke unterhalb der Niagarafälle

25.1. kräftiges Nordlicht bis zu den Alpen zu sehen

April

April erheblich kälter als März

Juni

11.6. nach lang anhaltenden Regenfällen brechen mehrere Dämme am Gelben Fluss in China, Überschwemmungskatastrophe »größten Ausmaßes«, tausende Tote, Ernte restlos vernichtet, Fluss ändert seinen Lauf

August

Anfang August kurze Hitzewelle in Mittel- und Nordwesteuropa, viel Regen in den Alpen, München 124 mm, Wien 242 mm

3.8. 51,5° in New York

November

November extrem mild

Dezember

nach dem milden November Dezember kalt, weiße Weihnacht überall, bis −12°

1939

(wegen der Kriegsereignisse treten Meldungen über Wetterereignisse in den Hintergrund)

Januar

Hitzewelle in Australien, bis 47°, 200 Tote, Waldbrände

25.1. schwerstes Erdbeben »seit Menschengedenken« in Chile, 10000 Tote

Mai

Mai kühl und nass, München 216 mm Niederschlag

Juli

25.7. eine heftige Gewitterfront bringt einen plötzlichen Kälteeinbruch mit Temperaturstürzen um 20°, Zugspitze −7°

Dezember

Weihnachten trocken und kalt

27.12. schweres Erdbeben in Anatolien, 23000 Tote

1940

(wegen der Kriegsereignisse treten Meldungen über Wetterereignisse in den Hintergrund)

Januar

Kältewelle in ganz Europa, bis −40°, sämtliche Flüsse zugefroren, Schiffsverkehr komplett lahmgelegt, Themse zugefroren, Eisblöcke auf der Donau, 10 cm Schnee in Rom, gleichzeitig heftige Regenfälle in Südspanien, verheerende Überschwemmungen, schwere Schäden in der Landwirtschaft

Kältewelle auch in den USA

Februar

Kältewelle hält vor allem im Osten an, Ostsee völlig zugefroren, Fußweg von Schweden nach Dänemark und Ostdeutschland möglich

März

heftigster Ätnaausbruch seit 40 Jahren

Mai

München 329 mm Niederschlag

November

7.11. schwerer Sturm im Nordwesten der USA, Zerstörungen

Dezember
Weihnachten etwas Schnee bei –2°

1941

(wegen der Kriegsereignisse treten Meldungen über Wetterereignisse in den Hintergrund)

Januar
erneut Kältewelle, vor allem in Süddeutschland starke Schneefälle, viele Behinderungen

Februar
15. 2. schwerer Orkan über Portugal und Westspanien, ganze Ortschaften und Landstriche verwüstet, Millionenschäden, mehrere Tote, Lissabon für Stunden von der Außenwelt abgeschnitten

Juli
im Norden und Osten sehr warm und trocken, im Süden viel Regen, München 258 mm Niederschlag
22. 7. nach zweiwöchigen ununterbrochenen schweren Regenfällen sind in Japan viele Landstriche überschwemmt, viele Schäden, in Tokio 12 000 Häuser unter Wasser

August
August sehr kühl und nass

November
1. 11. Sturmflut an den Kanarischen Inseln, Gomera völlig verwüstet, Millionenschäden

1942

(wegen der Kriegsereignisse treten Meldungen über Wetterereignisse in den Hintergrund)

Januar
in der Türkei schlimmste Kältewelle seit 25 Jahren
9. 1. schwerer Sturm im westlichen Mittelmeer, Balearen besonders betroffen

Februar
nach Dauerregen Überschwemmungskatastrophe in Peru, 15 000 Obdachlose

März
6. 3. schwere Hochwasserkatastrophe nach Schneeschmelze an der Donau in Bulgarien, tausende obdachlos

Mai
1. 5. seit 4 Tagen wütende Tornados in den USA richten schwere Schäden an, 120 Tote

September
Flutkatastrophe am Hwangho in China, 3000 Tote, 40 000 Obdachlose, Ernte vernichtet, Hungersnot
29. 9. nach mehrtägigen wolkenbruchartigen Regenfällen verheerende Überschwemmungen in Oberitalien, Tote, Millionenschäden

Oktober
16.9. schwere Sturmflut im Golf von Bengalen/Ostindien, 11 000 Tote, drei Viertel der Viehbestände vernichtet

1944

(wegen der Kriegsereignisse treten Meldungen über Wetterereignisse in den Hintergrund)

Januar
Westeuropa sehr mild und stürmisch
15. 1. schweres Erdbeben in Argentinien, 5000 Tote

Februar
2. 2. heftige Stürme leiten eine winterlichere Periode ein
Februar erheblich kälter als Januar

März
März kälter als Januar
20. 3. heftiger Ausbruch des Vesuv, erster nach 70 Jahren
28. 3. Kältewelle in Russland, bis –30°

April
12. 4. heftiges Unwetter im Mittleren Westen/USA, Überschwemmungen, 30 Tote, Zerstörungen

Juni
verheerende Waldbrände in mehreren Provinzen Kanadas, zahlreiche Ortschaften zerstört
23. 6. Tornados in Pennsylvania und Virginia/USA, über 150 Tote, Millionenschäden

August
August sehr warm, in den bombenzerstörten Städten Seuchengefahr und Wasserknappheit
in Südamerika der kälteste Winter seit Jahrzehnten, Schnee bis weit in den Norden, Lawinen in Chile
22. 8. Hurrikan über Jamaika zerstört viele Orte und vernichtet die gesamte Bananenernte

September
11.–16. 9. ein schwerer Hurrikan zieht von Mexiko an der US-Ostküste entlang, schwere Verwüstungen, ca. 500 Tote

1945

(wegen der Kriegsereignisse keine Wettermeldungen aus Deutschland)

September
13. 9. (erste Meldung 1945) schwerer Tornado über der Umgebung von Toulouse/Südfrankreich, Ernte zerstört

Oktober
11. 10. schwerer Taifun über den Philippinen, viele Verwüstungen, über 200 km/h

Dezember
Dezember mild, aber Weihnachten viel Schnee

1946

Januar

25. 1. heftigstes Erdbeben in der Schweiz seit 1855, viele Schäden

Februar

Februar extrem nass, besonders im Norden und Westen Europas, teilweise dreimal so viel Niederschlag, in England heftigste Überschwemmungen seit 65 Jahren, viele Dörfer von der Außenwelt abgeschnitten, auch Westfrankreich betroffen

8. 2. Dammbruch bei Essen nach Emscher-Flut

April

April warm und sehr trocken

Juli

Juli warm und trocken, gewittrig im Süden (München 270 mm)

Dezember

ab Mitte Dezember Kältewelle, bis –20°, viele Tote

(Winter 46/47 extrem kalt, siehe 1947)

1947

Januar

extreme Kältewelle in Mitteleuropa (seit Dezember '46), schwerste seit 1929, teilweise neue Minusrekorde, bis –29°, auch Frankreich und Großbritannien betroffen, Ärmelkanal friert fast völlig zu, Hamburg eisreichster Hafen Europas, alle Flüsse zugefroren, Kälte bis zum Mittelmeer, hunderte Kälte-Tote, der »Hungerwinter«, Schneekatastrophe in England, Verkehr bricht völlig zusammen

Schwere Stürme über Alaska und den Aleuten, Flutwellen bis Hawaii

Februar

Kältewelle hält an, vor allem im Norden und Osten, Rhein auf 40 km zugefroren, Schiffsverkehr kommt überall völlig zum Erliegen, Lebensmittelknappheit

Kälte auch im Norden der USA, Niagarafälle zugefroren

März

24. 3. rasch einsetzendes Tauwetter und heftige Regenfälle, in weiten Teilen Europas schwere Überschwemmungen, Oder Dammbrüche, in Bremen stürzen alle Weserbrücken ein, London unter Wasser, viel Land zerstört, der gesamte Winter fordert tausende Tote, vor allem wegen der schlechten Versorgungslage nach dem Krieg

April und Mai sehr warm, teilweise Rekorde über 30°, Mittelmeer kalt, Madrid selten über 14°

September
extrem starke Hurrikan- und Taifunsaison, tausende Tote in Japan und USA, teilweise stärkste Hurrikansaison »seit Menschengedenken«, Südosten der USA insgesamt 5 schwerste Hurrikane in kurzer Folge, Trockenheit in Mitteleuropa (seit 1946 anhaltend), Flüsse führen wenig Wasser, Presse spricht von »Klimaveränderungen«

Dezember
erneut Kältewelle in Mittel- und Nordeuropa, in Schweden bis –40°
1. 12. schwerer Sturm über Portugal, schwere Schäden
23. 12. schwere Schneestürme in Österreich, Verkehr bricht zusammen
28. 12. Schneestürme im Norden der USA, viele Tote
29. 12. plötzlich einsetzende extreme Milderung und heftige Regenfälle in Süd- und Westdeutschland, erneut schwere Überschwemmungen, viele Orte überschwemmt, Hanau völlig unter Wasser, Saar höchster Wasserstand seit 150 Jahren, Rhein, Main, Neckar schwer betroffen
31. 12. Tornado in Louisiana/ USA, 200 Tote

1948

Januar
13. 1. während eines schweren Unwetters stürzen in München 120 Häuserruinen ein
15. 1. zahlreiche Unwetter und Stürme in West- und Mitteleuropa, schwere Überschwemmungen
Kältewelle im Osten der USA, 132 Tote, New York ist eine Schneewüste, Verkehr bricht völlig zusammen, bis –39°
26. 1. schwerer Orkan bei Madagaskar, 300 Tote

Mai
31. 5. schwere Hochwasserkatastrophe nach wochenlangen schweren Regenfällen im Nordwesten der USA, mehrere Städte völlig überflutet, schwere Verwüstungen, hunderte Tote, tausende Obdachlose, über 100 Millionen Dollar Schäden

Juni
28. 6. schweres Erdbeben in Japan, 5000 Tote

August
Hitzewelle Ostküste USA, 150 Tote, New York bis 37°
12. 8. schwere Überschwemmungen nach tagelangen sintflutartigen Regenfällen in Nordengland und Schottland, weite Landstriche überflutet, Brücken und Eisenbahnlinien zerstört, Ernte vernichtet, in

einigen Dörfern Wasser bis zu 2 m hoch

September

16.9. Taifun im Norden Japans, 500 Tote, viele Zerstörungen

1949

Januar

5.1. Kältewelle im Süden Chinas, über 4000 Tote durch Erfrieren, vor allem Shanghai betroffen

März

1.3. schwerer Orkan fegt über Europa, schwere Schäden überall, viele Tote, danach Kälteeinbruch mit Schneemassen, Schneeverwehungen, Kälte bis ins Mittelmeer (nach mildem Februar)

April

April extrem warm und trocken

18.4. »Sommerostern«, Paris 32°

Juni

9.6. heftige Regenfälle und Gewitterstürme in Westdeutschland, Überschwemmungen in vielen Städten des Ruhrgebiets, Fernverkehr bricht zusammen, vielfach die gesamte Juniregenmenge in 24 Stunden

Juli

Hitzewelle in Mittel- und Südeuropa, am Mittelmeer teilweise über 40°, Wasserknappheit überall, Ernteausfälle,

10.7. Endspiel um die Deutsche Meisterschaft (Fußball): »Glutspiel von Stuttgart«

Hitzewelle auch im Osten der USA

August

5.8. schweres Erdbeben in Ecuador, über 2000 Tote

September

September weiterhin trocken und warm

5.9. mit bis zu 32° heißester Septembertag seit 1849

27.9. nach Hitze und Dürre schwere Unwetter in Spanien, Überschwemmungen, 75 Tote

Oktober

Hochwasserkatastrophe in Guatemala, 4000 Tote

November

2.11. Taifun über den Philippinen, Verwüstungen, Tote

Dezember

Dezember mild und bis in die Hochlagen ohne Schnee

1950

Januar

5.1. in Moskau werden erstmals seit 1941 wieder Temperaturen unter –35° gemessen

Februar

Hungersnot in China nach Dürre im Herbst

April

25.4. heftiger Kälteeinbruch

in Mitteleuropa, Schnee auf den in voller Blüte stehenden Obstbäumen, dagegen bis 30° warm in Skandinavien

Juli

sehr sommerlich

3.7. München 34,4°, heißester Tag seit 50 Jahren

November

Stürme und Überschwemmungen in »vielen Teilen der Welt«, Ostküste USA besonders betroffen, 300 Tote, Stürme, schwere Überschwemmungen, extrem schnelle Schneeschmelze

Dezember

überall weiße Weihnacht

1951

Januar

»Jahrhundertkatastrophe« in den Alpen. Ungewöhnlich starke und lang anhaltende Schneefälle, Lawinen, schwerste Schneekatastrophe seit mehr als 100 Jahren, über 300 Tote, viele Orte verwüstet

Februar

12.2. heftige Buschbrände in Australien, viel Land verwüstet

Juni

Dürre und Hungersnot in Nordbrasilien

Juli

eine der schwersten Überschwemmungskatastrophen in der Geschichte der USA im Raum Kansas, Missouri und Kansas River nach schweren Regenfällen sehr plötzlich über die Ufer getreten, 400000 Obdachlose, viele Tote

August

19.8. Hurrikan über Jamaika wütet 3 Tage, eingestürzte Häuser, Millionenschäden

Oktober

»schönster Oktober seit 31 Jahren«, München 1 mm, Berlin 3 mm Niederschlag, Berlin 226 Std. Sonnenschein

November

anhaltendes Regentief über Norditalien, verheerende Unwetter, Hochwasserkatastrophe riesigen Ausmaßes

14.11. Po-Dämme brechen auf weiter Front, ganze Städte eingeschlossen, tausende Obdachlose, hunderte Tote

Dezember

Dezember sehr mild

16.12. schwere Schneestürme Mittlerer Westen USA, über 100 Tote, bis –30°

Weihnachten nasskalt ohne Schnee

29.12. heftige Winterstürme in Westeuropa von Irland bis Spanien, ganze Küstenregionen stehen unter Wasser, viele Schiffe in Seenot

1952

Februar

1.2. nach milder Phase im Januar verspäteter Winter, Europa erstickt im Schnee, 50 Tote

April

tagelange sintflutartige Regenfälle im Mittelwesten/USA, Hochwasser am Missouri, 100000 Obdachlose, Millionenschäden

Juli

Hitzewelle in Europa, 200 Tote, BRD bis 39,6°, Florenz 40°

Dezember

14 Tage dauernder Smognebel in London, 4000 Tote

1953

Februar

1.2. »Holland-Sturmflutkatastrophe«, schwerste Sturmflut seit 500 Jahren an der holländischen Nordseeküste, fast 20% des Landes überflutet, tausende Tote, als Folge beginnt das Deichorojekt

März

Dürre in Brasilien, schwerste seit 1877, Notstand

Juli

5.7. verheerende Überschwemmungen im Südosten Indiens, 300000 Obdachlose, tausende Tote

18.7. sintflutartige Regenfälle in Japan, Überschwemmungen, 1700 Tote

September

sehr starke Taifunsaison in Indochina und Japan, tausende Tote

Dezember

sehr milder Dezember, bis 3° über normal

1954

Januar

Presse: »verrücktes Wetter verursacht Chaos«

3.1. in der BRD bis –26°

4.1. schwere Sturmflut an der Nordseeküste, Überflutungen in Dänemark, Deutschland, Holland und Belgien, Kiel höchster Wasserstand seit 50 Jahren

Serie von Lawinen in den Alpen, 200 Tote, Wattenmeer vereist, Inseln nur aus der Luft zu erreichen

Kältewelle USA, New York bis –35°

Februar

Kältewelle in Mittel- und Südeuropa, Schnee in Algerien, 300 Tote, Lappland bis –35°

Juli

sehr kühl und nass

9.7. sintflutartige Regenfälle in Südostdeutschland und Bayern, Hochwasserkatastrophe, 30 Tote, 50000 Obdachlose, betroffen sind die Donau mit allen Nebenflüssen, alle Flüsse in Sachsen, teilweise höchste Wasserstände seit 1899

August

Sommer insgesamt sehr kühl und nass, durch das anhaltend schlechte Wetter erhebliche Ernteausfälle

14. 8. Flutkatastrophe in Ostpakistan, tausende Tote, Ernte vernichtet

September

9. 9. schweres Erdbeben in Algerien

26. 9. schwerer Taifun über Japan, 2000 Tote

Oktober

in der Presse wird die Frage diskutiert, ob die Atomversuche für das schlechte Wetter der letzten Zeit verantwortlich sind

14.–16. 10. Hurrikan »Hazel« richtet in 8 US-Bundesstaaten schwere Verwüstungen an

26. 10. nach Dauerregen schwere Flutkatastrophe in Süditalien, 200 Tote

November

immer wieder schwere Stürme in Nordeuropa, besonders 12. und 28. 11.

Heuschreckenplage nach langer Dürre in Nordwestafrika und Südspanien, auch Kanarische Inseln betroffen

Dezember

22. 12. Orkanstürme verwüsten die europäischen Küsten, Windstärke 12, 40 Tote, Deichbruch auf Texel, weite Gebiete Norddeutschlands überflutet, 4 Tote in Frankfurt/M., Dauerregen in Italien

27. 12. Dauerregen und Tauwetter führen zu Überschwemmungen in Nordwestdeutschland, Weser besonders betroffen

1955

Januar

Kältewelle in Mittel und Südeuropa, Südfrankreich bis –18°

24. 1. nach Tauwetter anhaltendes Hochwasser der Seine, Rattenplage in Paris

Februar

wochenlange Dürre in Südostaustralien, verheerende Waldbrände

März

sintflutartige Regenfälle in Australien nach der Dürre, Flutkatastrophe, 200 Tote, 40 000 Obdachlose

Mai

Mai sehr kalt und verregnet heftige Tornados in den USA

Juli

21. 7. schwere Unwetter mit Wolkenbrüchen und Hagelschlag in Österreich, Wasser-

massen, Überschwemmungen, Millionenschäden

August

20. 8. Hochwasserkatastrophe im Osten der USA, 165 Tote, viele Obdachlose

Oktober

schwere Überschwemmungen in Nordindien, hunderte Tote

November

seit Wochen extreme Trockenheit in Deutschland, Flüsse mit wenig Wasser, Schiffsverkehr auf dem Rhein kommt total zum Erliegen, viele auf Grund gelaufene Frachtkähne

Dezember

Dezember in Mitteleuropa extrem mild, 25. 12. bis 18° im Westen, Schnee nur in höchsten Lagen

8. 12. Wirbelsturm in Südindien, 300 Tote

tagelange Regenfälle an der Westküste der USA bis Kalifornien, verheerende Überschwemmungen, 50000 Obdachlose

1956

Februar

nach dem sehr milden Dezember '55 und durchschnittlichem Januar extreme Kältewelle in Mitteleuropa, teilweise kältester und schneereichster Februar s. B. d. A., alle Flüsse frieren zu, auf vielen Flüssen liegt Packeis, Rhein ist von Bingen bis Oberwesel restlos zugefroren, ein Schneesturm richtet im Schwarzwald schwere Verwüstungen an, meterdicke Schneedecke in Athen, Schneeverwehungen an der Riviera, Mailand bis –15°, Bonn bis –31°, Köln Mitteltemperatur –6°

März

langsame Milderung verhindert größere Hochwasser, nur das Eis macht Probleme

Juni

viele Unwetter

2. 6. sintflutartiger Regen in Süddeutschland

27. 6. Hagelunwetter im Harz in manchen Orten liegen die Körner 20 cm hoch auf den Straßen

Juli

sehr nass, viel Regen, viele Überschwemmungen

wieder wird in der Presse die Frage aufgeworfen, ob die Atomversuche für das schlechte Wetter verantwortlich sind

August

13. 8. Sturm über der Nordsee, 18 Tote, Halligen Land unter

23. 8. Orkan über Norddeutschland, schwere Schäden, 24 Tote

November

25. 11. Eisregen in Norddeutschland, Tote

27. 11. heftige Stürme über Mitteleuropa, Millionenschäden

Dezember

pünktlich kurz vor Weihnachten überall Schnee

1957

Januar

Kältewelle Nordosten USA, bis –45°, 16 Tote

Februar

Februar sehr mild

April

ungewöhnlich kalter April, viele Obsternteausfälle befürchtet

Mai

5. 5. Schneefall und Frost in weiten Teilen der BRD

7. 5. kälteste Mainacht seit 57 Jahren, selbst an der Küste bis –5°

20. 5. heftige Schneefälle in den Alpen, viele Pässe nicht passierbar

Juni

plötzlich einsetzende extreme Hitzewelle, hunderte Tote allein BRD, in Oberitalien, Südfrankreich und der Schweiz fünftägige, ununterbrochene sintflutartige Regenfälle, Überschwemmungen in weiten Gebieten, Flutwelle in der Poebene, Tote, viele Obdachlose

27. 6. einer der schlimmsten Hurrikane in den USA

Juli

Hitzewelle hält an bis zum 10. 7., Wasserknappheit, 15 Tage durchgehend über 30°, 7. 7. bis 39°, 4. 7. Zugspitze 14°, Wassernotstand in Niedersachsen, Nordsee ist 22° warm

August

August sehr kühl und nass

September

16. 9. erster Schnee in den Mittelgebirgen

(seit 9. 8.) bis 22. 9. anhaltende Regenfälle in Norddeutschland, Ernteausfälle, Millionenschäden

November

13. 11. wieder erhebliche Überschwemmungen in der Poebene

Dezember

Mitte Dezember kurze Kältewelle, Hannover –30°

22. 12. schwere Nordseestürme, Norwegen besonders betroffen

sehr milde Weihnacht, in Paris offene Straßencafés

1958

Januar

Schnee behindert Rallye Monte Carlo

Februar

2. Februarhälfte in ganz Mitteleuropa wetterbedingte Be-

hinderungen, große Schneemengen in Norddeutschland, Dörfer abgeschnitten, Überschwemmungen in Süddeutschland nach sehr schneller Schneeschmelze

März

ganz Europa leidet unter einer Kältewelle, geschlossene Schneedecke in Süditalien, dichter Schneefall in Neapel, kältester März s. B. d. A., viele Frosttage, kälteste Ostern in England seit 100 Jahren

August

1.8. schwere Unwetter in ganz Deutschland, mehrere Tote, Millionenschäden

20.8. viele Unwetter in den Alpen, Erdrutsch am Simplonpass

wegen anhaltend schlechten Wetters »Erntenotstand«

September

extrem schlechte Ernte

27.9. Taifun über Japan, 500 000 Obdachlose

Dezember

Dezember sehr mild, Schnee nur in Hochlagen

1959

Januar

9.1. heftige Unwetter in Spanien, Überschwemmungen, Dammbrüche, 140 Tote

12.1. heftige Schneefälle in Norddeutschland, Behinderungen, viele Orte von der Außenwelt abgeschnitten

22.1. schwere Stürme und Regenfälle im Mittleren Westen USA, 300 Tote, Notstand in Ohio

Juli

»Jahrhundertsommer« im nördlichen Mitteleuropa, Dürre, Trockenheit, Sintflut-Regenfälle in den Alpen, Erdrutsche, Überflutungen, tausende Obdachlose

August

anhaltende Trockenheit, 15.8. bis 20.10. kein Regen in Norddeutschland, Trinkwasser wird knapp, zu wenig Milch, Butter wird teurer

13.8. sehr schwere Unwetter in Bayern und Österreich, Flüsse Pegel bis 5 m über normal, Passau unter Wasser

September

Trinkwasser wird in Norddeutschland rationiert, oft nur noch per Tankwagen, 50 % der Ernte verdorrt, »Jahrhundertwein«

17.9. Sturmflut in Bombay, 1000 Tote

Oktober

27.10. Hurrikan in Mexiko, tausende Tote

27.10. schwere Stürme über Norddeutschland, Millionenschäden

November
Dürrekatastrophe in China, Hungersnot, tausende Tote
Dezember
1.–4. 12. tagelanger Dauerregen in Südfrankreich, Überschwemmungen
milde Weihnacht, bis 10°, in Frankfurt/M. blühen Blumen, viel Regen, Stürme an der Küste

1960

Januar
13. 1. Temperaturen zwischen –12° im Flachland und bis –29° in den Alpen, überall geschlossene Schneedecke
März
6. 3. schwere Schneestürme in allen Teilen der USA, 174 Tote, Verkehr weitgehend lahmgelegt
April
Trockenperiode in Norddeutschland, »folgenschwerste seit Menschengedenken«, kein Regen seit 3. März, seit Oktober 1958 immer zu wenig Regen, ausgedörrte Ackerböden, wochenlanger Ostwind, bereits Waldbrände
September
13. 9. Hurrikan »Donna« richtet im Osten der USA schwere Schäden an, 137 Tote, New York teilweise unter Wasser
20. 9. heftige Regenfälle in Nord- und Mittelitalien, viele Überschwemmungen, 46 Tote
Oktober
5. 10. schwere Regenfälle in Mittel- und Südfrankreich, Überschwemmungen, 10 Tote
10. 10. Taifun über Ostpakistan, Flutkatastrophe, 10 000 Tote
17. 10. schwere Regenfälle Norditalien, viele Flüsse mit Hochwasser, viele Schäden, Venedig höchster Wasserstand seit 1951, Dammbruch in der Poebene
November
7. 11. wieder Taifun Ostpakistan
27. 11. 13,8° Basel, wärmster
27. 11. s. B. d. A.
Dezember
Kältewelle in den USA, Schneestürme, Tote

1961

Januar
Kältewelle USA hält an, bis –40°, 70 Tote
3. 1. 48-stündiger Dauerregen in Südwestfrankreich, schwere Überschwemmungen, Städte und Dörfer unter Wasser, Ebrohochwasser in Spanien, 5000 Obdachlose, Millionenschäden
28. 1. nach Frost in Deutschland sehr schnelles Tauwetter

Februar

13. 2. sehr starke Schneefälle in den Alpen, Neuschnee bis zu 2 m, viele Lawinen

Mai

28. 5. heftiger Kaltlufteinbruch in Mitteleuropa, Schnee bis in die Niederungen

Juni

2. 6. schwere Unwetter mit sintflutartigem Regen in Niedersachsen, Hessen und Rheinland-Pfalz, schlimmstes Hochwasser seit 100 Jahren, Leine bei Hannover 2,65 m, viele Überschwemmungen, Tote, Millionenschäden

11. 6. anhaltende Regenfälle in Ostdeutschland

ab 25. 6. Hitzewelle

Oktober

16. 10. Hochwasserkatastrophe am Mekong, Südvietnam

November

katastrophale Überschwemmungen in Somalia, Hungersnot

Dezember

4.–12. 12. lang anhaltende Regenfälle in Deutschland, viele Überschwemmungen, Hochwasser, Alpenvorland/Donau besonders betroffen

weiße Weihnacht

1962

Januar

Presse: »Wetterkatastrophen in aller Welt«

Kältewelle in Nordwesteuropa, Schneestürme in England, frühlingshaft in Deutschland, Schneeschmelze, Hochwasser

Dauerregen in Spanien, Flutkatastrophe, viele Verwüstungen

Kältewelle in Indien, 1200 Tote

Februar

16. 2. schwere Sturmflut über der Nordsee, »Hamburger Sturmflutkatastrophe«, schwerste seit 1855, 5,70 m über mittlerem Hochwasser überall brechen die Deiche, HH-Wilhelmsburg völlig überschwemmt, Hamburg zu 20 % unter Wasser, 337 Tote, sehr große Schäden

März

Mitte März Kältewelle in Deutschland, bis –24°, 14. 3. kälteste Märznacht seit Jahrzehnten

April

22. 4. sommerliche Ostern, bis 29°, wärmste Ostern seit Jahrzehnten

Mai

10. 5. heftige Unwetter in den Alpen

19. 5. 35° – heißester Maitag in New York »seit Menschengedenken«

26. 5. heftiger Wintereinbruch in den Alpen, Schneegrenze bis 800 m

Juni

sehr kalter Monatsbeginn, Schneefälle, heftiger Nordseesturm

Juli

kühl und nass

Trockenheit in Südfrankreich, viele Waldbrände

August

kältester Sommer seit 111 Jahren, nur einmal über 25°, sehr nass, im August 21-mal über Windstärke 6

September

nach dem kalten Sommer der wärmste Septemberbeginn in Süddeutschland seit Jahrzehnten, Freiburg 34°

2. 9. Taifun »Wanda« über Hongkong, 130 Tote

26. 9. schwere Wolkenbrüche in Nordostspanien, Hochwasser, Staudämme brechen, ganze Städte und Dörfer überflutet, nördlich von Barcelona extrem, 800 Tote

November

1. 11. Schneestürme in den Alpen, bis –13°

7. 11. nach schweren Schnee- und Regenstürmen in Norditalien viel Hochwasser, viele Schäden

12. 11. Taifun über Guam, 95 % aller Gebäude zerstört

15. 11. Schneesturm über Norddeutschland, Verwehungen, Verkehrsbehinderungen

Dezember

18. 12. heftige Schneestürme in Nordeuropa, Unwetter und Regen in Südeuropa, viele Schäden, Patras/Griechenland unter Wasser

zum Jahresende beginnender Eiswinter

1963

Januar, Februar, März

anhaltende Kältewelle in ganz Europa, Schnee und Dauerfrost, bis Spanien und Portugal, Ostsee weit vereist, Eisblöcke in der Kieler Förde sind 75 cm dick, Wattenmeer vereist, alle Gewässer zugefroren, auch Elbe und Bodensee, Schiffsverkehr kommt zum Erliegen, Venedig vereist, Eisschollen auf dem Rhein, in Rotterdam bricht die Trinkwasserversorgung zusammen, vor allem die Dauer extrem, keine Milderung im März, 1. 3. bis –20°, der 125. Frosttag in Folge, der 3. »Jahrhundertwinter«

April

in der Presse wird das Kommen einer neuen Eiszeit nach den kalten letzten 2 Jahrzehnten diskutiert

1. 4. sehr heftige Schneefälle in den Alpen

14. 4. regnerische und kalte Ostern

25. 4. ungewöhnlich lang anhaltende Regenfälle in Afghanistan, schwere Überschwemmungen, hunderte Tote

Mai

29. 5. schwere Unwetter und Wolkenbrüche in Süddeutschland, in München ganze Straßen überflutet

Juli

Hitzewelle und Trockenheit, oft über 30°, Rekorde

August

8. 8. schwere Unwetter mit Temperatursturz, Schnee auf der Zugspitze

September

14. 9. starke Wolkenbrüche in Nordspanien, schwere Schäden

17. 9. Aufgrund der hochsommerlichen Temperaturen werden in Hamburg und anderen Städten die bereits am 7. 9. geschlossenen Freibäder wieder geöffnet

Oktober

9. 10. Hurrikan »Flora« verwüstet Kuba und Haiti, 6500 Tote

22. 10. starker Ostseesturm

November

18. 11. schwerer Sturm über der Nordsee, Schiffsverkehr kommt zum Erliegen

Dezember

5. 12. extremer plötzlicher Wintereinbruch, Kältewelle mit starken Frösten

26. 12. sehr plötzliches Tauwetter, Temperaturanstieg um 15°, Glatteis

1964

Februar

Februar sehr regenreich, meist 300% Regenmenge

Olympische Winterspiele in Innsbruck fast ohne Schnee

März

auch März sehr nass

April

auch April sehr nass

13. 4. Wirbelsturm und Überschwemmungen im Gangesdelta

Juni

9. 6. heftige Unwetter an der italienischen Adriaküste, schwere Schäden, 14 Tote

Juli

Hitzewelle in Deutschland, bis 35°

August

14. 8. heftige Unwetter in Spanien und Italien, Temperatursturz von über 30° auf unter 10° in Norditalien, Schnee bis 1500 m

16. 8. Hurrikan »Chloe« verwüstet die Dominikanische Republik

19. 8. extrem heftiges Gewitter mit Hagel in und um München, taubeneigroße Hagelkör-

ner, alles zentimeterdick bedeckt, Straßen und Keller unter Wasser, schwere Schäden

September

September sehr nass

10.9. Hurrikan »Dora« richtet in Florida schwere Verwüstungen an, schwerster Hurrikan seit 1900

Oktober

auch Oktober sehr nass

27.10. heftige Regenfälle in Jugoslawien, Hochwasser in Zagreb, 40000 evakuiert

November

auch November zu nass, teilweise extrem, Aachen 298 mm

11.11. schwerer Taifun über den Philippinen, 300 Tote

Dezember

Dezember wieder extrem nass, Aachen 278 mm

extrem starke Schneefälle in den USA, erster Schnee in Texas seit 1934, danach Überschwemmungen

Sturmflut in Ceylon, 7000 Tote

weiße Weihnacht

27.12. Nach Regenfällen heftige Überschwemmungen in Algerien

1965

»größtes Regenjahr seit 1850«

Februar

nach mildem Januar kalter Februar

17.2. massive Schneefälle, Lawinen im Sauerland (!), meterhohe Schneedecke in Bayern

Kältewelle in ganz Südeuropa, in Griechenland Schneestürme, bis −16°, in Spanien fast die gesamte Zitrusernte erfroren, der »ungewöhnlich harte Winter« führt in Osteuropa zu einer Grippeepidemie

April

12.4. viele Tornados im Mittleren Westen/USA, über 200 Tote, schwere Verwüstungen

Mai

11.5. Zyklon über Ostpakistan, über 12000 Tote, große Schäden

Juli

4.7. nach kurzer Hitzewelle schwere Unwetter in Oberitalien, Hagelschlag und Wirbelstürme, schwere Schäden, Sizilien bis 42°

18.7. schwere Gewitter in Nordhellen und Niedersachsen, 10 Tote, über 150 Obdachlose

25.7. −80,6° werden am Südpol gemessen

August

2.8. heftige Waldbrände in Südfrankreich

Sommer bisher sehr wechselhaft, ab 5.8. erstmals über 25°, Süddeutschland bis 30°

September
2.9. wieder schwere Unwetter in Italien, sintflutartiger Regen, Erdrutsche und Überschwemmungen, 56 Tote
8.9. Hurrikan »Betsy« über Louisiana/USA, 250 Tote, 200000 Obdachlose
November
schneereichster November seit 1919
24.11. –23°, kältester Novembertag seit über 100 Jahren in Norddeutschland
Dezember
schwerer Orkan über West- und Mitteleuropa, schwere Schäden
milde Weihnacht nördlich der Alpen, »Aprilwetter«, Dauerregen und Schauer, bis 13°, Schnee nur in Hochlagen

1966

Februar
nach kaltem Januar Februar im Westen und Süden sehr mild, Aachen Mitteltemperatur 6,9°, München 5,6°
21.2. Sturmflut an der Küste Nordafrikas, schwere Schäden vor allem in Marokko.
27.2. nach sintflutartigen Regenfällen schwere Überschwemmungen im Norden Argentiniens, 8 Tote, 100000 Obdachlose
28.2. bisher schwerste Dürre des Jahrhunderts im Osten Australiens, tausende Rinder und Schafe verdurstet
März
4.3. viele Tornados Mittlerer Westen/USA, 58 Tote, Verwüstungen
April
4.4. schwerer Sturm in Florida/USA, Verwüstungen, viele zerstörte Häuser, 7 Tote, viele Verletzte
Mai
1.5. warmer und sonniger Maibeginn, gleichzeitig schwere Regenfälle in Südosteuropa, Dammbruch in Bulgarien, 50 Tote, Verwüstungen
31.5. nach wochenlangen schweren Regenfällen in Brasilien Dammbrüche, Überschwemmungen, 73 Tote, 10000 Obdachlose
Juni
4.–7.6. Hurrikan »Alma« verwüstet weite Teile von Honduras und Kuba, schwere Schäden, viele Tote
August
4.8. heftige Schneestürme in den Hochalpen, viele Touristen und Bergsteiger in Not, 2 Tote
Oktober
9.10. nach heftigem Regen Hochwasserkatastrophe im Westen Algeriens, 50 Tote, 9000 Obdachlose, schwere Schäden

November
sehr regenreich, teilweise regenreichster s. B. d. A., viele Flüsse führen Hochwasser, Aachen 368 mm
5. 11. heftige Stürme und lang anhaltender Regen in Italien, schwerste Überschwemmungen, fast 1000 Städte und Orte betroffen, Florenz fast ganz unter Wasser, Notstand ausgerufen, schwerste Zerstörungen, über 200 Tote, hunderttausende obdachlos, Milliardenschäden, »Jahrhundertkatastrophe«
Dezember
Weihnachten nasskalt und Schnee, glatte Straßen

1967

Januar
7. 1. schwerste Überschwemmungen seit 40 Jahren im Norden Malaysias, 70 000 Obdachlose
Februar
18. 2. verheerendes Unwetter mit orkanartigen Stürmen über Südfrankreich und Italien, Sturmflut in Venedig, Verwüstungen in Florenz, viele Straßen überflutet
21. 2. heftiger Orkan über ganz Deutschland, 2 Tote in Berlin, viele Schäden
März
21. 3. Kälte und heftige Schneefälle in Mitteleuropa, in den Alpen 6 Lawinentote, Schnee auf Sizilien legt Verkehr lahm
April
2. 4. sehr warm in New York, 27°
21. 4. Hungersnot nach langer Dürre in Indien
Juni
Hitzewelle in Deutschland, bis 35°, 11 Hitzetote in München, schwere Unwetter in Frankreich, 7 Tote, viele Verletzte
Juli
9. 7. heftige Unwetter, Gewitter und Stürme beenden die Hitzewelle, Temperatursturz um 15°, Schneefälle in den Alpen
10. 7. Taifun »Billie« richtet in Japan schwere Schäden an, 300 Tote
August
29. 8. heftige Regenfälle im Norden Japans, schwere Überschwemmungen, 33 Tote, Verwüstungen
September
Rekordernte in Deutschland
20. 9. Hurrikan »Beulah« verwüstet weite Teile von Texas und Mexiko
Oktober
18. 10. schwerer Herbststurm über Nord- und Westeuropa, viele Schäden, 18 Tote
November
26. 11. sintflutartige Regen-

fälle in Portugal, besonders betroffen das Gebiet um Lissabon, schwere Überschwemmungen, 316 Tote, die Gemeinde Quintas wird »buchstäblich von der Landkarte ausgelöscht«

Dezember

8. 12. heftiger Schneefall führt zu Verkehrsbehinderungen, besonders in NRW

26. 12. Weihnachten sehr mild, Tauwetter sorgt für Hochwasser, bis 12°

1968

Januar

1. 1. schwere Überschwemmungen in Brasilien, 200 Tote, 50 000 Obdachlose

Kältewelle in den USA, bis –35°, 76 Tote

13. 1. »überraschender« Wärmeeinbruch in Mitteleuropa, Eisregen, der Verkehr kommt besonders in NRW ganz zum Erliegen, Schneeschmelze, Hochwasser

April

April sehr warm und sonnenreich, 21. 4. bis 30°, heißester Apriltag s. B. d. A.

Mai

Mai sehr kalt, 11.–18. 5. ununterbrochener Schneefall auf dem Brocken, 18. 5. Sauerland –2°

10. 5. ein Taifun verwüstet die Südküste Birmas, tausende Tote

Juli

11. 7. ein Tornado verwüstet die Stadt Pforzheim und Umgebung auf einer 20 km langen und 400 m breiten Front, innerhalb einer Viertelstunde werden 1000 Wohnungen zerstört, Dächer ganzer Häuserreihen werden abgedeckt, Bäume umgestürzt und Autos zertrümmert, »wie nach einem Luftangriff«, 2 Tote, 400 Verletzte

18. 7. starke Schneefälle in den Nordalpen, Skibetrieb auf der Zugspitze

August

heftige Monsunregen in Indien, Überschwemmungen, hunderte Tote, 500 000 Obdachlose

Oktober

erneut Überschwemmungskatastrophe in Indien und Pakistan, 10 000 Tote

November

1. 11. wärmster Novembertag in Deutschland seit 1899, bis 25°

3. 11. schwere Unwetter und sintflutartiger Regen in weiten Teilen Europas, große Schäden, 71 Tote

Dezember

13. 12. »ungewöhnlich« strenger Wintereinbruch in Nordafrika, Lawinen in Algerien

Weihnachten nasskalt, Schnee am 2. Feiertag

1969

Februar

7. 2. heftige Schneestürme in Großbritannien, vor Schottland Wind 217 km/h

16./17. 2. Schneekatastrophe in Norddeutschland, 24-stündiger ununterbrochener Schneefall, Autoverkehr bricht in NRW zusammen, mehrere Ortschaften von der Außenwelt abgeschnitten, meterhohe Schneeverwehungen, Rosenmontagszüge finden trotz Schneemassen statt

März

März sehr kalt, winterlich, Berlin Mitteltemperatur 0°, 14. 3. erneut heftige Schneestürme über Norddeutschland, in Schleswig-Holstein viele Verwehungen, Orte abgeschnitten

Juli

7. 7. orkanartige Stürme über Westeuropa, besonders französische Atlantikküste und England betroffen, 36 Tote, schwere Schäden

August

einer der gewitterreichsten Sommermonate der Geschichte, vor allem Westdeutschland betroffen

19. 8. Hurrikan »Camille« richtet in Louisiana und Mississippi/USA schwere Schäden an

November

seit Sommer anhaltende Trockenheit in Südosteuropa, Wassermangel in Jugoslawien, Schiffsverkehr auf der Donau eingestellt, Adriainseln ohne Wasser, Waldbrände in Montenegro

Dezember

Dezember winterlich und kalt, Berlin Mitteltemperatur –5,4, teilweise der kälteste Dezember des bisherigen Jahrhunderts

20. 12. starke Schneefälle in Österreich, Ungarn und der ČSSR, Verwehungen, viele Orte abgeschnitten, heftige Stürme über der Adria, gesamter Schiffsverkehr lahmgelegt

1970

Januar

Kälte hält an, Eisgang an Nord- und Ostseeküste, Dauerfrost bis –15°, Treibeis auf Elbe und Weser, 16. 1. Schneestürme nördlich der Elbe, völliger Zusammenbruch des Verkehrs, Dörfer abgeschnitten, Schneeverwehungen, 4 Tote

Februar

10. 2. eines der schwersten

Lawinenunglücke der Geschichte in den französischen Alpen, Val d'Isere 200 Tote, Alpen schlimmster Lawinenwinter seit 30 Jahren
Ende Februar rasche Schneeschmelze und anhaltende Regenfälle, schwere Überschwemmungen und Hochwasser im Süden und Westen, Rhein und Donau tagelang betroffen

März
weiterhin sehr schneereich, 6.3. anhaltende Schneefälle, Verkehrschaos, 29.3. fast überall weiße Ostern

Mai
11./12.5. wolkenbruchartige, lang anhaltende Regenfälle im Südwesten, Erdrutsche, extrem schnelle Hochwasserwelle an Saar und Mosel
27.5. Überschwemmungskatastrophe nach Schneeschmelze und heftigen Regenfällen in Rumänien, »schlimmste Naturkatastrophe in der Geschichte«, über 200 Tote, 250000 Obdachlose, weite Landstriche überschwemmt

August
4.8. Hochwasserkatastrophe in Ostpakistan
21.8. Taifun »Anita« verwüstet weite Teile Süd- und Westjapans, tausende Obdachlose

September
11.9. Gewitter und Windhose im Raum Venedig, schwere Schäden, über 50 Tote, viele Verletzte
13.9. schwerer Taifun über den Philippinen

Oktober
10.10. erneut schwerer Taifun Philippinen, hunderte Tote

November
13.11. Hochwasserkatastrophe in Kolumbien
14.11. eine der schwersten Überschwemmungskatastrophen in Ostpakistan, riesige Flutwellen nach Taifun, 300000 Tote, Millionen Obdachlose

1971

Januar
erneut Kältewelle in Mitteleuropa, bis –40°, starke Schneefälle, Versorgungsprobleme, auch Südeuropa betroffen, Spanien bis –27°, Schnee in Córdoba, Zitrusernte vernichtet

Februar
schwere Stürme und Überschwemmungen in New Orleans/USA, 74 Tote

April
5.4. stärkste Ausbrüche des Ätna seit 20 Jahren

Mai
Mai sommerlich warm, 17.5. Berlin 32°

Juli

Sommer warm und vor allem im Osten und Süden extrem trocken

August

sehr heftige Monsunregen in Indien, schwere Überschwemmungen des Ganges, tausende Tote, 650000 Obdachlose

November

nach langer Trockenheit sehr niedrige Flusspegel, eingeschränkter Schiffsverkehr auf dem Rhein

Dezember

Dezember extrem mild, Berlin Mitteltemperatur 4° über normal, Weihnachten bis 10°, Mittelgebirge schneefrei

1972

Januar

23. 1. die ersten Schneefälle des bisher sehr milden Winters sorgen für erhebliche Verkehrsprobleme

Februar

12. 2. Schwere Schneestürme im Iran, viele Tote

März

»Jahrhundertsommer« im März lässt Flüsse versiegen. Nach langer Trockenheit sehr niedrige Pegelstände, Rheinfall von Schaffhausen fast ausgetrocknet (zuletzt 1913)

Mai

Mai kühl und sehr nass

Juni

9. 6. Eine durch schwere Regenfälle verursachte Flutwelle in South Dakota/USA zerstört Ortschaften, mehrere Tote

19. 6. Hurrikan »Agnes« verwüstet weite Teile der Ostküste der USA, schwere Überflutungen, hunderte Tote, »nie da gewesenes Chaos«

August

15. 8. schweres Hagelunwetter im Raum Stuttgart, Millionenschäden, 6 Tote, überschwemmte Straßen

November

13. 11. schwerer Orkan über West- und Mitteleuropa, Millionenschäden, mindestens 54 Tote

Dezember

Weihnachten frostig ohne Schnee

1973

Diskussion bei Wissenschaftlern und in der Presse über Klimaabkühlung: »Klima wird kälter, Vorspiel für neue Eiszeit?«, »in den letzten 10 Jahren mehr Eisberge im Nordmeer seit je, Spitzbergen Mitteltemperatur um 2,5° gesunken, Murmansk kältestes Jahrzehnt s. B. d. A.«

März

30. 3. wolkenbruchartige Regenfälle über Nordafrika nach

langer Dürre lassen viele Flüsse über die Ufer treten, Überschwemmungen, über 100 Tote

April

April kalt, 10.4 dichtes Schneetreiben in Basel verursacht Flugzeugabsturz

Juli

1.7. schwere Überschwemmungen nach heftigem Dauerregen Nordosten USA, Millionenschäden

August

erstmals wird über die Trockenheit in der Sahelzone berichtet

schwere, zweiwöchige Regenfälle in Mexiko, Überschwemmungen, 350 Tote, 350000 Obdachlose

12.8. schwere Überschwemmungen in Indien und Bangladesch, 2000 Tote

Oktober

21.10. schwerste Überschwemmungen seit 10 Jahren im Raum Granada/Spanien, 500 Tote

November

18.11. zwei Taifune in Folge über Südvietnam, 150000 Obdachlose

Dezember

Weihnachten nasskalt ohne Schnee

1974

Januar

Januar extrem mild, teilweise Mitteltemperatur bis 5° über normal

Februar

Winter weiterhin extrem mild, Krokusse blühen, erste Osterglocken in voller Blüte, Straßencafés offen, in Travemünde werden die Strandkörbe aus den Depots geholt (!)

März

24.3. schwere Überschwemmungen in Äthiopien, nach langer Dürre sintflutartige Regenfälle

August

10.8. heftige Waldbrände in Südfrankreich und auf Korsika zerstören über 6000 ha Waldgebiet.

17.8. heftige Hagelschauer und stundenlange Gewitter beenden eine kurze Hitzewelle in Mitteleuropa

September

6.9. Kälteeinbruch in Südafrika, Schnee in Pretoria, kältester Tag seit über 50 Jahren

19.9. Hurrikan »Fifi« richtet schwere Verwüstungen in Mittelamerika an, 8000 Tote, schwerste Zerstörungen, 600000 Obdachlose, in Honduras 90% der landwirtschaftlichen Fläche verwüstet

Dezember
sehr mild
25. 12. Taifun »Tracy« zerstört die Hafenstadt Darwin in Australien fast vollständig

1975

Januar
wieder extrem mild, teilweise milder als der schon extreme Januar '74, 15. 1. in Hamburg beginnt die Kirschbaumblüte, Blumen blühen in Kopenhagen

Februar
weiterhin mild
Winter 1974/75 wärmster des Jahrhunderts

März
März teilweise kälter als Januar
17. 3. verspäteter Wintereinbruch führt zu Verkehrschaos

April
erstmals wird über die Gefahr aus Spraydosen für die Ozonschicht diskutiert
6. 4. Unwetterkatastrophe im gesamten Alpenraum, heftige Schnee- und Regenfälle, Lawinen, Erdrutsche, mindestens 40 Tote

Mai
16. 5. Hochwasser in vielen Alpentälern, Brückeneinsturz im Liesertal

Juni
3. 6. heftiger Kaltlufteinbruch, Schnee in den Mittelgebirgen
23. 6. heftige Regenfälle in der Schweiz, schwere Schäden

Juli
5. 7. schwere Unwetter in Bayern, Millionenschäden

August
extreme Hitzewelle im nördlichen Mitteleuropa, 10. 8. Hamburg 34,5°, heißester Augusttag seit 1851, schwere Waldbrände in Niedersachsen, ausgetrocknete Flüsse in Norwegen

Dezember
Weihnachten Schnee nur in Hochlagen

1976

Januar
3. 1. schwerer Orkan über Nordwesteuropa, über 80 Tote, Schäden von mehreren hundert Millionen DM, schwerste Sturmflut seit 1962 an der Nordseeküste, Überschwemmungen, Wasserstände z. T. höher als 1962, aber Deiche halten, Dänemark schwer betroffen

Mai
24. 5. Überschwemmungskatastrophe nach tagelangen Regenfällen auf den Philippinen, 200 Tote, über 600 000 Obdachlose

Sommer
»Europas große Dürre«, einer

der Jahrhundertsommer, extreme Trockenheit, ausgetrocknetes Land, verdorrte Äcker, niedrige Pegelstände, Vieh muss notgeschlachtet werden, bis 38°

Juli

27.7. schweres Erdbeben in China, 650 000 Tote, höchste jemals gemeldete Opferzahl nach einem Erdbeben

August

1.8. Flutkatastrophe in Colorado/USA nach lang andauernden, wolkenbruchartigen Regenfällen schwere Überschwemmungen, 120 Tote, Millionenschäden

25.8. schwere Überschwemmungen in Pakistan, 20 000 Obdachlose

26.8. schwere Waldbrände in Südnorwegen nach der langen Trockenheit

September

12.9. Taifun über Japan, 100 Tote, 300 000 Obdachlose

Oktober

ausgedehnte Waldbrände in Sibirien nach langer Trockenheit

15.10. schwerer Orkan über West- und Nordeuropa, über 30 Tote

Dezember

weiße Weihnacht überall (erste seit 1969)

28.12. Kälteeinbruch bis –20°, Schnee und Glatteis, Verkehrschaos

1977

Januar

30.1. Kältewelle im Osten der USA, Schneechaos, Buffalo sechs Tage von der Außenwelt abgeschnitten, Washington bis –30°, über 100 Tote

Februar

Kälte USA hält an, Notstand

23.2. Hochwasser an Rhein und Mosel, Millionenschäden

Mai

seit Monaten anhaltende Dürre in Kalifornien und im Nordwesten/USA, Wassernotstand, Wasserkraftwerke lahmgelegt, Felder verdorrt

Juli

4.7. schwere Unwetter in der Schweiz, sintflutartiger Regen, Straßen unterspült, Erdrutsche, Hagel

13.7. Hitzewelle im Osten der USA, Blitzschlag legt die gesamte Stromversorgung New Yorks lahm

31.7. erneute Unwetter in den Schweizer Alpen, Katastrophenalarm, Gotthard-Strecke tagelang durch umgestürzte Bäume unterbrochen

Unwetter auch im Südwesen Frankreichs, manche Flüsse steigen innerhalb weniger Minuten um 6 m an, viele

Schäden, 10 Tote, manche Häuser in Minuten bis zum Dachstuhl überschwemmt

August

4.8. schwere Überschwemmungen in Indien, hunderte Tote

10.8. ausgedehnte Waldbrände im Westen der USA durch die Dürre

11.8. in Westpolen und dem Odergebiet nach lang anhaltenden Regenfällen schwere Überschwemmungen, 1600 Häuser zerstört

November

22.11. Taifun über Südindien, Flutkatastrophe, bis zu 50000 Tote, 100000 Obdachlose, Ernte vernichtet

Dezember

5.12. Eisregen in ganz Deutschland, Verkehrschaos

Weihnachten extrem mild, Berlin 15°, wärmste seit 146 Jahren

1978

Januar

3.1. schwerer Orkan über Südwestdeutschland, Millionenschäden

Februar

3.2. nach tagelangen Schneefällen viele Lawinenunglücke in den Alpen

7.2. schwere Schneestürme im Osten der USA, 65 Tote

April

April kühl und sehr nass

8.4. sintflutartige Regenfälle in Mosambik, 250000 Obdachlose

Mai

Mai sehr nass

Hitzewelle in Indien, 70 Tote

24.5. tagelanger sintflutartiger Regen führt in Südwestdeutschland zu schwersten Überschwemmungen, Millionenschäden, Katastrophenalarm, Neckar Plochingen 5,77 m, Regen dauert z.T. bis 50 Stunden lang an, schwere Schäden in der Landwirtschaft und im Weinbau

Juli

Juli kühl und nass in Deutschland, Hitzewelle in Italien und Südfrankreich, 19.7. schwere Unwetter mit Hagel und Wirbelstürmen in Italien und Jugoslawien, Millionenschäden, Hagel liegt stellenweise meterhoch auf den Straßen

September

5.9. Flutkatastrophe im Nordosten Indiens, weite Gebiete überschwemmt, hunderte Tote, zehntausende Obdachlose

22.9. schwere Überschwemmungskatastrophe im Mekongdelta

Oktober

3.10. schwerste Unwetter in

Indochina und Thailand seit 35 Jahren, Reisernte vernichtet, Hungersnot
12. 10. Taifun »Nina« über den Philippinen richtet schwere Schäden an
Dezember
8. 12. Eisregen führt in ganz Deutschland zu Verkehrschaos
Weihnachten mild
29. 12. eine Luftmassengrenze, die sehr milde Luft im Süden von sehr kalter Luft im Norden trennt, setzt sich langsam von der Ostsee nach Süden in Bewegung. Heftigster Wintereinbruch mit orkanartigen Schneestürmen in Norddeutschland führt zum Zusammenbruch des Verkehrs, viele Orte in Schleswig-Holstein sind von der Außenwelt abgeschnitten, Züge und Autos bleiben in den Verwehungen stecken, »norddeutsche Schneekatastrophe«, 17 Tote. Während man in München noch bei milden Temperaturen draußen sitzen kann, zieht die Front bis zur Silvesternacht unter Abschwächung bis zu den Alpen

1979

Januar
Nach dem Durchzug der Schneefront kaltes Winterwetter
17. 1. erstmals Smogalarm im Ruhrgebiet
Februar
weiterhin winterlich, 13. 2. erneut heftige Schneefälle mit Verwehungen bis zu 4 m Höhe in Norddeutschland, wieder Chaos, Schleswig-Holstein meldet den schneereichsten Winter s. B. d. A.
Juli
Juli sehr kühl
August
11. 8. nach heftigen Regenfällen Staudammbruch in Nordwestindien, zehntausende Tote.
14. 8. ein sehr heftiger Sturm bis Windstärke 12 über der englischen Südküste bringt viele Yachten des »Fastnet Race« zum Kentern, 17 Tote
September
2. 9. Hurrikan »David« richtet in der Karibik schwere Verwüstungen an, 1200 Tote, 150 000 Obdachlose
12. 9. Hurrikan »Frederic« wütet weiter nördlich im Süden der USA, Millionenschäden
Oktober
16. 10. eine plötzliche Flutwelle richtet an der französischen Rivieraküste schwere Schäden an, 11 Tote
Dezember
Dezember mild
Weihnachten ohne Schnee

1980

Januar

Januar kalt

Februar

6.2. schwere Überschwemmungen in Norddeutschland, Hochwasser

April

24.4. starke Schneefälle führen in Süddeutschland zu einem Verkehrschaos

Sommer kalt und nass

Juli

seit 1874 nicht mehr so regenreich, »Katastrophensommer«, Freibäder schließen

10.7. Wintereinbruch in den Alpen, Pässe gesperrt

Hitzewelle in New York, Wasser rationiert

August

im Gebiet um Peking schlimmste Dürre seit über 100 Jahren, nur 10% der üblichen Sommerniederschläge

10.8. schwere Überschwemmungen in Indien, 400 Tote, 8 Millionen Obdachlose

September

deutliche Ernteausfälle durch den schlechten Sommer

21.9. schwere Unwetter in Mittelfrankreich, 6 Tote, hunderte Obdachlose, Katastrophenalarm

Dezember

Kältewelle im Nordosten der USA, bis –40°

1981

Januar

11.1. Schneekatastrophe in Griechenland, Notstand, 20 Tote

Februar

1.2. nach tagelangen Regenfällen schwere Überschwemmungen in Argentinien

März

März extrem mild und nass

10.3. Regenfälle und schnelle Schneeschmelze bei bis zu 20°, Hochwasser an allen Flüssen, 6 Tote

Juni

4.6. nach tagelangen schweren Regenfällen schwere Überschwemmungen in Nordhessen und Niedersachsen, schwere Schäden in der Landwirtschaft, 2 Tote

Juli

12.7. schwere Unwetter und Gewitterstürme in Süddeutschland, Wolkenbrüche, Hagel, Millionenschäden, Bayern Katastrophenalarm, Schäden in der Landwirtschaft

August

anhaltende, schwere Waldbrände in Griechenland

9.8. 24-stündiger »Jahrhundertregen« in Süddeutschland, schwere Schäden, Überschwemmungen, Millionenschäden

September
7.9. schwerste Überschwemmungen in China »seit Menschengedenken«, 3000 Tote, 1,5 Millionen Obdachlose
November
24.11. schwere Sturmflut Nordseeküste, Sylt und Südjütland besonders schwer betroffen, Deichbrüche
Dezember
weiße Weihnacht mit viel Schnee, Feldberg 170 cm
Hitzewelle in Argentinien

1982

Januar
6.1. schwere Regen- und Schneestürme in Kalifornien und Arizona/USA, über 100 Tote
10.1. heftige Schneefälle in Süddeutschland, Verkehrschaos
Hochwasser Nordwesteuropa
April
9.4. Hagel, Schnee und Sturmböen behindern den Osterreiseverkehr
Juni
Hitzewelle in Südeuropa, bis 48°, allein in Athen über 40 Tote
Juli
23.7. schwerste Unwetterkatastrophe in Japan seit 25 Jahren, über 300 Tote, 52000 Obdachlose
Hitzewelle Nordeuropa, 2.8. Oslo 35°
Oktober
20.10. nach tagelangen Regenfällen Überschwemmungskatastrophe in der spanischen Provinz Alicante am Mittelmeer, 40 Tote, 100000 Obdachlose
November
November sehr mild
Dezember
16.12. schwerer Orkan über West- und Mitteleuropa, Tote, Millionenschäden
Weihnachten mild und regnerisch

1983

Januar
Januar sehr mild
Februar
1.2. schwerer Orkan über West- und Nordeuropa, Millionenschäden, 18 Tote, danach Februar winterlich
Kältewelle im Nahen Osten, 195 Tote
verheerende Buschfeuer in Australien
März
8.3. sintflutartiger Regen in Kalifornien, 19 Tote
Überschwemmungen in Südostaustralien
April
9.4. Hochwasser in Südwestdeutschland nach starken

Regenfällen, Mosel und Rhein besonders betroffen

Mai

30.4. erneut Hochwasser an Rhein, Mosel und Neckar, Köln 9,96 m

Sommer heiß und trocken, einer der Jahrhundertsommer, Deutschland bis 40,1°, Trinkwasserknappheit

August

28.8. schwere Regenfälle in Südwesteuropa, Überschwemmungen, 39 Tote

November

Schneestürme USA, bis –34° im Mittleren Westen

Dezember

Kältewelle USA, bis –43°, 451 Tote

Weihnachten sehr mild

1984

Januar

3.1. Sturm über Westeuropa, 2 Tote im Rheinland

»Jahrhundertwinter« in den USA, Schneemassen

März

viele Tornados USA

April

kältester Frühling seit 50 Jahren

30.4. heftiger Wintereinbruch, Schnee in Griechenland

Juli

12.7. schwerstes Hagelunwetter »seit Menschengedenken« im Raum München, schwere Schäden, tennisballgroße Hagelkörner, abgedeckte Dächer, Felder und Gärten verwüstet, Temperatursturz von über 30° auf 16°, 300 Verletzte

Gewitter in ganz Westeuropa

September

2.9. Taifun »Ike« verwüstet weite Teile der Philippinen, 1400 Tote

1985

Januar

sibirischer Winter, Kälte in ganz Mitteleuropa

Mai

Ende Mai schwere Unwetter

Juni

1.6. Überschwemmungen in Argentinien nach Unwettern

Juni sehr kühl und nass

Juli

6.7. schwere Unwetter im Rheinland, Millionenschäden

12.7. heftige Schneefälle in Südafrika

19.7. heftigste Monsunregenfälle in Indien seit 20 Jahren, Überschwemmungen, viele Obdachlose, Tote

Ende Juli Hitzewelle auf dem Balkan, Athen 41°

30.7. schweres Unwetter in Bayern und Österreich, Millionenschäden

August

6.8. Wettersturz in den Alpen, Schnee und Regenmassen, Chaos

15.8. Unwetter in Ostsibirien, Überschwemmungen

15.8. schwere Unwetter und Gewitterstürme in Norddeutschland

Trockenheit in Südosteuropa, regenreichster Sommer in Großbritannien seit Jahrzehnten

September

September sehr kühl

Oktober

warmer Oktoberbeginn

9.10. Hurrikan »Gloria« richtet in den USA schwere Schäden an

November

November schneereich und kalt, teilweise meister Schnee seit 1879

wärmster November in Sibirien seit 50 Jahren

1986

Januar

19.1. schwerer Orkan über Westeuropa, viele Schäden

Februar

erneute Kältewelle in Mitteleuropa, Schneemassen in Bayern, Ostsee und Flüsse zugefroren. Bergen (Norwegen) 1,1 mm Regen (normal 164 mm)

März

Winterkälte bis 15.3.

24.3. schwerer Sturm Nordwesteuropa, viele Schäden

April

10.4. heftiger Wintereinbruch mit Schnee und Eis, Verkehrschaos

30.4. Unwetter im Raum Stuttgart, Millionenschäden

Sommer wechselhaft

Oktober

1.10. Dauerregen im westlichen Mittelmeerraum, Überschwemmungen auf den Balearen und in Tunesien, 14 Tote

4.10. sintflutartige Regenfälle im Mittleren Westen der USA, Hochwasser, Millionenschäden

21.10. schwere Herbststürme über Europa, 5 Tote, Millionenschäden

1987

Januar

der dritte kalte Winter in Folge: »ungewöhnlich«, »meteorologische Besonderheit«, Kältewelle, Winterchaos, Tote, Eis überall, Katastrophenalarm

Kältewelle auch in den USA, bis –43°, auch Florida betroffen

März

Winter bis in den März

vielerorts kältester März
s. B. d. A.
2. 3. Schneeverwehungen, Hochwasser, Eisregen
9. 3. erster Schnee auf Rhodos »seit Menschengedenken«, Winterstürme in Griechenland
auch USA Minusrekorde

Mai
Mai sehr kalt, teilweise kältester seit 100 Jahren

Juni
Juni kalt und nass, Hochwasser, kältester seit 1923
14. 6. Windhose im Raum Bad Kissingen, Millionenschäden

Juli
1. 7. schwere Unwetter über Süddeutschland, sintflutartiger Regen, 5 Tote, Millionenschäden

August
Hitzewelle in Spanien, bis 47°
26. 8. schwere Unwetter im Alpenraum, Verwüstungen

November
viele Unwetter in Spanien, Tote

Dezember
sehr mild und schneearm bis in die Hochlagen
Blumen blühen, Prag wärmster Dezemberwert seit 1851

1988

Januar
Winter weiterhin sehr mild, 5. 1. München 17°

März
2. 3. nach dem milden Winter heftiger Wintereinbruch, viel Schnee, Verwehungen, Verkehrschaos, Rekordschnee im Schwarzwald
14. 3. erneut katastrophale Schneefälle in Süddeutschland
30. 3. schnelles Hochwasser in vielen Flüssen nach Schneeschmelze
USA viele Schneestürme

April
24. 4. Nachtfröste bis –10°

Mai
Mai warm und trocken

Juni
Hitzewelle in Russland, Moskau Junirekorde
Dürre im Mittleren Westen der USA, Mississippi fast ausgetrocknet, niedrigster Stand seit über 100 Jahren

Juli
Dürre USA hält an, »Erinnerungen an die 30er-Jahre«
Hitzewelle in Griechenland
26. 7. schwere Unwetter in ganz Deutschland, Millionenschäden

September
Hurrikan »Gilbert« verwüstet Jamaika und Teile Mexikos, hunderte Tote, 80 000 Obdachlose

November
21. 11. Schneechaos im Südwesten Deutschlands, viele

verbrachten die Nacht im Auto

Dezember

3. 12. schwerer Eisregen in NRW, Chaos, viele Orte ohne Strom

19. 12. Kältewelle im östlichen Mittelmeerraum, Griechenland betroffen

28. 12. Schnee in Jordanien, Schneeverwehungen im Libanon

1989

Januar

Januar sehr mild

Kältewelle im Nahen Osten hält an

Kältewelle in Kanada und Alaska, bis –59°, Rekorde, 11 Tote

Februar

auch Februar mild

März

16. 3. Unwetter in Westdeutschland, Sturm, Gewitter, Windhosen, Millionenschäden

Mai

wärmster Mai seit 25 Jahren, sommerlich, meister Sonnenschein s. B. d. A.

14. 5. schwere Unwetter in Bulgarien, 6 Tote

Juli

9. 7. nach kurzer Hitzewelle heftige Gewitter, Hagel meterhoch auf den Straßen

Ende Juli erneut heftige Gewitter in Norddeutschland, Rendsburg 150 mm Regen in 24 Stunden

September

7. 9. heftige Unwetter in Spanien, Dauerregen, Überschwemmungen, 10 Tote

22. 9. Hurrikan »Hugo« richtet an der US-Ostküste schwere Verwüstungen an

Oktober

22. 10. Deutschland über 20°, Karlsruhe 25,7°, Rekordwerte

November

15. 11. schwere Unwetter in Südspanien, 4 Tote

27. 11. erneut Unwetter in Südspanien, Malaga überflutet, Millionenschäden

Dezember

18. 12. heftige Stürme über Westeuropa, 35 Tote

Kältewelle in den USA, Rekorde, Frost in Florida

Weihnachten mild

1990

Januar

Januar sehr mild

3. 1. Kältewelle in Nordindien, bis –6°, 67 Tote

4. 1. Regen und Überschwemmungen in Südspanien, starke Trockenheit im restlichen Mittelmeergebiet

26. 1. dpa-Meldung: »Grönland-Eis wird immer dicker«

26. 1.–28. 2. in einer extrem

ausgeprägten Westdrift ziehen 6 schwere Orkantiefs über Mitteleuropa hinweg und richten schwerste Schäden an, über 150 Tote

Februar

Februar sehr mild, 9.2. bis 16°, 21.2. Köln 20°

1.2. erster Schnee in der Sahara seit 10 Jahren

14.2. kurzer Wintereinbruch

19.2. Dauerregen im Mittleren Westen/USA, Überschwemmungen, 3 Tote, Schneechaos im Norden der USA

März

weiterhin sehr mild

Dürre in Italien, besonders Sardinien betroffen

13.3. New York 29°, wärmster Märztag s.B.d.A.

April

April kühl

12.4. schwerste Überschwemmungen in Tansania seit 50 Jahren

15.4. Ostern kälter als Weihnachten (1989)

August

Sommer sehr trocken,

16.8. Rheinpegel Köln 1,70 m

22.8. Orkan über Nord-Deutschland, Sylt bis Windstärke 12

29.8. nach monatelanger Trockenheit erster Regen in Griechenland

viele Tornados USA

September

22.9. Sturm bis Windstärke 12 über Westdeutschland

25.9. Unwetter in Nordmexiko, 40 Tote, 5000 Obdachlose

Oktober

1.10. Unwetter in Süddeutschland, Überschwemmungen, Straßen unter Wasser, Schäden.

9.10. sintflutartiger Regen in Südspanien, besonders Balearen betroffen, Erdrutsche auf Mallorca

November

5.11. heftiger Wintereinbruch, starke Schneefälle, Verkehrschaos in Süddeutschland

27.11. schwere Unwetter in Italien, Schnee, Kälteeinbruch, Überschwemmungen

29.11. Wintereinbruch in Spanien, Schnee auf Mallorca

Dezember

5.12. Schneestürme, Gewitter und eisige Kälte in Süddeutschland, Verkehrschaos

9.12. Kälteeinbruch mit Schneestürmen in Mitteleuropa, 8 Tote, »Schneemassen wie seit Jahren nicht mehr«, Verkehrschaos vor allem in Frankreich

Tauwetter zu Weihnachten

27.12. heftige Stürme über Nordeuropa

Dürre im Nahen Osten

Kältewelle in den USA,
90 Tote, Frost vernichtet fast die gesamte Zitrusernte in Kalifornien

1991

Januar
Kältewelle USA hält an
4. 1. Kältewelle Nordindien und Pakistan
6. 1. schwerer Sturm Nordwesteuropa, 24 Tote
10. 1. Freiburg 18,6° danach
14. 1. Temperatursturz und Winterperiode
28. 1. Unwetter in Südspanien und auf den Balearen
Februar
weiter kalt, Schnee und Frost bis zum Mittelmeer, Venedig zugefrorene Kanäle
März
24. 3. Regenrekord beendet Dürre im Nahen Osten
April
20. 4. heftiger Wintereinbruch in ganz Mitteleuropa, Nachtfröste bis Mittelitalien
Mai
Mai extrem kühl und nass
17. 5. 10 cm Schnee in der Eifel
Unwetter in der Osttürkei, Schneestürme, 40 Tote
20. 5. »schlechtestes Pfingstwetter seit 30 Jahren«
Juni
weiter kühl und nass
18. 6. Schnee in den Alpen, Hochwasser
Pinatubo-Ausbruch
Juli
Flut in China, 1500 Tote
August
1. 8. heftiger Dauerregen und Gewitter
9. 8. erneut schwere Gewitter in Südostbayern, Verwüstungen, Millionenschäden
November
5. 11. Kältewelle USA, teilweise kältester 5. 11. s. B. d. A.
Dezember
5. 12. lang anhaltender Regen im Nahen Osten
10. 12. Kälteeinbruch in Mitteleuropa, Süddeutschland bis –17°, Italien bis –13°, 5 Tote, Schneestürme in Griechenland
Weihnachten Tauwetter und mild

1992

Januar
1. 1. Schneestürme in Griechenland Unwetter im Nahen Osten, Schnee in Israel
23. 1. Kälteeinbruch in Westeuropa, Schnee in Spanien bis zum Mittelmeer
Februar
12. 2. sintflutartiger Regen in Kalifornien, 10 Tote
21. 2. Schneesturm in Portugal und Nordwestspanien,

»stärkste Schneefälle seit vielen Jahren«

März

Ende März winterlich mit viel Schnee

Mai

Mai sehr warm und trocken, Rekorde, Hitzewelle in Nordwesteuropa, Wasserknappheit in England

Juni

Kältewelle in Teilen der USA, teilweise kältester Juni s. B. d. A., Frostschäden

19. 6. schwere Unwetter in Argentinien, Überschwemmungen

21. 6. heftige Gewitter in Westdeutschland

23. 6. Unwetter mit sintflutartigem Regen in Andalusien

August

26. 8. Hurrikan »Andrew« in der Karibik und Osten USA richtet viele Schäden an

September

22. 9. schwere Unwetter Südostfrankreich, Verwüstungen, über 10 Tote

Oktober

18. 10. heftiger Wintereinbruch Süddeutschland, »früh wie selten«

November

26. 11. Orkan über Norddeutschland, 5 Tote

Dezember

Dezember kalt

31. 12. Schnee und Kälte in Griechenland, 4 Tote

1993

Januar

Kältewelle USA, bis –41°

Kältewelle in Europa bis 6. 1., Polen –30°, danach stürmisch und mild, 13. 1. München 18,9°

März

13. 3. Schneesturm Ostküste USA, Chaos, Katastrophenalarm, meterhohe Verwehungen, 112 Tote

Juli

Juli kühl und nass

Hitzewelle Ostküste der USA, Washington bis 40°, Regen im Mittleren Westen, Mississippihochwasser, 16 Tote, weite Gebiete überschwemmt

September

23. 9. schwere Unwetter in Südfrankreich und Italien, 23 Tote

November

16. 11. Orkan über Westeuropa, 8 Tote, danach Wintereinbruch, Kältewelle

Dezember

weiße Weihnacht, aber Tauwetter, schweres Hochwasser in Südwest- und Westdeutschland, Überschwemmungen, Kölner Altstadt überschwemmt

1994

Januar

erneut Kältewelle in den USA; Schneestürme, bis -40°, 70 Tote

28. 1. schwerer Orkan Nordwesteuropa, Sturmflut

Februar

Kälte USA hält an, bis -48°

15. 2. Kälteeinbruch Mitteleuropa, bis -22°

April

13. 3. starker andauernder Regen in Deutschland, Hochwasser im Südwesten und im Osten

Juli

4. 7. schweres Hagelunwetter im Raum Köln, hühnereigroße Hagelkörner, schwere Schäden

Hitzewelle in Deutschland, ein weiterer Jahrhundertsommer, teilweise wärmster Juli s. B. d. A.

August

schwere Gewitter beenden Mitte August die Hitzewelle

September

18. 9. erster Schnee auf dem Feldberg

Oktober

7. 11. schwere Unwetter am Mittelmeer, besonders Italien, Überschwemmungen, 20 Tote

Dezember

Dezember mild

1995

Januar

29. 1. nach 13 Monaten erneut schweres Hochwasser in Südwest- und Westdeutschland, Altstadt Köln erneut überflutet, Pegel Köln 10,53 m

März

24. 3. heftigste Schneestürme in den Bergen Kaliforniens seit 15 Jahren

Ende März viel Schnee und Kälte

April

17. 4. weiße Ostern

Juni

Juni kühl

1. 6. Dauerregen und Überschwemmungen in Süddeutschland

Juli

Hitzewelle USA, bis 41°, 200 Tote

September

starke Hurrikansaison in der Karibik

Dezember

erneut Kältewelle in den USA

Kältewelle in Nordindien

27. 12. starke Regenfälle in Spanien

29. 12. Kälte bis -27° in Deutschland

1996

Januar

4.1. Norwegen Kälterekord –45,6°

9.1. Schneestürme Osten USA, danach Tauwetter, Hochwasser im Mittleren Westen, weiterhin Kältewelle, bis –40°

22.1. viel Regen in Spanien beendet lange Dürre, »Regen wie seit 134 Jahren nicht mehr«

Ende Januar Kälte in Deutschland, Dauerfrost, Gewässer frieren zu

Februar

Kälte hält an, Eis im Hamburger Hafen, Ostsee weit zugefroren, 20.2. Schneestürme in Mitteleuropa, Verkehrschaos

Kälte überall, »von China bis Florida«

März

März noch winterlich

April

21.4. wärmster 21.4. seit 28 Jahren, über 25°

Mai

Mai kühl und nass

Juni

9.6. schwere Unwetter über Deutschland, viele Schäden

21.6. schwere Unwetter in der Toskana, schwere Überschwemmungen, Schäden, 20 Tote

Juli

Juli sehr kühl und nass

7.7. schwere Gewitter mit Hagel und Sturm in Süddeutschland, Millionenschäden

Unwetter in Südeuropa, Stürme auf den Balearen, 7 Tote

24.7. Hagelgewitter im Raum Köln, Schäden

Hitzewelle in Ägypten, 22 Tote

sehr kalter Winter in Südafrika

Überschwemmungen in China

September

12.9. heftiger Regen in Spanien, Überschwemmungen, Mallorca betroffen

16.9. Wintereinbruch in den Alpen

24.9. heftige Regenfälle in Südfrankreich, Dörfer unter Wasser

Oktober

23.10. heftiger Regen in Österreich, weite Landstriche überflutet

30.10. Herbststurm über Westeuropa, 4 Tote

November

19.11. schwere Regenfälle in Ägypten, Überschwemmungen

19.11. Wintereinbruch in Mitteleuropa, Verkehrschaos, danach weiterhin winterlich mit viel Schnee, »Winterchaos«; Schneestürme in England

Dezember

3.12. schwerste Überschwem-

mungen in Bulgarien seit Jahrzehnten, 2 Tote
23. 12. Überschwemmungen in Südspanien nach Regen, Sevilla unter Wasser
Weihnachten sehr kalt, bis unter –20°, kälteste seit 34 Jahren

1997

Januar
Kälte bis 10. 1., zugefrorene Wasserstraßen, *Spiegel:* »Rückkehr der Eiswinter«
14. 1. schwere Überschwemmungen in Griechenland nach Regen
Februar
20. 2. Sturm über Westeuropa, 7 Tote, Millionenschäden
April
Kältewelle Mittlerer Westen USA
11. 4. Orkantief über Norddeutschland
21. 4. Kälteeinbruch in Mitteleuropa, Fröste bis unter –10°, Obstblüte gefährdet
Juli
Juli erheblich zu nass
verheerende Überschwemmungen nach starken Dauerregenfällen im Einzugsbereich der Oder, »Jahrtausend«-Oderflut, Deiche brechen, weite Landstriche überflutet, Milliardenschäden
Oktober
Waldbrände in Indonesien legen die ganze Region unter Smog
28. 10. eine der kältesten Oktobernächte des Jahrhunderts in Deutschland, bis unter –10°
Dezember
5. 12. heftige Schneefälle in Spanien, Temperatursturz
Kältewelle in Nordmexiko, 11 Tote
25. 12 schwere Stürme über Nordwesteuropa, 12 Tote, Schäden

1998

Januar
Januar mild, kalt am Ende
Kältewelle Bangladesch, 164 Tote
Kältewelle USA
Schneefälle in Jerusalem, Schneemassen in Japan
8. 1. Stürme über Südengland und Nordfrankreich, Verwüstungen
8. 1. katastrophaler Eisregen in Kanada, Stromausfälle, Chaos, 16 Tote
11. 1. Regensturm in Australien
Februar
22. 2. viele Tornados in Florida und Kalifornien
März
9. 3. heftige Schneestürme nach milder Phase Mittlerer Westen/USA

18. 3. heftige Schneestürme in Israel
Spiegel: »nach alten Wetterberichten treten in China Dürren und Überschwemmungen nicht häufiger als früher auf«

Mai
Erdrutsche in Süditalien nach heftigen Regenfällen

Juli
Juli sehr kühl
Hitzewelle in Italien und Griechenland
Überschwemmungen in China

August
Hitzewelle im Nahen Osten, 56 Tote

September
September sehr kühl, Schnee in den Alpen früh, Hochwasser in Südwestdeutschland
20. 9. Hochwasser im Süden Mexikos
Überschwemmungen in Bangladesch

November
sehr regnerisch
Hurrikan »Mitch« verwüstet weite Teile in Mittelamerika

Dezember
wieder Kältewelle USA
Kältewelle in Osteuropa, 20 Tote, Polen bis –26°
Weihnachten Schnee auf Mallorca, Italien bis –25°

1999

Januar
3. 1. schwerer Schneesturm im Raum Chikago, meterhohe Verwehungen
11. 1. Schneechaos in Südfrankreich
12. 1. erstmals seit Jahrzehnten Schnee auf Teneriffa, Spanien bis –20°
20. 1. Kälte in Deutschland Russland, Norwegen und Finnland unter –50°

Februar
6. 2. heftiger Orkan über Norddeutschland
8.–13. 2. sehr viele Schneefälle in den Alpen, viele Lawinen, Galtür-Katastrophe, über 70 Lawinentote
Schnee auf Sardinien, Schneechaos in Osteuropa

März
Tauwetter und Hochwasser

Mai
13. 5. Hochwasser am Oberrhein nach Schneeschmelze, Bodensee-Rekordstand Konstanz 5,64 m
24. 5. dramatisches Hochwasser in Bayern, viele Überschwemmungen im Donaubereich, Katastrophenalarm

Juni
2. 6. heftige Gewitter mit Hagel in Deutschland, Sturmschäden

22.6. Unwetter in Osteuropa, 17 Tote

Juli

Hitzewelle in Russland, 142 Tote

6.7. Unwetter mit sintflutartigem Regen im Erzgebirge, bis 100 mm/Tag

9.7. kräftigstes Gewitter seit 100 Jahren über Las Vegas

September

September sehr warm

18.9. Hurrikan »Floyd« über der Ostküste USA, Überschwemmungen

Oktober

schwerer Wirbelsturm über Ostindien, tausende Tote

November

22.11. Wintereinbruch in ganz Europa, Schnee auf Mallorca, Kältetote

Dezember

Weihnachtsorkan »Lothar« richtet in weiten Teilen Mitteleuropas sehr schwere Schäden an, besonders betroffen ist Südwestdeutschland, größte Waldschäden seit Beginn der Statistik 1879

Anmerkungen

1 Klima macht Kultur

1 Matthias Schulz in *Der Spiegel,* 23/2006.
2 Ebd.
3 Vgl. ebd.
4 Vgl. ebd.
5 Ebd.
6 Klaus Schmidt: »Sie bauten die ersten Tempel. Das rätselhafte Heiligtum der Steinzeitjäger«, München 2006.
7 Matthias Schulz, a. a. O.
8 Ebd.
9 Ovid, »Metamorphosen« 1, 89–110.
10 Zitiert nach Rüdiger Glaser: »Klimageschichte Mitteleuropas«, Darmstadt 2002, S. 61.
11 Frankfurt/Main 2005.
12 So Noah Diffenbaugh, Erd- und Atmosphärenforscher an der Purdue University in West Lafayette, Indiana, Hauptautor einer Klimastudie, die unter dem Tenor »Die extremen Ereignisse der Zukunft werden in ihrer Ausprägung ohne Beispiel sein« im US-Fachmagazin *Geophysical Research Letters* im Juni 2007 veröffentlicht wurde.
13 »Eine kurze Naturgeschichte des letzten Jahrtausends«, Frankfurt/Main 2007.
14 Jürgen Newig und Hans Theede: »Sturmflut«, Hamburg 2000.
15 a. a. O.
16 Vgl. Franz Luterbacher: »Der Prodigienglaube und Prodigienstil der Römer«, Darmstadt 1904.
17 P. Vergilius Maro: »Georgica«, 1. Buch.
18 »Wie das Klima uns verändert«, in: *Handelsblatt* vom 21. Februar 2006.

19 »Ihr kennt die wahren Gründe nicht«, in: *FAZ* vom 5. April 2007.
20 Ebd.
21 »The Earthquake-Horse«, in: *Class. Phil.* 41, 150/4, von 1946.
22 a. a. O.
23 »Verhinderte der Mensch eine Eiszeit?«, in: *Spektrum der Wissenschaft*, 2/2006.

2 Porträt eines »Killers«

1 M. Statheropoulos, A. Agapiou, A. Georgiadou: »Analysis of Expired Air of Fasting Male Monks at Mount Athos«, *Journal of Chromatography B*, Band 832, 2006, S. 274–279.
2 Mitteilung des Diplombiologen Ernst-Georg Beck vom 27. März 2007. Bei den Berechnungen wurden in der Regel ruhende Insekten sowie sechs Monate Lebenszeit für das einzelne Insekt zugrunde gelegt. Die Messungen wurden bei den wichtigsten Arten per Spirometer vorgenommen.
3 Ebd. sowie http://jeb.biologists.org/cgi/reprint/203/10/1613.pdf.
4 Die Zahlen dieser Zusammenstellung wurden dem Buch »Klimafakten«, Stuttgart 2004, entnommen, das in 4. Auflage von der Bundesanstalt für Geowissenschaften und Rohstoffe, dem Institut für Geowissenschaftliche Gemeinschaftsaufgaben und dem Niedersächsischen Landesamt für Bodenforschung, alle Hannover, in Zusammenarbeit mit Ulrich Berner und Hansjörg Streif herausgegeben wurde.
5 Ebd.
6 Saarbrücken 1998.
7 Ebd.
8 Editorial in *raum & zeit*, 147/2007.
9 Sherwood B. Idso: »Plant Responses to Rising Levels of Atmospheric Carbon Dioxide«. Global Warming Report, European Science and Environment Forum (ESEF), London 1996.
10 »Ohne CO_2 kein Leben«, in: *raum & zeit*, 136/2005.
11 Ebd.
12 Idso, a. a. O.
13 *Bild der Wissenschaft*, 8/2001.
14 »Treibhauseffekt – 7 populäre Vorurteile«, in: *Bild der Wissenschaft*, 8/2001.

15 Ebd.
16 Ebd.
17 Ebd.
18 Zitiert aus »Climate Change 2007: The Physical Science Basis Summary for Policymakers«, http://ipcc-wg1.ucar.edu/wg1/docs/WG1AR4_SPM_Approved_05Feb.pdf.
19 Christopher Monckton: »Apocalypse cancelled«, in: *Sunday Telegraph* vom 5. November 2006.
20 Ebd.
21 Ebd.
22 Stephen McIntyre, Ross McKitrick (2003): »Correction to the Mann et al. (1998) Proxy Data Base and Northern Hemispheric Average Temperature Series«, in: *Energy & Environment*, Vol. 14, Nr. 6.
23 Vgl. Detlef Scholz: »Der CO_2-Bluff«, in: *raum & zeit*, 147/2007.
24 Quellen: www.scienceandpolicy.org, www.oekologismus.de. Henrik Svensmark, Eigil Friis-Christensen: »Variation of Cosmic Ray Flux and Global Cloud Coverage, a Missing Link in Solar-terrestrial Physics«, in: *J. Atm. Sol. Terr. Phys.*, 59 (11), 1997, S.1225–1232.
25 Zitiert nach der *FAZ* vom 24. Juli 2007.
26 Frankfurt/Main 1990.
27 Ebd.
28 Ebd.
29 »Freispruch für CO_2«, Wiesbaden 2002.
30 »Freispruch für CO_2«, a.a.O.
31 Ebd.

3 Schneeball oder Höllenfeuer?

1 Richard Hamblyn: »Die Erfindung der Wolken. Wie ein unbekannter Meteorologe die Sprache des Himmels erforschte«. Frankfurt/Main, Leipzig 2001.
2 Renate Künast: »Es geht ums Ganze«, in: *Die Zeit* vom 5. Juli 2007.
3 Ebd.
4 In: *SZ* vom 6. Juli 2007.
5 *stern.de* vom 17. Juni 2007, Interviewpartner: Axel Bojanowski.
6 New York 2007
7 Ebd.
8 *stern.de*, a.a.O.

9 Zitiert nach: Klaus Harpprecht, »Untergang des Abendlandes? Welch ein Unsinn!«, in: *Die Zeit* vom 14. Juni 2006.
10 Matthias Horx: »Anleitung zum Zukunftsoptimismus – Warum die Welt nicht schlechter wird«, Frankfurt/Main 2007.
11 *FAZ*-Kommentar »Für den guten Zweck«, am 7. April 2007.
12 Zitiert nach: Franz Alt, *Financial Times*, *SZ* und www.sonnenseite.com vom 26. Februar 2007.
13 Bd. 317, S. 111, Juli 2007.
14 »Fenster zur Vergangenheit«, in: *SZ* vom 6. Juli 2007.
15 »Erdbeere des Unheils«, Ausgabe 24/2007.
16 Ebd.
17 John McPhee: »In Suspect Terrain«, New York 1983.
18 Gwen Schultz: »Ice Age Lost«, Garden City, New York, 1974.
19 Michael Kneissler: »Der Mann, der Europa kalt macht«, in: *P.M. – Peter Moosleitners Magazin*, Ausgabe vom Januar 2004.
20 Ebd.
21 Ebd.
22 Ebd.
23 Dirk Maxeiner: »Geistige Warmluftfront«, in: *Die Weltwoche*, 21/2002.
24 »Climatic Changes of the Past and Present«, in: *American Scientist*, 48, 1960, S. 341–364.
25 Vgl. »The Artificial Production of Carbon Dioxide and its Influence on Temperature«, in: *J. Roy. Meteorol. Soc.*, 64, 1938, S. 223.
26 Untertitel: »Zukunft oder Untergang der Menschheit«, Frankfurt/Main 1971.
27 Ebd.

4 Wetterkriege und Klimawandel

1 Reto U. Schneider: »Das Buch der verrückten Experimente«, München 2004.
2 Ebd.
3 Ebd.
4 www.its.caltech.edu/~atomic/snowcrystals.
5 Reto U. Schneider, a. a. O.
6 Bärbel Scheele in der ZDF-Sendung »Abenteuer Wissen« mit Wolf von Lojewski am 19. März 2003.

7 Vgl. Rosalind Peterson: »Gesetz zur experimentellen Wetteränderung«, www.zeit-fragen.ch.

8 www.mech.ed.ac.uk/research/wavepower, zit. nach *P.M.* 12/2005.

9 Vgl. www.donnerwetter.de.

10 Anne Hartmann in der ZDF-Sendung »Abenteuer Wissen« am 19. März 2003.

11 Zitate aus: *Der Spiegel*, 2/2002.

12 Vgl. Grazyna Fosar, Franz Bludorf: »Warum bebte die Erde?«, in: *raum & zeit*, 134/2005.

13 4. Auflage, Marktoberdorf 2005.

14 Ebd.

15 Ebd.

16 Ebd.

17 Ebd.

18 Ebd.

19 München 1996.

20 T-Online-Nachrichten von Holger Dambeck vom 9. Juni 2007.

21 »Ein Fenster in die Urzeit Afrikas«, in: *Geo*, 8/2004.

22 Ebd.

23 Ebd.

24 Christopher Schrader: »Feuer unter dem Eis«, in der *SZ* vom 3. Dezember 2004.

25 Ebd.

26 Reto Pieth, Reporter des Schweizer *Tages-Anzeiger*, berichtete am 4. Juni 2007 in einer Reportage über das Wettrennen zum Nordmeer.

27 Ebd.

28 Ebd.

29 Frankfurt/Main 2002.

30 Ebd.

31 Zitiert aus: *DoD News Briefing*.

32 »Erdbeben – von Menschenhand«, in: *raum & zeit*, 140/2006.

33 Ebd.

34 »Weapons of the Future – Weather, Plasma and Money«, in: *Prawda*, English Edition, vom 26. September 2003.

35 Bd. 8, Seite Q06018, 2007.

5 Klimawächter und »Klimaleugner«

1 Zitiert nach Felix R. Paturi: »Die letzten Rätsel der Wissenschaft«, Frankfurt/Main 2005.
2 Ebd.
3 *tz*-Artikel von Marc Kniekamp vom 4. Juli 2007.
4 *FAZ* vom 4. Juli 2007.
5 Christian Geinitz in der *FAZ* vom 23. Juni 2007.
6 Leserbrief von Professor Dr. Gunter Schaumann vom 4. Juli 2007.
7 Vgl. *FAZ*-Bericht vom 12. April 2007.
8 www.cashdaily.ch.
9 Sebastian Pflugbeil: »Ein Moralkodex für den Umgang mit ›Experten‹«, in: »Käufliche Wissenschaft – Experten im Dienst von Industrie und Politik«, herausgegeben von Antje Bultmann und Friedemann Schmithals, München 1994.
10 Joachim Müller-Jung: »Schockierend?«, in: *FAZ* vom 11. April 2007.
11 Edgar Gärtner: »Wider den Klima-Totalitarismus«, in: *Die Welt* vom 8. November 2006.
12 Ebd.
13 Dirk Maxeiner in: *Die Weltwoche* Nr. 6/2007.
14 Christian Schwägerl in der *FAZ* vom 12. März 2007.
15 Ebd.,
16 Ebd.

6 Zeitbomben im Ozean

1 »Die letzten Rätsel der Wissenschaft«, Frankfurt/Main 2005.
2 »Mysterium am Meeresgrund«, in: *Bild der Wissenschaft*, 6/2000.
3 a. a. O.
4 Zitiert nach Ute Kehse, a. a. O.
5 Nach einem Bericht des vom Max-Planck-Institut für Plasmaphysik herausgegebenen Internet-Dienstes »Energie.Perspektiven«, 1/2000.
6 Felix R. Paturi, a. a. O.
7 a. a. O.
8 Zitiert nach Ute Kehse, a. a. O.
9 Bd. 84, 2003, S. 289.
10 »Die Todeslawine unter der Nordsee«, in: *SZ* vom 26. August 2003.

11 So Katrin Wilkens: »Ein Held, wie er im Buche steht«, in: *Technology Review*, 9/2004.

12 Zitiert nach Wilkens, ebd.

13 Ebd.

14 Vgl. *Die Welt* in ihrer Online-Ausgabe vom 15. Mai 2007.

15 Ebd.

16 Alexander Braun und Gabriele Marquardt: »Die bewegte Geschichte des Nordatlantiks«, in: *Spektrum der Wissenschaft*, 6/2001.

Personenregister

Seitenangaben in *Kursivdruck* verweisen auf grafische Darstellungen und Schaubilder.

Sachregister